干旱区膜下滴灌棉田水盐与养分累积特征及优化调控

◎ 何新林　衡　通　杨丽莉　主编

中国农业科学技术出版社

图书在版编目(CIP)数据

干旱区膜下滴灌棉田水盐与养分累积特征及优化调控 / 何新林，衡通，杨丽莉主编. --北京：中国农业科学技术出版社，2024.6. --ISBN 978-7-5116-6884-4

Ⅰ. S562.071

中国国家版本馆 CIP 数据核字第 2024T4V642 号

责任编辑 于建慧
责任校对 李向荣
责任印制 姜义伟　王思文

出 版 者 中国农业科学技术出版社
北京市中关村南大街 12 号　　邮编：100081
电　　话 (010) 82109708 (编辑室)　　(010) 82106624 (发行部)
(010) 82109709 (读者服务部)
网　　址 https://castp.caas.cn
经 销 者 各地新华书店
印 刷 者 北京中科印刷有限公司
开　　本 170 mm×240 mm　1/16
印　　张 14.5
字　　数 245 千字
版　　次 2024 年 6 月第 1 版　2024 年 6 月第 1 次印刷
定　　价 50.00 元

《干旱区膜下滴灌棉田水盐与养分累积特征及优化调控》编委会

主　编　何新林　衡　通　杨丽莉

副主编　杨　广　李小龙　许　璇

前 言

PREFACE

干旱区农田水盐与养分相互作用关系及其带来的土壤盐渍化、化肥残留等环境问题，是当前国际研究热点。膜下滴灌技术解决了新疆干旱区沙漠改农田绿洲的问题，并实现了节水、节肥、增产和省地的目的。然而，长期膜下滴灌改变了农田生态系统的水循环过程，从而导致盐分和养分在时间和空间分布上的特殊性，并出现了土壤盐分胁迫、肥料累积等环境问题。本书以新疆玛纳斯河流域膜下滴灌农田生态系统为研究对象，将流域尺度（玛纳斯河流域调研）、根际尺度（站点试验）、田间尺度（农田排水排盐工程）相结合，通过区域化变量理论、^{15}N 同位素示踪技术、竖井与暗管排水协同滴灌淋洗工程，定量揭示干旱区膜下滴灌农田生态系统水盐与养分的空间变异、累积过程；阐明根际尺度土壤盐胁迫下的棉花养分吸收机理以及土壤水盐与养分的交互效应、协同机制；探索水利改良措施下盐渍土的改良效果与土壤盐平衡规律。为新疆干旱区膜下滴灌水肥的高效利用，水资源和环境安全管理提供理论基础和科学支撑。本书的研究结论主要包括以下 3 个方面。

（1）流域尺度空间格局方面。2019—2020 年玛纳斯河流域土壤含盐量呈现强空间变异性与弱空间自相关性，并且受土壤、地形和昼夜增温等影响的随机概率较小，但它不会引起土壤总氮含量空间异质性的改变；土壤含水率较强的空间自相关性会引起土壤含盐量、总氮含量的空间变异；当考虑各向异性时，土壤总氮含量的空间变异性主要受耕作活动、成土母质等结构性因素共同作用。土壤总氮含量主要在 0～20 cm 土层的绿洲灌区平原累积，例如石河子灌区土壤总氮含量的年均涨幅为 0.016 g/kg；绿洲灌区平原区盐渍化土壤面积占全流域面积的 20.6%～25.7%，约 10 426 km^2，并且所占比例随土层的增加逐渐增大；玛纳斯河流域土壤肥力等级为一级（极高）、二级（高）和三级

（中上）的最大分布面积及比例均在山前冲积扇。

（2）根际尺度水盐与养分协同方面。在轻度（4.2~8.8 g/kg）与重度（15.5~20.0 g/kg）盐渍化土壤条件下，土壤养分与盐分之间存在极其显著的交互效应（$P<0.01$），二者之间的交互效应受外界环境的干扰较小，具有显著的耦合作用；当土壤含盐量在轻度盐渍化以内（<8.8 g/kg）时，棉花吸收的肥料氮素主要分配到果实，其中 0~20 cm、20~40 cm、40~60 cm 土层中肥料氮向棉花果实分配的比例分别为 10.92%、10.31%、6.14%；当土壤含盐量超过轻度盐渍化（>8.8 g/kg）时，肥料在土壤中的总累积比例均超过 40%，棉花直接从肥料中吸收的氮素主要分配的去向为茎，通过棉花茎进一步向叶和果实转运的氮素含量受到来自土壤盐胁迫的限制。

（3）盐渍化改良与灌溉优化方面。应用暗管和竖井排水改良期间地下水水位、土壤含盐量总体降幅分别达到 2.5 m 和 29.2 g/kg。水平距离竖井越远（60 m），土壤含盐量降幅越大；深层渗漏对土壤盐平衡的影响主要表现在盐分淋溶期间，占盐分总输出量的 52.2%；在无淋洗的情况下，试验区 0~200 cm 土壤含盐量将在 8 年内达到改良前的盐渍化水平，因此，建议在灌水量4 050 m^3/hm^2、施氮量 525 kg/hm^2 情况下，合理分配剩余 10% 的棉花灌水量，每隔 1~2 年用于作物休耕期的土壤淋洗与排水措施，可有效控制土壤盐渍化危害。

本书由以下项目资助：国家自然科学基金（U1803244，51969027）；第三次新疆综合科学考察 2021xjkk0804；自治区人才发展基金“天池英才”引进计划项目；中国博士后科学基金第 74 批面上资助 2023M740980；自治区重点研发计划项目子课题 2023B02024-1-1。

编　者

目 录

CONTENTS

第1章 绪 论…………………………………………………… 1
1.1 研究背景 ………………………………………………………… 1
1.2 国内外研究进展 ………………………………………………… 5
1.3 研究内容与技术路线…………………………………………… 18
第2章 研究区域概况与方案 ………………………………………… 21
2.1 研究区域概况…………………………………………………… 21
2.2 流域尺度土壤水盐及养分累积特征研究方案………………… 31
2.3 根际尺度盐渍化土壤对照试验方案…………………………… 35
2.4 田间尺度盐渍化土壤改良试验方案…………………………… 40
第3章 流域尺度土壤水盐与养分空间变异特征 …………………… 52
3.1 土壤含水率的变异特征………………………………………… 52
3.2 土壤盐分的变异特征…………………………………………… 59
3.3 土壤养分的变异特征…………………………………………… 65
3.4 讨论……………………………………………………………… 71
3.5 本章小结………………………………………………………… 75
第4章 流域尺度土壤水盐与养分的空间格局 ……………………… 77
4.1 土壤含水率时空分布格局……………………………………… 77
4.2 土壤含盐量年际累积格局……………………………………… 81
4.3 土壤养分时空累积格局………………………………………… 87
4.4 基于地统计的土壤水盐与养分的相关分析…………………… 92
4.5 讨论……………………………………………………………… 99
4.6 本章小结 ……………………………………………………… 103

第 5 章　棉花根际尺度土壤水盐与养分协同机制 …… 105
5.1　盐胁迫对土壤水盐养分迁移特征的影响 …… 105
5.2　盐胁迫下棉花-根际土壤养分吸收与累积特征 …… 115
5.3　盐胁迫下棉花根际土壤水肥协同机制 …… 121
5.4　盐胁迫对棉花生长的影响 …… 124
5.5　讨论 …… 127
5.6　本章小结 …… 130
第 6 章　棉花田间尺度盐渍化改良模式下的土壤盐平衡研究 …… 132
6.1　竖井与暗管协同滴灌淋洗下的排水效果评价 …… 132
6.2　田间尺度盐渍化改良模式下土壤脱盐效果评价 …… 159
6.3　盐渍化土壤水利改良措施对土壤根际生态系统的影响 …… 165
6.4　改良模式下的土壤盐平衡分析 …… 169
6.5　暗管与竖井协同改良对棉花生长及产量的影响 …… 172
6.6　单地块水利改良措施 5 年投入与产出分析 …… 181
6.7　讨论 …… 181
6.8　本章小结 …… 185
第 7 章　玛纳斯河流域盐渍化土壤改良与灌溉制度优化 …… 186
7.1　单地块膜下滴灌棉田水肥调控对策 …… 186
7.2　单地块膜下滴灌棉田土壤盐渍化调控对策 …… 187
7.3　根际尺度不同盐渍化土壤场景下种植棉花的生产力提升分析 …… 188
7.4　考虑退地减水的玛纳斯河流域棉花灌溉制度优化 …… 189
7.5　本章小结 …… 195
第 8 章　结论与展望 …… 196
8.1　主要结论 …… 196
8.2　研究创新点 …… 198
8.3　研究展望 …… 198
参考文献 …… 199

第1章

绪　论

1.1　研究背景

全球干旱区占全球地表面积的41%，承载的人口超过38%（Reynolds，2007），新疆开发利用的土地以干旱区农田为主，占80%，这些农田主要依靠灌溉（吉磊 等，2015；康绍忠 等，2016）。不同灌溉模式将改变农田生态系统中水垂向的运移过程、有机质积累以及氮的运移，在空间大尺度上，大量的地表水和地下水开采用于灌溉，在很大程度上改变了地表水和地下水分空间分配结构。另外，不同的灌溉方式，将导致盐分与养分在空间上的分配不同、进入地下水的比例不一致，从而导致环境效应，特别是土壤盐渍化、肥料残留问题。

新疆是典型的干旱绿洲灌溉农业区，是我国三大产棉区之一，种植面积和产量占全国的近2/3（张芳和马瑛，2016），棉花种植面积达25 076 km^2（新疆统计年鉴，2020），棉田地膜覆盖率达100%（董合干 等，2013；王亮，2016），膜下滴灌是最节水的灌溉方式之一，占灌溉面积的85%以上，为农业经济的可持续发展与生态恢复的良性互动提供保障，是实现与生态、环境和谐的节水高效农业的关键（李兵强，2014）。自1996年节水灌溉技术在新疆推广以来，截至2021年已经推广2.8×10^6 hm^2，成为中国乃至世界最大的滴灌技术应用区，占全国滴灌面积的80%（梁伊 等，2021）。膜下滴灌实现了水肥一体化的灌溉，水对盐和养分的迁移与转化起到了主导作用。统计数据显示农业用水占总量的比例高达95%，二、三产业用水不足5%（王佳，2014），在脆弱的干旱区生态环境背景下，灌溉面积迅速增加，农业生产力得到了极大的提高，但对生态环境产生不良的影响。膜下滴灌条件下土壤盐分与养分的累积是一个复杂的迁移过程，二者作为农田生态系统水-土-植-气过程的重要连接因子，影响着农田生态系统过程的各环节，是衡量生态系统生产力的重要指标（王轶虹 等，2017），可作为生物多样性及农田环境效应的指示因子（Sun et al.，2018），对探求滴灌农田生态系统物质与能量循环规律、正确认识农田生态系统的结构和功能具有重要意义（Tilman et al.，2001；侯振安和龚江，2013）。如何准确地掌握膜下滴灌模式下农田生态系统水盐运移规律以及理解绿洲农田养分迁移特征及环境效益，已成为水文学、生态学、农学、环境科学等多元学科研究中的一个迫切需要解决的问题（Chazdon，2008；Bing et al.，2010；Zhang，2017；王涛，2009）。尽管目前农田生态系统水盐运移的研究已经取得长足进展，滴灌技术普遍应用为绿洲作物水肥高效利用及水肥盐调控提供了重要条件，滴灌条件下如何提高水肥利用效率、以水促肥、肥水协同、调控水肥盐，提高作物产量和品质已经得到了深入研究（何子建 等，2017；吕殿青 等，2002；王全九，2000；王水献 等，2012；徐力刚 等，2004）。但是，随着膜下滴灌模式使用年限的延长和规模的不断扩大，农田土壤盐分会如何变化？在土壤空间上演变规律和分布格局如何？土壤盐碱化趋势怎样？水肥一体化残留在土壤的肥分以及非常规水灌溉带入的物质对环境的影响如何？这一系列关于水肥盐迁移转换规律问题一直是困扰绿洲农业生态系统研究的基础科学问题（Zhang et al.，2016）。事实上，在很多干旱区膜下滴灌农田没有设计排碱渠系统，虽然膜下滴灌条件下通过水盐调控对土壤盐碱分布具有改善作用，但是田间大量的盐分累积依然存在，没有了排碱渠系统，膜下滴灌农田土壤中的盐分就没有减少的途径，只是在土壤内部重新分布（王振华，2014）。膜下滴灌改变了土壤的水、热、盐、养等微环境（吕殿青，2002），从而也改变了农田生态系统物质和能量转换的模式，但它仅限于调节作物根系层的盐分，无法从本质上将其排出土体。刘洪亮等（2010）认为长期滴灌使土壤盐分向湿润峰边缘处集中，耕层区土壤年均积盐量达到 0.36 g/kg。因此，开展玛纳斯河流域膜下滴灌棉田水盐与养分迁移的时空格局研究，定量揭示膜下滴灌棉田土壤盐渍化改良措施下的盐平衡规律，对诠释玛纳斯河流域长期膜下滴灌带来的农业生态系统环境效应问题具有重要作用。

膜下滴灌系统作为新疆种植棉花所采用的最为广泛的灌溉技术，相比其他灌溉措施，提高了农田用水利用效率，达到土壤中的水-肥-热-盐交互耦合效应，改善农田耕层环境（董昕 等，2021）；减少虫害、提高肥料利用率（刘

文国 等，2019），减少地面湿润面积，降低单位产出的水资源成本；但也存在成本投入高，生育期结束后大量塑料管道需要处理，滴灌管道易堵塞的缺点（Voyevodina，2012）。有学者认为采用膜下滴灌的年限越长，土壤中盐分总量没有减少甚至有所增加，从而造成土壤次生盐渍化（张伟 等，2008）。Guan 等（2019）发现采用膜下滴灌 3~4 年使棉田土壤盐分呈现急剧下降，但随后开始波动并且有轻微的盐分再积累，土壤盐分经过生育期灌水淋洗下降后，在收获期结束后土壤盐分又有增加的趋势。孟超然等（2017）也发现在长期覆膜滴灌的棉田，土壤耕层盐分提高了 50%以上，造成了土壤次生盐渍化。

随着土壤盐渍化程度加重，农业生态环境变得越发脆弱，不仅使作物生长发育受到抑制、灌区地下水环境遭到污染（王淑虹，2009），并且会通过土壤环境中的微生物变化间接影响土壤养分转化（Mavi，2013），导致农业生产、生态安全面临巨大风险。2021 年“中央一号”文件指出要坚守耕地红线，充分开发利用盐碱土地。而目前全球受盐渍化影响的土地面积约为 11.25 亿 hm^2，其中有 20%的盐碱地分布在灌溉区，同时由于土壤盐渍化的影响，每分钟约有 3 hm^2 的耕地退化（Hossain，2019）。据统计，2020 年全兵团的盐渍化农田已经达到播种面积的 44.2%，其中包含重度盐渍化的农田已有 23.3 万 hm^2，是播种总面积的 1/5（郑飞敏 等，2020），限制了作物生长和产量（Liu and Wang，2021），要使棉花能够在盐渍化灌区高产优质，前提就是合理的灌排模式（Wang et al.，2012）。目前，在全世界现有的灌溉土地中，灌排体系管理运行不到位的约占 50%，使得地下水水位抬高、盐分在耕层逐渐积累，产生了土壤次生盐渍化的问题（李保国，2022）。而新疆作为中国典型的干旱盐渍化区域之一，也是棉花种植的主要地区之一（徐榕阳和马琼，2016），通常也采用过度灌溉和大水漫灌洗盐等方式进行盐渍化农田改良，这就导致了地下水位抬升和排盐不良等问题，同时由于盐碱地和咸水资源的过度开发，西北农业生产力布局的扩张已经受到一定制约（“中国农业发展战略研究 2050”项目综合组，2020）。因此在干旱盐渍化灌区采用合理的灌排模式对于高效节水改良与利用盐碱地具有重要意义。

盐碱地的改良与利用不但受到党中央高度重视，同时也是国际土壤领域研究的热点之一。为了减少土壤盐渍化对农作物的影响，学者们通过大量研究设计灌溉淋洗实验得到了土壤盐分淋失规律，并总结出了合理的灌排方案（Verwey，2011），但同时也增加了周边区域土壤次生盐渍化及地下水污染的风险。

目前我国农田排水技术可以分为垂直方向与水平方向排水两种形式。其中水平方向排水主要包括明沟和暗管排水措施。明沟排水的开挖技术和操作较为简单，但基坑底部容易土质软化从而发生边坡失稳，促进盐生植物生长，对环境的影响恶劣（陈鑫，2016）。暗管排水可以改善土壤物理性质，并减轻土壤次生盐渍化，同时节省了田间用地，进行施工布设时更加便利（衡通 等，2019），但其作用范围主要在作物根系区域，无法排出土壤深层的盐分，受地下水位影响而造成反盐现象，有产生次生盐渍化的风险。垂直排水是利用竖井抽水降低地下水位同时进行灌溉，长期井灌可使潜水位逐渐下降，加速土壤脱盐，但土壤盐分的通路单一，容易滞留在包气带中下层，一旦外部条件发生变化，易造成土壤次生盐渍化和水质恶化现象。

由此发现，不同水平方向上的排水工程所能达到的排盐效果不同，同时随着各地区经济实力和灌区水盐调控手段越来越强，配合盐分淋洗的排水工程逐渐由单一水平上的排水过渡到明沟、暗管、竖井排水等其中二者间的有机结合。虽然新疆针对盐渍化农田的土壤水盐、理化性质及农作物产量和品质等指标开展了大量的试验研究（迪力努尔·阿布拉，2020；李显溦，2017；王明亮 等，2015；石佳 等，2017）。然而节水灌溉田间下因淋洗不充分引起的土壤亚表层盐分堆积以及年际间土壤水盐平衡问题备受关注，并且暗管竖井联合排水排盐的研究目前较少，对包气带土体剖面垂向和水平方向盐分的空间运移规律诠释尚不明确，水盐量变对土壤环境的直接影响和对作物生长的间接影响机理研究尚少，此外，也少有研究报道干旱重盐渍化地区较深层土壤改良的成果。综上所述，本研究拟通过滴灌淋洗配合暗管与竖井排水协同改良盐碱地的试验研究，分析协同改良下水–盐的时空分布以及变化规律，分析水盐量变下土壤理化性质及作物生长发育的变化特征，并对比单一暗管排水排盐措施，明确暗管与竖井联合排水对盐渍化土壤的改良效果。可以对指导干旱区盐渍化土壤改良、促进作物增产、减轻农业环境污染的压力以及解决干旱盐渍化区域农业高效节水可持续发展起到重要作用。

目前，对于干旱区膜下滴灌农田生态系统的水盐运移时空变化规律及对滴灌带来的环境影响的研究相对较少。现阶段的研究并不能清楚地解释以下几方面问题：

（1）玛纳斯河流域土壤水盐与养分空间变异特征与累积现状如何；

（2）膜下滴灌棉花土壤盐胁迫下的水肥交互机制如何；

（3）膜下滴灌过程中土壤盐胁迫下的养分吸收机制和滴灌农田水盐养分的协同机制如何；

（4）膜下滴灌棉田土壤盐分平衡对盐渍土改良措施的响应如何。

因此，开展玛纳斯河流域膜下滴灌农田水盐与养分运移即灌溉制度优化研究，有望解决节水灌区农田生态系统环境负效应产生的土壤盐渍化与肥料残留问题（Abalos et al.，2014；Kocyigit，2017；齐学斌，2000；吴景社 等，2003），对了解干旱区膜下滴灌农田生态系统水、盐、养等物质转换规律，以及应对节水灌溉的环境负效应和制定应对策略具有十分重要的意义。

1.2 国内外研究进展

1.2.1 干旱区急需解决的关键过程研究

1.2.1.1 干旱区灌溉技术体系发展

干旱是一个世界性问题，干旱半干旱地区遍及全球60多个国家和地区，面积约为陆地总面积的35%。以水资源状况和经济发展水平为基础，节水灌溉技术模式主要有3种：一是以现代微喷灌技术为主体的节水灌溉技术模式，适用于水资源极度缺乏，灌溉规模小且经济较为发达的地区，如以色列、沙特阿拉伯等国（Carey，2002；Caswell，1985）；二是以常规地面灌溉技术为主体，结合农业措施及天然降水资源利用节水灌溉技术模式，适用于地表水利用为主，灌溉规模较大且经济较为有限的地区，如印度、巴基斯坦等国（Cai，2004）；三是以改进的地面节水灌溉技术为主体，结合天然降水资源、农业节水技术及用水系统现代化管理技术的节水灌溉技术模式，适用于灌溉规模大，经济与技术实力强的地区，如美国、澳大利亚等国（吴景社，1994）。

目前，干旱区灌溉技术的主要难点在于如何实现更加精确的灌溉（Adeyemi et al.，2017）以及如何扩展灌溉用水的范围。灌溉的精准控制依赖于传感器的发展以及灌溉软件控制，来解决作物在时间和空间上需水变异的问题（McCarth，2013）。增加可利用灌溉水资源则可以从田间管理入手，使用再生水资源与咸水资源，这就提出了对品种改良的需求（Deng et al.，2006），一方面减少作物用水量，提高水分生产效率与土地生产力（Romero，2012；Tarjuelo，2015）；另一方面控制过度灌溉带来的负面环境效应（Pereira，2002）。

面对干旱区水资源短缺的问题，我国经历了漫长的研究与开发，节水灌溉技术也在不断进步。在 20 世纪 60 年代，我国就开展了农业节水技术研究工作，到 70 年代某些节水灌溉技术已经得到大面积推广应用。其中包括在自流区大力推广衬砌渠道减少输水损失；在田间开展平整土地、划小畦块，推行短沟和细流沟灌；在机电泵站和机井灌区进行节水改造；在大部分地区推广喷灌、滴灌和微灌等先进节水灌溉技术（李英能，1998）。我国目前的农业灌溉面积相比中华人民共和国成立初期增加了 300%。截至 2010 年，渠道防渗控制灌溉面积占总节水灌溉面积 42%，低压管道输水灌溉占 25%，喷灌约占 11%，微灌约占 8%，其他占 14%。节水灌溉技术措施使干旱区灌溉水利用系数从 80 年代的不足 0.3 增加至 2020 年的 0.6（李志军和王媛媛，2020）。目前我国农业主要采用的节水灌溉措施包括喷灌、微灌、滴灌、低压管灌和渠道防渗（黄秀路 等，2016）。传统的土渠灌溉一般会损失输水总量的 50%~60%，土质较差的地区会达到 70%。

新疆从 1994 年首次开始运用膜下滴灌技术，多年数据表明，与传统灌溉技术相比，以膜下滴灌为主的高效节水技术能够改变因农业灌溉造成的生态恶化，带来良好的生态效益和经济效益。膜下滴灌技术可以根据不同的土壤性质和水盐运动规律，合理地调整滴头间距和滴水量，具有较好的洗盐效果，能有效治理盐碱（Feng et al.，2017）；膜下滴灌技术将灌水、施肥、用药结合使用，节约了其他投入又提高了效率，同时减少化肥和农药在土壤中的残留，极大改善了土壤的负面影响（Vallejo et al.，2014）；膜下滴灌技术可以通过水滴进行杀虫剂的施用，用量少且不伤害天敌，其相对封闭的系统可以防止病虫害的传播（Wang and Yates，1999）；为农作物生长和改善农田生态环境创造了条件。膜下滴灌技术采用机械铺膜和回收膜，在提高劳动生产率的同时，其单亩利润比常规沟畦灌溉高出近 2 倍；膜下滴灌技术的灌水周期比常规沟畦灌溉要缩短 5~10 d，同时同样水量条件下，膜下滴灌可以比传统灌溉方式多灌溉 500 亩棉花，水利用系数也由传统灌溉方式的 0.3 提高到 0.6，节水效果十分明显；由于综合灌溉技术的应用，水生产效率大幅提高，常规沟畦灌溉水产比为 1∶0.625，膜下滴灌大约高出 1.8 倍；采用膜下滴灌技术将化肥直接稀释进滴灌水中，肥料利用率由传统技术的 30%~40%提高到 70%，肥产比也提高了 2 倍；并且膜下滴灌技术不需要修斗、农、毛渠及埂子，土地利用率大约可以提高5%~7%，同时也可以达到增产的效果（董欢，2017）。

1.2.1.2 干旱区水盐运移过程研究主要进展

在我国北方干旱区农业生产中总是干旱与盐渍相伴，对提高干旱区农业产量造成巨大困难，因此学者们对农田土壤的水盐运动规律进行持续研究。王在敏等（2012）在新疆南疆绿洲棉田利用咸水与河水混合方式研究了微咸水滴灌对棉田水盐运移特征及棉花产量的影响，结果表明，微咸水的矿化度在水平方向上距滴灌带 20 cm，垂直方向上距地面 30 cm 影响显著。汪昌树等（2016）研究了不同灌水下限对膜下滴灌棉花土壤水盐运移规律、盐分分布及积累特征的影响，并对土壤水盐运移规律、分布特征及棉花产量进行评价。Hu 等（2017）利用 Hydrus-2D 模型模拟了灌溉回流系数，回流系数由漫灌时期的 0.5 下降到滴灌时期的 0.23，不利于农田中溶质的迁移。近年来，随着对滴灌不能淋洗盐分造成农田土壤盐分累积的威胁，张杰（2016）、李显溦等（2017）研究了干旱区暗管排水的水盐运动规律，发现暗管排水是改良土壤盐渍的有效方法，并对如何控制洗盐定额给出建议。

1.2.1.3 干旱区水肥过程研究进展

施用化肥是提高产量的重要措施，我国化肥用量很大，20 世纪 90 年代已成为世界化肥用量第一大国。2019 年我国化肥消费量占世界化肥总消费量的 1/3，化肥在粮食生产中的作用占了 50%左右（张弦 等，2019）。然而在大量使用化肥的同时，肥料利用率并不高。据统计，全球仅 30%~50%的氮肥和 45%的肥料能被作物当季回收（Cassman，1995），为此，长期以来，研究农田养分资源效率越来越受到国内外学者的关注，土壤水肥运移过程及调控技术也成为研究的热点。土壤水分是养分迁移的载体，土壤养分的高效利用取决于土壤水分的调控。研究表明，土壤水肥调控技术分别为水分高效利用技术分为土壤水库调控技术（Bu，2013）、集水种植技术（赵聚宝 等，1996）、保水技术（陈素英 等，2004）；养分高效利用技术有水肥调控及平衡施肥技术（李文娆等，2010）、实时氮肥管理技术（李志宏，1995）、缓（控）释肥料的应用（赵秉强，2004）、区域养分资源综合管理技术（孙东宝，2017）。农业生产中，水分、养分因子存在相互作用，二者相互作用会产生 3 种不同的效应，即水肥协同效应、水肥拮抗效应和水肥叠加效应（王智琦，2011），实际生产过程中寻求水肥协同效应，以达到水肥的高效利用。目前，结合干旱区水资源短缺的特点，以节水和肥料的高效利用为目的，把灌水技术与施肥技术结合在一起形成了滴灌水肥一体化技术。滴灌水肥一体化技术是精细化的农业技术，是现代农业的“一号技术”（高祥照，2015），为实现水分与养分的精细化控制，国内外已经将滴灌水肥一体化技术在玉米、加工番茄、棉花、小麦、谷物、西兰花、西瓜、辣椒、马铃薯、果树等作物应用中开展了大量的试验研究（Gholamhoseini et al.，2013；Pan et al.，2014；Zhang，2017；吴立峰，2015）。结果表明，与传统的灌水施肥方式相比，滴灌水肥一体化技术可显著提高作物产量、品质，能够节约用水 33%，提高灌溉水分利用效率 42%（Kuscu，2014）。

国内外对于模型滴灌土壤水肥运移方面的研究颇为广泛。Gärdenäs 等（2005）建立了滴灌施肥条件下二维硝态氮淋失的模型，并得出结论为硝态氮淋失量的大小与土壤的质地有关，灌溉前后的土壤硝态氮对比，粗质地土壤硝态氮淋失量大。杨梦娇等（2013）利用尿素作为氮肥进行的滴灌水肥一体化田间试验的结果显示，滴灌施肥后硝态氮主要聚集在滴头下方，肥液浓度对于土壤水分的分布情况无明显影响，但对含盐量影响明显。邢英英等（2015）的试验结果表明，灌水、施肥以及水肥交互作用对土壤中的硝态氮含量有显著影响，硝态氮含量随灌水量的增加先增大后减小，随施肥量的增多逐渐增大。在对滴灌水肥对作物生长和产量的影响研究方面，更多侧重于滴灌水肥一体化下的水肥耦合效应以及不同因子的增产效应。大量的滴灌水肥一体化试验表明，作物产量与灌水量和施肥量正相关（liu et al.，2017）。Villalobos 和 Fereres（2016）在马其顿关于胡椒的研究表明，与常规施肥相比，滴灌施肥同样能够显著提高胡椒产量。Rumpe 等（2004）在地中海沿岸地区的洋葱试验表明，播种前基施 50 kg/hm^2 氮肥后，通过滴灌施肥再追施 50 kg/hm^2 氮肥相比不施肥对照能够增产 79%。Srdić 等（2015）在以色列关于温室黄瓜的研究表明，采用滴灌施肥技术的自动农业系统能够节约 9.7%氮、磷、钾肥。何进宇等（2015）采用通用旋转组合设计方法，对膜下滴灌旱作水稻水肥组合对产量的影响进行了研究，建立了水肥耦合模型。王秀康等（2016）采用 TukeyHSD 方差分析方法研究了不同水肥供应对番茄生长、产量和水分利用效率的影响，进一步采用多元回归分析确定温室番茄田间管理推荐的灌水量和施肥量。

综上，目前干旱区农田水肥运移、一体化调控技术等研究方面，田间化单点研究较多，区域尺度研究较少；同时干旱区广阔的土壤次生盐渍化耕地是进行农田水肥研究的又一障碍，明确干旱区农田盐分对土壤水肥运移过程的作用机制研究非常必要。干旱区农田区域尺度上的水肥盐协同效应研究是当前农田水肥研究过程中急需解决的关键。

1.2.2 膜下滴灌技术的环境效应

1.2.2.1 膜下滴灌的效益问题研究进展

地膜覆盖技术在农业领域的应用源于20世纪50年代，80年代逐步引入我国，并迅速广泛应用。膜下滴灌技术结合了以色列滴灌技术和覆膜技术，具有高效节水、控制土壤盐分分布、提高肥料利用率、减少杂草和促进作物早熟等特点，因而在高寒冷凉、干旱半干旱的新疆地区被广泛应用（马东豪 等，2005）。膜下滴灌由原来的“浇地”变成了“浇作物”，土壤部分湿润、部分干燥（谢志良和田长彦，2011），土壤中的水、热、气、盐、养分存在巨大空间变异性（Chapuis et al.，2007）；滴灌属于浅灌勤灌，土壤干湿交替变化快，促使土壤气体的更新加快，有利于创造水、热、气协调的土壤环境，促进作物生长。地膜覆盖使地下蒸发的水汽凝结到地膜，抑制了土壤蒸发（刘建国 等，2005；王春霞，2011），增加土壤温度（Cook et al.，2006；张朝勇，2005），硝态氮淋溶损失减少（Min，2016）、杂草生长受到抑制（孙亚宁 等，2008）还起到了杀菌等作用。同时，地膜覆盖对土壤的增温作用使土壤微生物的活性增强（陶丽佳 等，2012）；薄膜覆盖也使土壤空气与大气之间交换隔绝，也造成土壤通气性变差（Zong et al.，2020）。滴灌属于管道化灌溉，可以随水施肥，提高劳动生产率和肥料使用效率。总之，膜下滴灌技术可以显著节水、增产，具有抑盐、节能等优点，在新疆干旱区具有巨大的应用面积。但是滴灌需要覆膜、农田不能形成深层渗漏和排水，也有自身的不足。

1.2.2.2 膜下滴灌下土壤盐渍化研究进展

土壤盐渍化是可溶性盐分表聚的一个过程，而植物根层又是土壤微生物的种群最丰富最活跃的区域（Heng et al.，2022）。浅层土壤盐分强烈影响到土壤为生物多样性、土壤微生物过程和土壤肥力。土壤微生物在土壤形成、发育、结构改良、肥力保持、植物生长、土壤养分转化和腐殖质形成过程中发挥着极其重要的作用。Sardinha 等（2003）认为盐渍化对土壤微生物的影响比重金属更严重。土壤微生物的多样性能够较早地响应由盐碱土改良措施引起的土壤生态系统功能的变化。土壤酶是土壤中具有生物活性的蛋白质，它与微生物一起推动着土壤的生物化学过程，同时在物质转化过程中起重要的作用，并对土壤肥力的演化具有重要影响。Rietz 和 Haynes（2003）研究表明，土壤盐化或碱化都会抑制了土壤酶活性。Zhou 等（2010）研究也发现，土壤脲酶、碱性磷酸酶、蛋白酶、蔗糖酶会随着土壤盐度的升高而逐渐降低。

土壤盐碱化的改良主要包括水利（暗管排水，竖井排水）、农耕（深耕晒垡、客土回填）、化学（施用改良剂）、生物（种植耐盐作物）等措施（Moorman，1999；Cambardella，1999），Cambardella 等（1999）认为土壤盐碱化改良中应当以水利改良措施为主。Li 等（2016）同样认为土壤盐碱化改良要遵循"从水入手，水利先行"的原则，水利改良措施是土壤脱盐的动力。暗管排水是利用地表淡水淋洗土壤，水分经过入渗携带盐分进入埋设于土壤中的吸水管，再由吸水管汇入排水沟内。竖井排水排盐是指运用一定区域内的井群抽取地下水源进行灌溉，其目的是调节地下水、调蓄地面水、调控种植区土壤水盐分布及平衡。Bahceci 等（2009）研究发现，干旱区盐渍化农田铺设暗管排水系统 3 年后，表层土壤平均脱盐率高达 80%。Sharma 和 Nacar（2006）研究表明农田排水促进了盐碱地的开垦，控制了地下水位，降低了不同区块土壤盐度，降幅范围在 16%~66.3%，并且作物的增产幅度在 18.8%~27.6%。Konukcu 等（2006）在巴基斯坦采用暗管进行排水，研究表明当种植面积和入汇水源相等时，地下水位在 1.5 m 以下时能够有效保证当地的水盐平衡。

1.2.2.3 膜下滴灌下氮环境效益及其对土壤盐渍化的响应

近年来，我国部分地区地下水硝态氮污染态势十分严峻，特别是集约化种植区，由于施用大量氮肥导致硝态氮污染更为严重（Ju，2009；Rosenstock，2014）。地表水和地下水硝态氮污染的因素主要有施用化肥和有机肥、生活污水、垃圾与粪便的下渗水、畜舍排水、污水灌溉、污染土地、工业污染源和大气氮化合物的沉降等（Ju，2009；Rosenstock，2014；Bleeker，2013；胡国臣和张清敏，1999；贾小妨 等，2009；袁利娟和庞忠和，2010）。经过土壤淋溶进入地下水是农业区地下水硝态氮产生的主要因素（Kool et al.，2011；Ross et al.，2008；李力 等，2014；张维理 等，1995）。应用水化学和同位素多示踪在干旱区地下水补给与排泄也是近年来的研究热点（张翠云 等，2004）。

Zuber 等（2001）应用多示踪剂（$\delta^{18}O$，δD，^{14}C，$\delta^{13}C$，^{4}He，Ne，Ar，Kr，Xe，$^{3}He/^{4}He$，$^{40}Ar/^{36}Ar$）研究了波兰 Cracow 西北部白垩纪石灰岩含水层地下水的补给构成和排泄方式。Barbieri 等（2005）研究了意大利中部 Gran Sasso 地区喀斯特含水层地下水稳定同位素（D、^{18}O、$^{87}Sr/^{86}Sr$）和水化学特征。Pilla 等（2006）利用地下水水化学和同位素数据重建了意大利北部 Lomellina 地区多层含水层组的水文地质结构和各层的水化学和同位素特征。Li 等（2008）用稳定同位素 D 和^{18}O，定量了山区补给。在我国西北干旱区，顾慰祖等（2002）研究了乌兰布和沙漠北部地下水的不同类型和补给来源。陈建生等（2004）证实巴丹吉林沙漠及其下游地区的地下水来源于祁连山山顶融化雪水的补给。稳定同位素方法还被成功用于揭示黑河流域地下水循环和更新演变、地下水的补给来源、补给机理和更新速率等（陈建生 等，2004；陈宗宇 等，1998；张光辉，2004），鄂尔多斯盆地（侯光才，2007）也有成功应用。此外，同位素示踪技术在分析平原灌区地表水地下水交换有较好表现（高晶 等，2009；苏小四和林学钰，2003）。

在盐渍化耕地中，肥料氮的较低利用率一直是棉花生长和氮素吸收的主要限制因素。氮素作为棉花各器官重要的结构元素之一，是核酸、酶、生长激素、蛋白质和叶绿素等的重要合成部分。盐渍化耕地中高含盐量、高酸碱度的土壤会抑制棉花对氮素的吸收，促进一氧化二氮的挥发，降低肥料氮的利用率，最终影响化肥投入成本及土壤环境。关于棉花氮素利用率的研究是广泛的，尤其集中在施氮方案、施肥量和施肥时间等方面。Reddy 等（1996）探讨了氮肥施用量对棉花生理特性的影响，表明棉花光合特性与氮素吸收呈正相关。Li 等（2008）和 Rochester 等（1994）的研究结果均认为棉花收获指数和霜前产量均随氮素利用率的增加而降低。Aujla 等（2005）认为施氮量相比灌水量对籽棉产量的影响更加显著。以往的研究基本上阐明了不同地区满足棉花生长的灌水施肥策略，关于膜下滴灌棉花土壤盐胁迫下棉花氮素吸收的讨论较少。

棉花作为关系国计民生的战略物资，目前库存消费比降至 60% 的相对低位。中国在全球棉花生产中占主导低位，2021 年总产量 5.91×10^{9} kg，占世界总产量的 22.4%（晓婷，2021）。主要种植区域在内陆干旱区，同时也是高盐碱和氮缺乏的地区。盐渍化耕地对棉花生物过程的不利影响主要包括种子萌发、幼苗生长、干物质积累和光合作用等，最终影响产量和品质（Desingh，

2007；Yao，2011）。先前的研究表明，轻度盐渍化胁迫使籽棉产量降低 41%（Qayyum，1988），这一结果已被证实与吐絮期光合能力的降低有关（Berkant，2009）。迄今为止，讨论棉花对盐渍化胁迫或咸水灌溉的响应的研究一致认为：渗透胁迫，高浓度的 Na^+和 Cl^-等引起的土壤毒性和氮素累积胁迫三者共同抑制棉花的生长（Zhang，2009；Haque，2006；Nawaz，2010）。然而，这些研究中土壤盐渍化胁迫的设置仅仅局限于外源施用 NaCl 和 Na_2SO_4等来增加土壤盐分，而非田间原生盐渍化胁迫下的棉花生理研究。盐渍土受蒸发、地下水和灌溉等影响长期积累，盐胁迫下棉花生长及养分吸收的机理需要在原生盐渍土环境中进一步阐明。

1.2.3 膜下滴灌研究概况

20 世纪末期至今，我国水资源一直存在不均衡、不可持续等问题，而现阶段农业用水比重与农业灌溉面积及产量的增长趋势却相反，说明更注重提高农田用水效率有利于提高农业经济产值（李国英，2021；李云玲，2007）。滴灌系统是在 1996 年引入新疆后结合覆膜种植技术发展成高效节水的膜下滴灌技术（刘庆贺，2020），这一低成本灌溉技术极大提高了农业用水效率、增加了农作物产量，在西北地区迅速推广应用开来，随后逐渐推广至全国范围（张明，2010），截至 2020 年（新疆生产建设兵团，2020），我国高新节水灌溉面积已经达到 112.94 万 hm^2。传统的沟渠灌水和地面漫灌在灌溉过程中存在一定的水肥流失，过量的灌溉间接加大了农药施用量和因过量施肥造成地下污染问题，从而制约了绿色农业的可持续发展。而膜下滴灌在节水增产保温保墒等方面具有显著优势（薛道信 等，2017），主要是因为滴灌灌溉会在作物根部产生脱盐区，通过覆膜减少了土壤水分蒸发，使盐分向未覆膜区域运移（张琼 等，2004）。膜下滴灌改变了传统灌溉方式的边界条件，对土壤盐分累积起到抑制作用，为作物根部创造低盐的生长发育环境（王锋，2015）。

滴灌条件下土壤水盐运移实质上是点源水盐运移（吕殿青 等，2001），其运移过程符合质量守恒原理。滴灌淋洗时，水分进入土体后推动盐分向四周扩散迁移；滴灌淋洗结束后，在大气蒸发的作用下“盐随水走”向地表迁移，水分蒸发离开土体，盐分仍然滞留在浅层土壤中。目前，围绕膜下滴灌已经有许多国内外的学者开展了大量研究。Liu 等（2011）在松嫩平原盐碱化土壤上进行了两年田间滴灌试验，研究结果表明滴灌抑制了根部土壤盐分的累积，将脱盐区范围下降至 40cm 以下，同时也提高了作物生长品质。Burt 等（2005）在美国加州休伦南部半干旱地区采用滴灌沿果树行多排低流量施水，发现在干旱半干旱地区，滴灌系统在土壤湿润区边缘产生高盐地区，而增加滴灌带布设密度，可以将灌溉水直接施用于积盐区域，减少水资源浪费。Hanson（2008）等在圣华金河谷西侧进行滴灌试验，基于 HYDRUS-2D 模型对浅层地下水条件下不同施水量、灌溉水矿化度的淋滤效果评价，结果表明即使缺少灌水条件，滴灌带周围的土壤也会产生局部盐分淋失，其区域的大小和含盐量与滴灌施水量呈正相关。

然而长期采用滴灌灌溉模式，盐分在土壤湿润峰上产生堆积，并没有排出通路，因而会对土质产生影响，对作物产生盐分胁迫，达到“驱盐”状态而不是“去盐”状态（张芳和马瑛，2016）。王振华等（2014）在新疆兵团八师选择应用滴灌不同年限的棉田研究棉花根部的盐分变化，研究结果表明采用膜下滴灌 4 年内棉田膜内根系区的盐分年际变化为逐渐降低，而在应用膜下滴灌 5 年后，棉花吐絮期的土壤盐分淋洗效果已经十分不明显。王海江等（2010）在进行膜下滴灌棉田土壤盐分时空动态变化监测时发现，连续滴灌可在短时间内降低土壤盐分，但土壤盐分总量并没有减少。得出同样结论的还有杨鹏年等（2011），膜下滴灌试验结果表明土壤盐分在灌溉后表现为堆积在湿润峰以外，湿润峰以内呈现脱盐趋势，而土壤总盐量并没有改变。此外，还有研究发现膜下滴灌种植的棉花通常根系较浅，大风天气容易出现大片倒伏，以及棉花花铃期间可能出现棉花蕾铃脱落等情况（艾合买提·吐地，2019）。

对于长期滴灌产生的负面效果，学者们提出调整灌溉方式，利用生育期和非生育期同时淋洗以提高土壤脱盐效果。胡宏昌等（2015）在新疆库尔勒进行了持续 5 年的覆膜滴灌淋洗实验，但结果表明滴灌的灌溉淋洗量不够，有形成土壤次生盐碱化的危险性，且滴灌淋洗的影响区域仅在 0~60 cm 土层内，更深层的土壤盐分淋洗效果并不好，进行非生育期的灌水淋洗，可以使土壤盐分在全年动态呈现基本稳定水平。田富强等（2018）指出想要控制土壤水盐，不仅要调整灌溉排水的方式还要改良土壤淋洗的方法，科学合理的灌溉方法结合田间排水技术，能够有效提高土壤脱盐效率，从而增加盐渍化土壤的淋洗改良效果，建议生育期淋洗和非生育期淋洗结合起来。张治（2014）也认为在非生育期进行灌溉对土壤盐分的淋洗效果更为明显，盐分降幅更高，可以提高春季作物出苗效率。Chen 等（2010）基于 ENVE-RO-GRO 模型分析不同盐度灌溉水对土壤盐分的影响，结果表明收获期后淋洗比生育期内施同等水量能更有效地控制盐分，显著减少土壤剖面盐分积累，在提高作物产量上效果显著。

而不同的灌溉方式、地下水位以及土壤母质都会影响膜下滴灌对土壤水盐运移规律的影响。Zhang 等（2014）和 Wang 等（2019）分别在重盐质粉质土壤地区进行了连续膜下滴灌淋洗土壤盐分分布规律监测，研究发现土壤质地和土壤基质势对土壤盐分运移分布及淋失程度有较大影响。连彩云等（2021）通过控制灌水定额和滴水频率进行膜下滴灌田间试验，结果表明增加滴灌频率有利于提高农田灌溉水利用效率和作物产量，提高种子活力。陈霖明等（2022）在监测不同土壤质地灌区在膜下滴灌前后土壤水盐分布时发现，滴灌后土壤含水量的规律表现为一致性增加，同时土壤质地和地下水位埋深是影响灌区土壤水分差异的主要因素。Kidia 等（2019）在埃塞俄比亚东部进行了地表排水淋滤试验，研究发现在地下水位埋深较浅的黏性壤土中，土壤盐分的淋洗时间需要延长，在砂质土壤和地下水位较深的条件下，土壤盐分淋失效果更好。

以上对于膜下滴灌水盐变化规律的研究结论说明，盐分在土壤中的运移和积累规律较为复杂，受灌排方式、灌溉情况、地下水位埋深、土壤性质等多方面因素的综合影响，同时土壤盐分在不同时间空间上有不同表现，因此需要更深入的研究。

1.2.4 农田排水技术研究概况

农业发展需要灌排结合，合理的排灌调控是减少水资源浪费、水污染和保证水资源可持续利用的重要途径（Li et al.，2020）。只灌不排就会导致土壤积盐，农田将逐步发展成盐碱土地。治理盐碱土地可以采用生物改良、物理改良、化学改良和水利改良 4 种方式，有学者研究了生物改良剂对盐碱土的改良效果（Xiao and Meng，2020；Zhang et al.，2015；Zheng et al.，2018），也有学者研究用盐生植物恢复盐碱地以及耐盐作物对土壤盐分的响应（Racindran et al.，2007；杨策 等，2019），而农田排水技术（水利改良）则是目前广泛运用于治理盐渍化土壤的重要方式。降低地下水位、防止土壤发生次生盐渍化、保障农业可持续灌溉等需求推动了排水技术的发展（Xu et al.，2015）。

从新中国成立以来，我国开始大规模开发水利工程，修建沟渠和开垦农田，农田排水技术普遍选用明沟排水，在东部黏质土地区的排水效果更为明显，而在西部砂壤土地区存在沟道淤积等问题（乔文军，2004），同时明沟排水过程中，由于入渗量和化肥施用量较大，导致化肥大量流失，造成了极度的环境污染（张水龙和庄季屏，1998），在20世纪60年代被迫停灌。而与此同时，全球大部分国家地下排水技术得到迅速发展，部分发达国家已经基本实现排水暗管化（严思成，1991）。我国较其他国家稍后一步进入研究农田地下排水技术的热潮，在70年代后期暗管排水技术才得到推广应用。在80—90年代部分西北地区引进开沟铺管机（王少丽 等，2008）和暗管排水的设备与技术，大力推行排水工程建设，成功开发出国产HDPE波纹排水设备（宁夏农业综合开发项目组，2004），农田排水技术的开挖和清淤实现机械化。此时排水模式开始向多种排水工程相结合的趋势发展；排水理念从单一治水转向排出水循环回收，减少污染，保护生态可持续发展；水资源管理模式也向灌溉排水系统联合运作的趋势发展。通过研究发现明渠排水适用于雨量充沛、入渗量大的地区。通过雨季反复淋洗以保持较低的含盐量，加强了对表层盐分积累和次生盐渍化的控制，在缺少雨水的季节，沟渠中的水又可以补充灌溉（赵英 等，2022）；暗管排水排盐是通过在地下铺设平行的排水管，利用灌溉水淋洗土壤，水分将地下管道上方土壤中的盐分入渗进入道管道中排出（衡通 等，2019）；竖井排水排盐是通过抽取地下水资源进行灌溉，调节地下水位和调控灌区土壤水盐平衡（魏云杰，2005）。中国农业科学院在“九五”期间对排水工程相互组合的新形式进行了研究，提出了确定综合排水标准的方法以及多种组合排水工程模式（温季 等，2000）。也有研究者主张建立地表结合地下排水的综合排水模式，并建议采取灌溉排水相结合、井渠结合等综合防治技术，来治理荒漠盐碱地（杨浩，2014）。根据以往在华北平原进行的试验经验可知，可以将排水沟渠与田间排水和/或管井灌排系统相结合，开发成干旱、内涝和盐碱条件的综合治理系统（Wang et al.，2007）。为了推进现代化农田建设，我国将规划的重点放在推进土壤改良、农田排灌系统建设和修复、节水技术、农业综合治理等，通过提高用水效率和生产力，完善灌区生态环境系统，实现灌区可持续发展（Chen，2020）。

近年来，有很多国内外学者对农业排水技术改良盐碱地做了大量研究，证明了通过实施排水措施对增加田间土壤持水量，有效减少氮源污染，高效节水有显著影响（Ale et al.，2012），也证明了排水是干旱半干旱地区防治土壤盐碱化的有效工具（Ritzema，2016）。李开明等（2018）在新疆建设兵团122团盐碱地进行明沟排水田间试验分析盐渍化棉田生育期内盐分变化情况，结果表明明沟排水范围达到地下80cm土层，更深土层的盐分总量基本保持不变。胡钜鑫等（2019）和李卓然等（2018）基于HYDRUS-2D模型分别模拟排盐沟不同上口宽和不同深度上土壤水盐运移规律发现，沟渠布设参数对土壤水盐分布有较大影响。石培君等（2020）和杨玉辉等（2020）进行了膜下滴灌采用暗管排水试验，均发现膜下滴灌结合暗管排水降低了土壤盐分，并提高了脱盐效率。庄旭东等（2020）和潘云龙等（2021）分别基于SWAP模型和HYDRUS-2D模型，模拟暗管排水排盐下土壤水盐运移规律，研究表明暗管布设参数对土壤根系层排水脱盐有显著影响，且灌溉淋洗量相同时进行持续淋洗要比间隔淋洗对土壤盐分的淋失效果更好。Xu等（2019）和He等（2017）均在典型盐渍荒地进行连续3年的膜下滴灌配合排水淋洗试验，研究结果表明在沿海盐渍化砂壤土中滴灌淋洗短时间内产生了低盐区域，同时埋设地下管道能更经济且更有效的复垦浸盐。并且膜下滴灌配合地表和地下排水方式均能有效地浸出土壤盐分，即使在强蒸发条件下土壤盐分也不会急剧上升，其原因是覆膜控制了蒸发量，而地下排水系统控制了地下水位，共同限制了盐分的上升路径。Li等（2019）在进行盐碱地膜下滴灌结合地下排水试验监测土壤盐分时发现，棉田土壤盐分在生育期内持续下降，收获期后土壤浅层盐分含量增加，但仍然低于播种前。这说明长期使用膜下滴灌与暗管排水相结合，降低了土壤盐分，土壤根系淡化效果突出。刘玉国等（2014）学者研究指出在采用暗管排水将浅层土壤盐分排出土体，在轻、中度盐渍化棉田土壤盐分分布特征表现为由“表聚型”转变为“脱盐型”。排水管道上方土层的脱盐效率受其深度影响，盐分大部分被淋洗到地下排水管道的下方土层中，并没有完全排出土体，而过于加大暗管埋深的方式并不利于节省工程成本，因此需要配合垂直方向上的排水排盐措施。

同样有学者研究发现在排水沟渠边坡土壤结构差、坡度不稳定的情况下，暗管排水对地下水位，土壤淡化层的加深和提高脱盐效果成效显著（孟凤轩等，2011）。暗管排水可以降低土壤体积质量、总孔隙度、饱和导水率等物理性质，有利于改善土壤盐渍化程度（张洁 等，2012）。WANG等（2019）进行了膜下滴灌在不同管道间距下的暗管排水试验，试验结果表明暗管排水最佳布设间距为 15 m，可以有效降低土壤盐分，同时棉花的存活率超过 60%。杨鹏年等（2008）和闫少峰等（2014）学者的研究则表明竖井排水可降低地下水位的同时，形成了降深“漏斗”，并且地下水位下降幅度随距竖井越近而增大，脱盐效果以竖井为中心呈阶梯状向外递减。此外，竖井排水排出了灌溉造成的高矿化潜水，使地下水位降低到“临界深度”以下，并为盐分的淋洗创造条件（杨学良，1997）。李玲等（2021）在新疆极端干旱区林果灌区设置竖井，发现竖井排水措施下的脱盐效果显著，减少了试验区土壤盐分的年际回升程度。耿其明等（2019）评价了不同排水工程对盐渍化土壤的改良效果，发现明沟排水对土壤养分的增加有明显作用，暗管排水对于降低土壤盐渍化程度效果显著。

以上对于国内外农田排水技术的研究说明，排水渠道的建设可以提高农田排水效率，对抑制土壤盐分有显著作用。经过近百年农业科技发展，农田排水技术从单纯压盐转变为综合治理模式，从单一的排水措施转变为几种排水方式相结合，而在众多研究中对于暗管排水与竖井排水相结合条件下的水盐变化规律的结论尚少，这对于盐碱地改良具有新的理论指导思路。

1.2.5　灌排结合对土壤及作物的影响研究

通常情况下，灌溉系统和排水系统都是独立设计和运行的，在干旱半干旱地区的灌溉工程设计中通常也会考虑到排水系统，需要利用排水系统来维持灌区的盐平衡，因此灌排系统的综合管理是干旱半干旱地区调控水盐平衡的一种可持续措施（Ayars，1999）。并且良好的灌溉和农田排水条件对作物生长及其生长环境有非常重要的保护作用，但灌排不合理就会造成水肥流失和环境污染（张志云 等，2016）。徐华平等（2016）在宁波平原进行地表排水与膜下滴灌有机结合灌排番茄大棚试验，研究结果表明灌水量较高而地表排水沟渠较浅不利于提高番茄品质，在灌溉定额相同时较浅的沟道排水对膜内土壤盐分的脱盐效果更好，0~20cm 土层土壤盐分趋势为“膜内降低、膜外升高”。王东旺等（2021）在新疆安集海地区进行灌排联动下不同模式对土壤水盐及淋洗效果的试验研究，结果表明膜下滴灌配合暗管排水对土壤渗透性的影响随土层深度（0~60cm）增加而增加，但使表层土壤脱盐的同时造成深层土壤积盐。Wang 等（2021）以新疆绿洲农业生态系统为研究对象，采用灌排结合技术，研究了不同土壤质地下土壤性质和棉花生长的影响，研究表明灌排结合提高了土壤持水能力，降低了土壤浅层含盐量，显著改善棉花根际区的生长环境，从而促进棉花优质增产。阿尔娜古丽等（2018）也得到了相似的结论，其在玛纳斯河流域下野地灌区进行暗管排水结合明沟排水的灌排模式试验研究，监测地下水位和土壤盐分，试验结果表明明沟和暗管可将地下水位分别控制在 1.5～2.2 m。叶浩等（2015）的研究表明对于地下水位较高的易涝易渍棉田，采用厢沟和暗管组合排水可取得较好的排盐和增产效果，尤其是宽厢沟和暗管排水相结合对棉花生长指标和脱落率的影响均极显著且提高了籽棉产量。在干旱地区，土壤盐渍化是抑制棉花生长的主要因素，有学者研究表明，棉花在电导率小于 5 dS/m 的土壤中可以正常萌发，在 4～8 dS/m 的弱盐碱化土壤中仍然可以正常生长，但棉花产量和品质会受到抑制，单株干重降低 75%，土壤遭受盐害率超过 25%，棉种发芽率不超过 50%（Zhang et al.，2016；Dong，2012；Wang，2007；王兴鹏，2016）。而 Zhao 等（2021）研究发现，在土壤电导率在 3.4～5.1 dS/m 之间的盐渍化农田，采用滴灌配合地下管道排水覆盖可使棉种产量提高 27%。

综上所述，研究干旱区膜下滴灌配合农田排水技术改良盐碱地具有重要的科学指导作用，目前已有不少关于这方面的研究，但其中关于暗管与竖井联合排水改良盐碱地对土壤水盐、土壤微生物群落结构以及作物生长产量影响的研究还不够深入。因此，在典型的干旱盐渍化土壤开发利用过程中运用暗管与竖井联合排水改良盐碱地，防治农业生态环境恶化和提高作物产量，对农业经济发展有重要意义。

1.3 研究内容与技术路线

本研究针对新疆玛纳斯河流域土壤水盐与养分累积特征等科学问题，通过流域尺度（玛纳斯河流域调研）、根际尺度（站点试验）、田间尺度（农田排水排盐工程）相结合，以竖井与暗管排水协同滴灌淋洗工程、^{15}N 同位素示踪技术作为新技术，定量揭示干旱区膜下滴灌农田生态系统水盐与养分的空间变异特征、累积现状与运移机制；阐明根际尺度土壤盐胁迫下的棉花养分吸收机理以及土壤水盐与养分的交互效应、协同机制；探索水利改良措施下盐渍土的改良效果与土壤盐平衡规律。为新疆干旱区膜下滴灌水肥的高效利用，盐渍土治理和环境安全管理提供理论基础和科学支撑。具体研究内容如下：

（1）流域尺度土壤水盐与养分空间变异性研究

为探究干旱区膜下滴灌棉田土壤水盐与养分的时空累积格局，特征首先需要掌握区域化土壤变量的空间异质性特征。通过2019—2020年玛纳斯河流域土壤调研，采用区域化变量理论揭示土壤体积含水率、含盐量与总氮含量的空间变异特征。

（2）流域尺度土壤水盐与养分的时空累积格局

在掌握区域化土壤变量的空间变异特征后，进一步阐明玛纳斯河流域土壤水盐与养分的空间分布格局、0～100 cm土壤剖面分布特征和年际变化规律，并采用地统计学分析土壤水盐与养分的空间相关关系。

（3）根际尺度土壤水盐养分协同机制研究

基于玛纳斯河流域调研获取的土壤盐渍化与肥料累积现状，设置棉花根际尺度土壤盐胁迫试验，研究盐胁迫下土壤水盐与养分的迁移特征与交互效应，并通过^{15}N同位素示踪技术阐明棉花养分吸收、转运与分配以及土壤养分的累积特征；揭示棉花根际土壤盐胁迫下的水肥协同规律；利用RZQWM2模型量化不同水肥协同模式下的灌溉制度优化措施。

（4）田间尺度土壤盐渍化改良效果评价

基于流域尺度的现状调查与根际尺度的机理研究，设置田间竖井与暗管协同滴灌淋洗盐渍土试验，阐明水利改良措施下盐渍土改良效果，量化盐渍土改良模式下的土壤盐平衡规律。

（5）玛纳斯河流域盐渍土改良与水肥调控措施

在总结玛纳斯河流域膜下滴灌棉田应用与试验中问题和经验的基础上，提出干旱区膜下滴灌棉花土壤水肥与盐渍化调控对策，并结合RZQWM2模型提出不同水肥协同下的灌溉制度优化措施。本研究技术路线如图1-1所示。

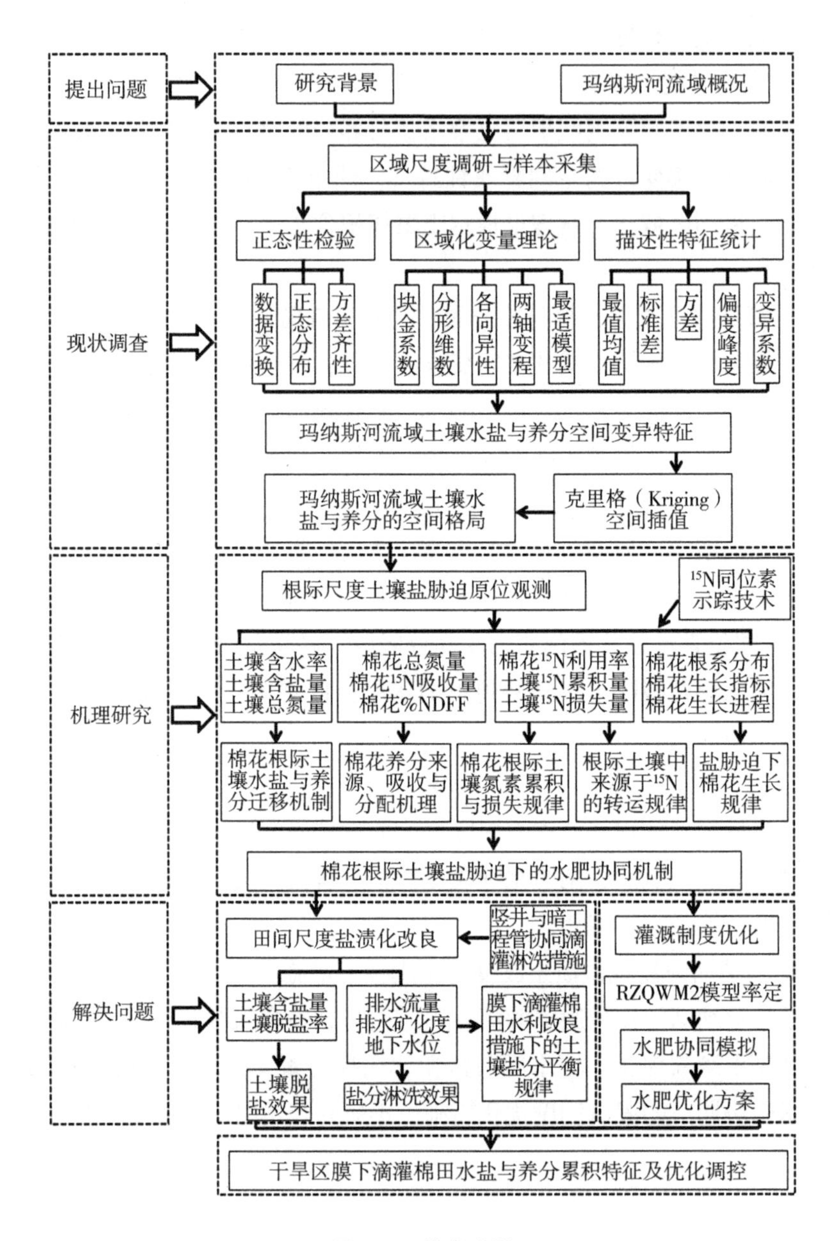

提出问题
研究背景
玛纳斯河流域概况
现状调查
区域尺度调研与样本采集
正态性检验
区域化变量理论
描述性特征统计
数据变换
正态分布
方差齐性
块金系数
分形维数
各向异性
两轴变程
最适模型
最值均值
标准差
方差
偏度峰度
变异系数
玛纳斯河流域土壤水盐与养分空间变异特征
玛纳斯河流域土壤水盐与养分的空间格局
克里格（Kriging）空间插值
机理研究
根际尺度土壤盐胁迫原位观测
15N同位素示踪技术
土壤含水率
土壤含盐量
土壤总氮量
棉花总氮量
棉花15N吸收量
棉花%NDFF
棉花15N利用率
土壤15N累积量
土壤15N损失量
棉花根系分布
棉花生长指标
棉花生长进程
棉花根际土壤水盐与养分迁移机制
棉花养分来源、吸收与分配机理
棉花根际土壤氮素累积与损失规律
根际土壤中来源于15N的转运规律
盐胁迫下棉花生长规律
棉花根际土壤盐胁迫下的水肥协同机制
解决问题
田间尺度盐渍化改良
竖井与暗管协同滴灌淋洗措施
土壤含盐量
土壤脱盐率
排水流量
排水矿化度
地下水位
膜下滴灌棉田水利改良措施下的土壤盐分平衡规律
土壤脱盐效果
盐分淋洗效果
灌溉制度优化
RZQWM2模型率定
水肥协同模拟
水肥优化方案
干旱区膜下滴灌棉田水盐与养分累积特征及优化调控

图 1-1　技术路线

第2章

研究区域概况与方案

2.1 研究区域概况

由于干旱区农业的生态问题具有典型的时空相似性，本研究以新疆开垦最大的绿洲农耕区玛纳斯河流域为典型区域开展工作。玛纳斯河流域是中国干旱区农业开发最具代表性的“山盆系统”，也是全国第四大灌溉农业区。近70年来，三代屯垦戍边者扎根生态环境脆弱的古尔班通古特沙漠腹地，兴修水利，垦辟荒野，将满目疮痍的无垠荒漠开辟成为一个个道渠成网、田畴阡陌、畜旺粮丰、百业俱兴的人工绿洲经济网络。玛纳斯河流域水系分布及典型写照见图2-1。

2.1.1 玛纳斯河流域概况

2.1.1.1 自然地理

玛纳斯河流域地处亚欧内陆腹地，新疆天山中段北麓，地理坐标介于北纬43°27′~45°21′，东经85°01′~86°32′之间。南起伊连哈比尔尕山乌代肯尼河43号冰川，东与昌吉回族自治州呼图壁县毗邻，西与塔城地区乌苏市接壤，北与准噶尔盆地西北的玛纳斯湖相连，贯穿古尔班通古特沙漠，流域总面积为35 743 km^2。玛纳斯河流域在行政区划上包括石河子市、沙湾市、玛纳斯县、新疆生产建设兵团农八师的18个农牧团场、农六师新湖农场和克拉玛依市的小拐乡等范围。玛纳斯河流域水系是典型的内陆水系，为天山北麓最大的内陆河，多年依靠冰川融雪与降水补给经山前阶地汇流至肯斯瓦特，随后在山区冲积扇上呈树枝状或农田灌溉或引入水库，最终经过平原绿洲区流向玛纳斯湖，平均年径流量约为2.076×10^9 m^3。流域内现有正常蓄水水库9座：大海子水库、夹河子水库、大泉沟水库、蘑菇湖水库、新湖坪水库、白土坑水库、跃进水库、鸭洼沟水库和海子湾水库。现有清水河灌区、宁家河灌区、铁路渠灌区、头工乡灌区、石河子灌区、玛纳斯县玛河灌区、北五岔灌区、新湖灌区、莫索湾灌区、老沙湾灌区、金沟河灌区、安集海灌区和下野地灌区 13 个主要灌区。

2.1.1.2 气候特征

玛纳斯河流域属于典型的中温带大陆性干旱半干旱气候特征，远离海洋。总体特征是四季温差悬殊，全年干旱少雨，春季升温与秋季降温迅速，夏季酷热，冬季严寒，气温年际、年内、昼夜差异较大，相对湿度小，降水量少且蒸发量极大，流域天气过程受强大西伯利亚大气环流限制。年平均气温为 4.7~7.5℃，春秋季平均温度分别为 10.6℃、8.0℃，冬夏季平均温度分别为 8.0℃、24℃，干旱指数为 2.3~4。近 60 年来玛纳斯河最冷月（12 月或 1 月）平均气温 -16.1℃，最热月（7 月）平均气温 24.8℃，年极端温度在-42.8~43.1℃，温差接近 86℃，年平均气温倾向率为 0.41℃ $(10a)^{-1}$，全年≥10℃的平均积温在 3 400~3 600℃。多年平均降水量为 211.0 mm，降水主要集中在春夏两季，占 66.2%，其次是秋季降水，占 21.9%，冬季多年平均降水量为 29.3 mm（占全年降水量的 12.7%），始于 11 月，终于次年 3 月下旬，最大雪深为 31 cm。无霜期在 160~180 d，最大冻土深度 1.4 m。多年平均蒸发量为 1 945 mm，全年 66.4%的蒸发主要集中在 5—8 月，其中 7 月蒸发量最高，平均值为 294.7 mm。全年光照充足，多年平均日照时长为 2 860 h，多年平均总辐射量在 126~135 kcal/cm^2。多年平均风速为 2.3 m/s，且多为西北风。主要灾害天气包括干旱、大风、干热风、冻害、冰雹和霜冻等。

自 20 世纪 80 年代以来，随着天山北麓农业水土资源的不断开发、上有引水量的逐步提高，玛纳斯河流域呈现增温增湿的趋势。在空间分布上，多年平均温度由北向南随地势的升高呈现降低的基本特征。此外，受全球变暖趋势的影响，全流域多年平均气温有明显的升高趋势。

2.1.1.3 地貌概况

玛纳斯河流域地势呈现东南高、西北低的趋势，南部山地、中部平原、北部沙漠的比例约为 2.08∶1∶1.07，受亚欧陆地变迁和喜马拉雅地质运动影响，南部山地拗陷区形成了沿天山山脉平行的四列隆起背斜和断裂构造。最高海拔位于伊连哈比尔尕山与喀拉乌成山的山结处（5 442.5 m），最低海拔位于玛纳斯湖（256 m），全流域平均海拔落差为 17.8 m/km。流域在海拔 3 600 m 以上的山区常年冰雪覆盖，属于高山冰雪砾漠带；海拔在 2 650~3 500 m 区间内的山坡地势陡峻，属于亚高山草甸草原带；海拔在 1 800~2 650 m 区间内的坡段是降水最集中的水源涵养区，草木茂盛；海拔在 900~1 800 m 区间内的坡段是荒漠、丘陵和灌木生长的低山区，连接着山地与平原。

玛纳斯河流域受地形、气候、土壤、海拔、植被和成土母质影响，地貌、水文地质条件存在显著的差异性和区域性。根据地貌特征和景观作用流域由南至北可划分南部天山高山区、中低山区、低山丘陵区、山前倾斜平原区、冲积扇缘带、冲积平原区、干三角洲平原区和风积沙漠带，玛纳斯河流域各区域地貌特征见表 2-1。

表 2-1　玛纳斯河流域各行政区域及其所属灌区地貌特征

<table>
<tr><th colspan="2">行政区</th><th>地貌特征</th><th>所属灌区</th><th>面积（km²）</th></tr>
<tr><td rowspan="18">石河子市</td><td>121 团</td><td rowspan="5">冲积平原</td><td rowspan="7">下野地灌区</td><td rowspan="2">685.33</td></tr>
<tr><td>122 团</td></tr>
<tr><td>132 团</td><td>628.65</td></tr>
<tr><td>133 团</td><td>744.73</td></tr>
<tr><td>134 团</td><td rowspan="2">578.52</td></tr>
<tr><td>135 团</td><td rowspan="2">尾闾三角洲</td></tr>
<tr><td>136 团</td><td>514.46</td></tr>
<tr><td>141 团</td><td>冲积扇缘</td><td rowspan="2">安集海灌区</td><td>207.94</td></tr>
<tr><td>142 团</td><td></td><td>701.64</td></tr>
<tr><td>143 团</td><td>冲积扇、扇缘</td><td>石河子灌区</td><td>1 706.33</td></tr>
<tr><td>144 团</td><td rowspan="3">冲积扇缘</td><td rowspan="2">金沟河灌区</td><td>256.34</td></tr>
<tr><td>145 团</td><td>373.05</td></tr>
<tr><td>147 团</td><td rowspan="4">莫索湾灌区</td><td>224.85</td></tr>
<tr><td>148 团</td><td rowspan="3">冲积平原</td><td>308.55</td></tr>
<tr><td>149 团</td><td>341.93</td></tr>
<tr><td>150 团</td><td>450.76</td></tr>
<tr><td>152 团</td><td>山麓、洪积扇</td><td>铁路渠灌区</td><td>42.23</td></tr>
</table>

续表

行政区		地貌特征	所属灌区	面积（km²）
玛纳斯县	7镇4乡	冲积平原	玛河灌区、头工乡灌区、清水河灌区、北五岔灌区	9 154.48
沙湾市	9镇3乡		老沙湾灌区、宁家河灌区	13 100
新湖农场			新湖灌区	923.33
克拉玛依市	小拐乡	冲积平原、干三角洲	下野地灌区	4 800

2.1.1.4 土壤植被

玛纳斯河流域土壤类型受不同地貌单元、水热条件、植被类型和人类活动的限制显著，土壤形成过程主要呈现荒漠化和盐渍化。从山区、平原至河流尾闾三角洲各自形成相适应的土壤类型，依次分布有栗钙土、棕钙土、灰褐土、亚高山草甸土、高山草甸土、潮土、盐土、风沙土、灰漠土、草甸土、沼泽土、新积土、荒漠灰钙土和灌溉草甸土等。流域从南向北土壤中的生物累积逐渐减弱，盐碱化程度逐渐加强；北部靠近荒漠的灌区以黏壤、黏土为主，中南部绿洲平原区以中壤土和轻壤土为主，适于作物生长。流域内土壤天然有机质积累较少，天然肥力极低，中北部平原区存在不同程度盐碱荒漠土、次生盐渍土、浆板盐碱土、沼泽土和低肥力土壤等，这些土壤在演变过程中逐渐形成灌耕草甸土、灌耕栗钙土、灌耕棕漠土和灌耕棕钙土等。

玛纳斯河流域植被类型主要受气候、水文和土壤等条件限制，从南部山麓地区、中部平原绿洲区至北部荒漠，多年平均降水量逐渐减少、多年平均温度略有增加，由此形成了森林、草原、人工植被、草甸和灌丛的植被分布规律。根据流域海拔高度相适应的垂向地带分布特点，全区域植被类型可划分为高山冻土带、高山草甸带、山地森林带、山地草原带、山地荒漠草原带和丘陵荒漠草原带。高山冻土带处于 3 500 m 海拔坡段以上，植被包括雪莲、地衣、石竹和苔藓等；高山草甸带植被生长在 2 650~ 3 500 m 海拔坡段，主要包括斗篷、麻黄、果藜等植被；山地森林带植被生长在 1 800~2 650 m 海拔坡段，主要是云杉、桦树、白榆、薹草、柴胡、三恶草、黄花蒿等；山地草原带处于 1 200~ 1 800 m 海拔坡段，主要植被是针叶林、柴胡、针茅草、薹草、芨芨草等；山地荒漠草原带处于600~1 200m 海拔坡段，主要植被是白蒿、芦苇、芨芨草、苦豆子、骆驼刺等；丘陵荒漠草原带处于 256~600 m 海拔坡段，主要植被是梭梭、洪柳、胡杨、三芒草、沙拐枣、碱蓬等。

平原绿洲区主要以人工植被为主，从南至北根据海拔高度可分为 3 类：海拔 800~1 800 m 的油菜、马铃薯、玉米种植区，主要位于流域中上游的洪积扇区域；海拔 500~800 m 的冬小麦、玉米、甜菜、葡萄、棉花种植区，主要位于流域中下游的洪积冲积扇区域；海拔 260~800 m 的瓜类、辣椒、番茄、冬小麦种植区，主要位于洪冲积扇缘泉水溢出带和沙漠边缘。

2.1.1.5　水文地质条件

玛纳斯河流域水资源丰富，玛纳斯河流域主要由玛纳斯河、塔西河、宁家河、金沟河、巴音沟河五条主要间歇性内陆河流组成，大部分溪流多年依靠冰川融雪与降水补给经山前阶地汇流至肯斯瓦特水利枢纽，随后经过红山嘴出山口后呈树枝状进入冲积扇地区或农田灌溉或引入水库，玛纳斯河由红山嘴渠首流出后依次经过玛河灌区、石河子灌区、莫索湾灌区、老沙湾灌区赫尔下野地灌区的小拐乡、新疆生产建设兵团第八师 136 团后，最终汇入玛纳斯湖，平均年径流量约为 $2.076\times10^9 m^3$。河流年径流量的年内分配极不均衡，6—8 月是玛纳斯河的洪水期，干流最大流量为1 095 m^3/s，此时段内的径流量占全年总径流量的 67%左右，通常汇入平原区水库进行合理分配；枯水期径流量仅占总径流量的 14.7%，玛纳斯河流域各水系特征值见表 2-2。

表 2-2　玛纳斯河流域水系特征

河流名称	干流总长 (km)	最大年径流量 ($10^8 m^3$)	积水面积 (km^2)	干流最大流量 (m^3/s)	干渠最大输水能力 (m^3/s)	测站名称	起点
玛纳斯河	324	20.76	5 156	1 095	8	肯斯瓦特	和静县小尤尔都斯山
塔西河	120	2.94	664		85	石门子	依连哈比尔尕山北麓
宁家河	100	0.86	388		4	红山头	桥勒沟和吉浪萨依
金沟河	124	3.88	1 757	214	45	黑山头	科尔达啦及阿尔夏提
巴音沟河	160	4.06	1 668	325	60		乌苏县境内 5 000 m 海拔冰川
合计	828	32.5	9 633				

玛纳斯河流域由南至北，水文地质特征具有显著的分带性差异，从而根据地貌可分成山前冲洪积扇、水平径流带、潜水溢出带、垂向交替带四个水文地质单元。天山融雪和高山降水受山前冲洪积扇的影响，在山坳塌陷区形成天然

水库与测渗，山前冲洪积扇所处的河床堆积了第四纪沉积土壤，水质、水量和蓄水条件良好，地下水位主要以侧向排泄为主，埋深通常大于 10 m。河道水位稳定后以地表径流和地下潜流的形式穿过水平径流带，水平径流带位于 G30 连霍高速以南至山前冲洪积扇出口，潜水位一般处于 20~170 m。G30 连霍高速以北至平原水库的区域属于潜水溢出带，地层岩性结构为粗细粒交替沉积的多层地质。潜水溢出带赋存有潜水和承压水层，地下水主要以侧向补给为主，该区域由南至北水力坡度逐渐变缓。垂向交替带位于平原丘陵区的弱渗透带，浅层潜水分布广泛，地下水位通常介于 1~3 m，因此垂向溶质交替加强，地下水以蒸发排泄为主。潜水含水层、承压含水层通常以潜水溢出带为界，向南的潜水含水层岩性为单一结构的卵砾石结构，向北的潜水含水层岩性以亚砂土、亚黏土、粉细砂为主。承压含水层主要分布在 G30 连霍高速以北的潜水层下部，通常承压区直径 2~4 km，承压水头 3~15 m。由于流域东西轴方向存在一条第三纪地层构造的背斜褶皱地质构造带，阻断了山前冲洪积扇与潜水溢出带的地下水联系，因此当流域水系经过背斜构造进入山前冲洪积扇的过程中，地表水径流与地下水转运存在时滞差异。

2.1.1.6 水土资源开发概况

玛纳斯河流域地处天山北麓核心经济区域，自 1949 年起水土资源的开发主要包括两种方式，一是依靠地方群众扩大开垦，二是依靠支边力量开辟新绿洲，例如石河子垦区。1954 年起流域开展了基础水利设施规划，包括引、蓄、输、排、配合发电等综合水利工程。经过 70 年的水土资源开发，玛纳斯河流域已成为全国最大的人工绿洲以及仅次于河西走廊灌溉农业区，水土资源的开发历程主要包括 3 个阶段。

开源截流阶段（1949—1976 年），为扩大耕地面积，以提高农业生产力，解放初期开始大规模开荒造田，修建平原水库和引水干渠。农田灌溉采用土渠引地表水（河流）进行畦田水漫灌，或沟灌，毛灌溉定额高达 12 000~15 000 m^3/hm^2，渠系水分利用率仅为 0.3 左右，农田排水技术主要采用无排水沟冲洗的方式，即灌水压盐和种稻洗盐。但由于生产力水平不高、农业机械化水平较低、灌溉方式落后以及自然环境的限制，开荒初期灌溉所引起的深层渗漏严重，地下水位普遍由 6~10 m 上升至 1.5 m 深度范围内。水资源过度开采导致农业生态环境失调，20 世纪 60 年代初发生自然灾害，农作物大面积减产，弃耕现象普遍。

联合灌溉阶段（1976—1997 年），人工绿洲区水库、渠系、水库和水利枢纽逐步完善，耕地面积稳步增加，农田灌排系统也逐步得到完善，渠道开始进行防渗处理。各灌区灌溉主要采用畦灌、沟灌、井灌和井渠联合灌溉等方式，毛灌溉定额降低至 6 000～9 000 m^3/hm^2。沿河岸的山地荒漠草原带被二次开发，地下水开采范围逐渐从潜水溢出带扩大到整个灌溉区，莫索湾灌区、下野地灌区、安集海灌区、石河子灌区、玛河灌区、进攻和灌区、宁家河灌区和清水河等主要灌区开始连成一体。这一时期的水土资源开发由广度开发转向深度开发，农业灌溉由漫灌向井渠控制灌溉转变，收复并改造上一时期留下的弃耕地、盐碱地和中低产田。

稳步发展阶段（1998 年至今），膜下滴灌技术引进新疆后，在玛纳斯河流域内迅速得到推广，应用作物包括棉花、小麦、葡萄、玉米、果树等，毛灌溉定额进一步降低至 5 250～6 000 m^3/hm^2，流域灌溉水分利用效率明显提高。节水农业的发展在缓解水资源短缺的同时，完善了玛纳斯河流域现行的灌溉制度，但是膜下滴灌系统替代了部分渠系灌排系统，从 1997—2013 年渠系长度减少 0.69 倍，同时干、支、斗、农渠道长度修缮和改造趋势变缓，导致灌区灌排平衡难以实现。已建成拦河水利枢纽 4 座，大中型平原水库 7 座，总库容 $5.81\times10^8\ m^3/s$，但大部分已建成 40～70 年，建设标准普遍偏低。已建成渠系总长 13 677.1 km，其中骨干引水渠 539 km，渠系防渗达到 82.2%，渠系水利用系数在 74%～87%。

1949—2017 年，流域灌溉面积由 $2.47\times10^4\ hm^2$扩大至 $2.55\times10^5\ hm^2$。随着不适宜耕作的盐碱地逐渐开发，土壤由盐碱草甸土、浆绊土、荒漠土等向灌耕土、潮土转变，土壤盐碱化虽然得到一定程度的改善，但是次生盐渍化进一步加深。具体表现为地下水埋深浅（介于 1～3 m），耕作层排水不畅。20 世纪 80 年代以来，玛纳斯河流域农田排水技术整体实现机械化开挖和清淤，渠道防渗工作也逐渐开展，明沟排水发展迅速。北疆许多地区每隔 3～5 年对排水沟系进行一次清淤整治，预防土壤的次生盐渍化危害，地面漫灌冲洗方式也明显得到改进。膜下滴灌措施推广之前，土壤盐碱化多集中在冲积平原、冲洪积扇扇缘等地区。由于长期干旱少雨、蒸发强烈，导致植被覆盖度低、土壤有机质含量低。

自节水灌溉技术推广以来，应用膜下滴灌的耕地面积达 94.8%。流域地下水开采量逐年增加，且地下水补给量减少，其中石河子灌区用水量最大，比例达到56.8%。受灌溉补给量减少的影响，流域地下水位逐年下降，同时地下水位的年内变幅逐渐减小。1999—2008年，地下水平均埋深由2.2 m降低至2.8 m，降幅比例为26.4%。流域地下水埋深降低的主要原因是灌溉方式的转变，次要因素是降水、蒸发、地表径流等因素。

膜下滴灌技术普及下的现行灌溉制度有效提高了水资源利用率，一定程度上可有效降低地下水位，控制土壤盐碱化危害，对农业具有增收、节水的作用，但是膜下滴灌只能调节作物根系层的盐分，本质上盐分仍然存在于土壤中。长期滴灌使土壤盐分向湿润峰边缘处集中，耕层区土壤年均积盐量达到0.36g/kg，盐分在田间土层的不断积累，势必导致土壤次生盐渍化爆发，危害农作物生长及产量。目前，玛纳斯河流域不同程度盐渍化耕地面积占总耕地面积的30.73%，约7.84×10^4 hm^2，轻度、中度和重度盐渍化农田分别占总耕地面积的24.87%、5.56%和0.3%。

2.1.2 根际尺度盐渍化土壤对照试验概况

土壤盐胁迫是限制干旱区棉花生长和氮素吸收的重要因素，随着膜下滴灌技术应用年限的增加，土壤盐渍化威胁正在不断加重，针对不同程度土壤盐渍化对农田养分动态的影响尚不清楚。因此，2019年在新疆石河子市石河子大学现代节水灌溉重点实验站（44°19′N，85°59′E）测坑内进行了土壤盐胁迫与棉花生长试验。该站点位于玛纳斯灌区中部平原，紧邻古尔班通古特沙漠，属于典型的温带大陆荒漠气候。2019年4—10月监测期间平均气温为18.6℃，年平均降水量170 mm，其中60%集中于5—8月（图2-1）。年均潜在蒸发量1 890 mm，夏季相对湿度介于30%~50%。年日照时长2 447.9 h。作物灌溉期地下水位大于7 m。主要经济作物为棉花（*Gossypium hirsutum* L），无霜期为182 d。试验初始土壤物理指标（pH、容重、田间持水率、饱和含水率、颗粒级配）的采集、测试方法与典型盐渍化农田改良试验方法一致。

2.1.3 田间尺度盐渍化试验农田改良概况

膜下滴灌技术自1996年首次引进玛纳斯河流域，并且成功进行了应用试验和推广，主要原因之一是其可以高度适应盐碱地的作物生长、灌溉和施肥制度。膜下滴灌技术对盐碱地抗性较强，对农业具有节水、增产作用，在作物灌水周期内滴灌能使土壤盐分持续向湿润峰边缘处集中，薄膜覆盖又能保温保

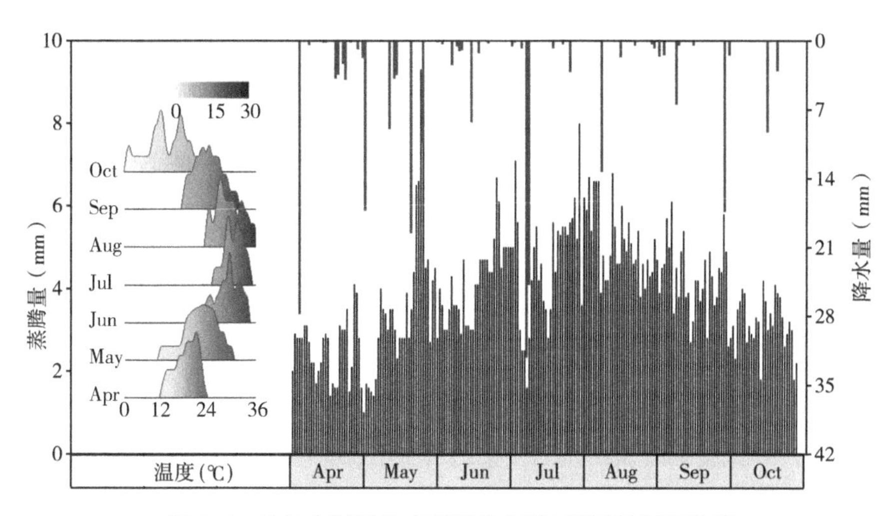

图 2-1　2019 年试验站点盐碱化土壤对照试验气象数据

墒、减少蒸发，减少虫害，因此一定程度上可以抑制浅层根区盐分的累积。在流域现行灌溉制度下，膜下滴灌全生育期内均不排水，只是在滴灌期间维持水头使土壤盐分向根系层外围迁移，同时调节养分，在非灌溉期间盐分会通过蒸发向膜间裸地运移。膜下滴灌的最大湿润范围为 40~60 cm，由于水分无法进一步湿润更深土层，多年滴灌使得土壤盐分不断在湿润区下方累积，最终形成盐壳层。常规旋耕机械无法触及该层土壤，目前也少有农户通过深耕机细碎翻耕盐壳层。盐壳层的形成初期对作物根系能够起到保温、保墒和保肥的作用，但是长期积盐则会增加土壤次生盐渍化风险，且缺乏长期膜下滴灌盐碱地条件下改良盐碱地的数据结论。为了解决这个问题，2016—2020 年在玛纳斯河流域内选取长期水资源缺乏、作物产量低、蒸发量大、返盐严重的代表性地块，在原有膜下滴灌的基础上设计田间暗管与竖井排水排盐试验，通过暗管（P_a）与竖井（S_a）排水工程评估农业土壤生态系统的水盐养分迁移过程，分析滴灌淋洗配合 P_a 和 S_a 排水的脱盐效率和淋洗规律，揭示土壤微生物多样性、土壤酶活性和土壤盐分降低对籽棉产量的响应，以期为玛纳斯河流域盐碱地改良和农业生产提供可靠建议。

2.1.3.1　地理位置

典型研究地块位于新疆生产建设兵团第八师 141 团，沙湾县安集海乡北端 44°36′N，85°21′E，总规划面积为 3.4 hm^2，试验地东南方位高程为 385.1 m，西北方位高程为 383. 5 m。该试验地属于安集海灌区，于 1997 年开垦，同年采用膜下滴灌模式种植棉花，1997—2009 年平均籽棉产量为4 800kg/hm²，受土壤盐渍化积累的影响，2010—2014 年棉田逐年绝收，并于 2015 年成为弃耕土地。2016 年 2 月对该试验地块进行勘察设计，勘察内容包括试验地的气象、水文地质、土壤、植被组成、田间鼠道、盲沟等内容。2016 年 3—4 月进行暗管排水工程（P_a）的现场施工，在 2016—2017 年进行了 3 次地面淋洗试验。2020 年 5 月进行竖井排水工程（S_a）的现场施工，并在 2020 年 6 月和 10 月进行了 2 次灌溉淋洗与排水试验。

2. 1. 3. 2　气象数据

由于野外试验架设长期监测气象站具有不稳定性，考虑到试验田块处于克拉玛依气象站（51243）和沙湾气象站（51357）之间，距离田块较近，均处于流域下游的潜水溢出带，古尔班通古特沙漠南缘，气候波动性不大。因此收集了 2016—2020 年沙湾气象站（51357）的主要气象数据（降水量、蒸发量、温度、日照时长）作为实验地块的气候依据（图 2-2）。

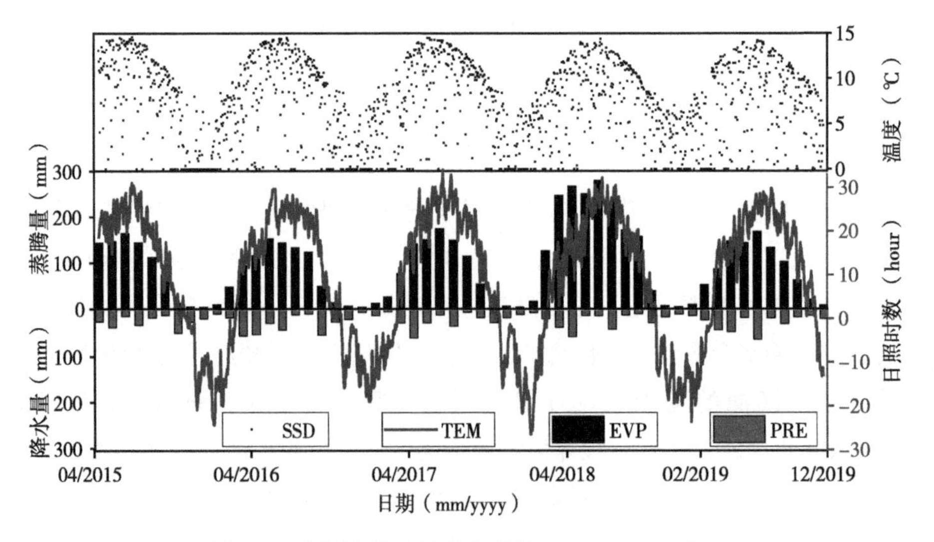

图 2-2　气温与降水量动态变化（2016—2019 年）

2. 1. 3. 3　土壤性质

本试验地块为逐年弃耕的盐碱地（2010—2015 年），2016 年 3 月勘察时使用 DJ-TQ1301 环刀取样器（点将科技，中国）取 0～140 cm 深度原状土壤，随机重复 3 次，并带回实验室测定土壤物理特性（表 2-3）。土壤砂粒、粉粒和黏粒质量分布采用 LSI3320 型全新纳微米激光粒度分析仪测定（Beckman Coulter，美国）；土壤 pH 采用 S220-uMix 型 pH 计测定（梅特勒，瑞士）；土壤容重采用环刀法测定各层土壤干容重；田间持水量采用威尔克斯法测定（Wilcox，1963）；土壤渗透系数用 Guelph2800K1 型入渗仪测定（Techtrend，中国）；0～20 cm 和 20～40 cm 土层土壤电导率分别为 14.3 dS/m 和 16.5 dS/m，土壤 pH 值介于 7.51～8.53；土壤可溶性盐主要为硫酸盐和氯化物。灌溉水源为冰川融雪（地表水），实测矿化度介于 0.5～0.8 g/L。

表 2-3　典型试验地块土壤类型及物理参数

土层深度（cm）	颗粒质量分数（%）			土壤质地	容重（g/cm^3）	田间持水率（%）	饱和含水率（%）	渗透系数（cm/d）
	砂粒	粉粒	黏粒					
0～5	61.8	35.1	3.1	砂质壤土	1.48	20.17	37.69	12.1
15～20	63.3	34.1	2.6	砂质壤土	1.57	21.27	39.34	9.6
35～40	51.6	44.1	4.3	壤土	1.67	23.75	37.89	8.6
55～60	52.7	44.8	2.5	壤土	1.68	24.03	40.67	8.1
75～80	53.1	43.9	3.0	壤土	1.72	23.70	40.25	8.5
95～100	53.1	44.7	2.2	壤土	1.81	25.54	37.71	8.4
115～120	45.8	52.2	2.0	粉砂质壤土	1.69	18.02	38.66	7.1
135～140	41.4	52.1	6.5	粉砂质壤土	1.76	22.41	38.14	6.9

2.2　流域尺度土壤水盐及养分累积特征研究方案

近年来，玛纳斯河流域受盐渍化与化肥非点源污染的影响，耕作层土壤状况每况愈下，严重威胁到流域内农业生态环境的可持续发展。本节基于 2019—2020 年流域总氮、含盐量数据，结合地统计分析方法、空间插值方法分析玛纳斯河流域非点源盐氮累积特征，为有针对性开展玛纳斯河流域棉田土壤盐渍化与化肥污染控制提供理论依据。

2.2.1　土壤样本采集

在土壤样本采集前，首先进行野外调查，主要收集流域的边界、土地利用类型、土壤类型、作物类型、灌溉施肥措施分布等数据。然后以流域边界、DEM 高程图、河网为基础区域，参考灌区分布、作物类型等信息设置土壤样本采集点。依据 GPS 导航仪（etrex229x，GARMIN©）于 2019 年 6 月下旬、2020 年 7 月上旬棉花现蕾期后进行土壤样本采集。首次到达采样点时固定样本采集位置，记录采样点的自然景观、地形地貌等情况，野外采样点共 121 个。

灌区土壤样本采样点均确保在膜下滴灌棉田内，并且在灌水前取样；确保采样点在棉花宽行间。采用螺旋式取土钻分别采集 0~20 cm、20~40 cm、40~60 cm、60~80 cm、80~100 cm 共计 5 个土层土壤样本，经过土壤样品瓶密封后转入车载冷藏箱，并于当天带回室内实验冷藏室保存。

2.2.2 样品处理

流域尺度上采集的土壤样本参照《土壤农业化学分析方法》（1999），测定土壤含水率、土壤总氮含量、土壤含盐量，具体前处理与测试方法如下。

土壤含水率与土壤含盐量前处理方法一致，将当日采集的部分土壤样本转移至已称量的空铝盒（高 28 mm，直径 55 mm）内，用精度为 0.001g 的分析天平称量后放入 110℃烘箱中烘干至恒重，取出进行二次称量，得到土壤含水率。将烘干后的土壤样本手工磨碎、过 18 号筛孔（1 mm）后称取 10 g 放入三角瓶中，以 1：5 的土水比加入蒸馏水，使用振荡机振荡三角瓶 10 min，再静置 15 min 后进行过滤，得到浸出液。通过 DDS-307 型电导率仪测定土壤浸出液的电导率值（dS/m），实验室内温度保持 25℃。用干燥残差法标定土壤电导率与土壤含盐量的关系。

$$\begin{cases} W = (m_1 - m_2) / (m_1 - m_0) \\ S = 2.277 E_C - 0.324 (R^2 = 0.985) \end{cases} \tag{2-1}$$

式中，W 为土壤含水率（%）；m_0、m_1、m_2 分别为烘干后空铝盒质量（g）、烘干前铝盒与土样质量（g）、烘干后铝盒与土样质量（g）；S 为土壤含盐量（g/kg）；E_C 为土壤电导率（dS/m）。

测定土壤总氮含量首先需要用石墨消解仪（SH220F，济南海能©）进行前处理。首先将部分自然风干的土壤样本准确过 18 号筛孔，取 0.3~0.4 g 放入干燥的 300 mL 消解管，依次加入 3~5 滴蒸馏水、1.85 g 由硫酸钾、五水硫酸铜和硒粉组成的混合催化剂，5 mL 浓度为 0.36 mol/L 的浓硫酸。混合催化剂（g）的比例为 100（K_2SO_4）：10（$CuSO_4 \cdot 5H_2O$）：1（Se）。一批样品 20 个，轻轻摇匀后盖上 PFA 密封盖（WD03 消解排废系统），设定石墨消解仪温度 370℃、消解时长 4 h。待冷却后将样本转入 500mL 容量瓶，转入过程消解管需多次冲洗后导入容量瓶，最后定容至 500 mL 上机待测。消解完成后，采用全自动间断化学分析仪（Smartchem 140，AMS，Italy）测定土壤总氮含量，需要配制氢氧化钠与七水合磷酸氢二钠和酒石酸钾钠混合溶液（5：6.7：12.5）、水杨酸钠溶液、二氯异氰尿酸钠溶液和硝普钠溶液。仪器每运行2 d运行一次探针清洗、比色皿清洗和质量测试 WBL（Water Base Line）。

2.2.3　数据分析

2.2.3.1　回归分析

采用最小二乘一元线性回归模型对区域尺度和像元尺度的土壤总氮含量、含盐量进行趋势分析。线性回归系数的显著性采用 t 检验，其中，$P<0.05$ 表示回归系数显著，$P<0.01$ 表示回归系数极显著。通过逐像元计算逐年总氮、含盐量变化速率，分析玛纳斯河流域土壤总氮在不同盐渍化程度变化趋势下的时空格局。

2.2.3.2　经典统计学方法

应用经典统计学原理可解决数据特征与随机变量之间的关系，主要包括描述统计，正态性检验、非参数检验、相关分析、方差分析、聚类分析、ROC 曲线分析等，主要采用 SPSS 19.0 软件（SPSS Inc.，Chicago，IL，USA）进行数据分析。

2.2.3.3　地统计学方法

地统计学是区域尺度随机变量分析的重要工具，核心方法是利用变异函数获取随机变量的空间分布规律，核心理论是区域化变量理论。区域化变量是指具有一定随机性、结构性、相关性、依赖性和变异性的空间特征值，研究经典统计学方法的主要工具是半方差函数与克里格插值。

半方差函数主要用来描述区域化变量在不同尺度上的空间变异和相似程度，主要由块金系数（Nugget）、变程（Range）、基台值（Still）、分形维数（Fractal dimension）作为主要参数。在定量描述区域化变量的变异特征时，需要建立变量函数模型，例如指数模型（Exponentialmodel）、高斯模型（Gaissian model）、线性有基台值模型（Linear with Sill model）、球面模型（Spherical model）。在实际工作中球面模型的应用最广泛、变程最小，约 95%以上的半方差函数均可利用球面模型进行拟合。本研究流域尺度土壤总氮、盐分含量的半方差分析采用地统计学统计软件 GS+（Version 10）自动拟合变差函数和分形模块。

克里格插值（Kriging）是利用半方差函数与空间数据之间的结构性，对已有的空间数据进行局部加权平均估计，并且对其他未采样的区域化变量采取无偏差最优估算的一种插值方法。地统计学提供的克里格插值法包括普通克里格法（Ordinary Kriging）、泛克里格法（Uniersal Kriging）、简单克里格法（Simple Kriging）、指示克里格法（Indictor Kriging）、概率克里格法（Probabity Kriging）、转换克里格法（Disjunctive Kriging）和协同克里格法（Co－Kriging）等。每个克里格插值法各有特点，并不存在绝对的优势与缺点，只有在特定研究目的和侧重点下存在最优的插值方法。

2.2.3.4 二阶偏相关分析

为了消除两个主要因素以外其他变量的干扰，以提高主要因素间的相关性，通常采用偏相关分析，或称净相关分析，这里提到的其他变量统称为控制变量。二阶偏相关系数在一阶偏相关系数基础上计算得到，而计算一阶相关系数首先计算相关系数（零阶）。偏相关系数的计算公式如下

$$r_{\alpha\delta} = \frac{\sum_{i=1}^{n}(\alpha_i - \bar{\alpha})(\varphi_i - \bar{\delta})}{\sqrt{\sum_{i=1}^{n}(\alpha_i - \bar{\alpha})^2 \sum_{i=1}^{n}(\delta_i - \bar{\delta})^2}} \tag{2-2}$$

$$r_{\alpha\delta.1} = \frac{r_{\alpha\delta} - r_{\alpha.1}r_{\delta.1}}{\sqrt{1 - r_{\alpha.1}^2} \cdot \sqrt{1 - r_{\delta.1}^2}} \tag{2-3}$$

$$r_{\alpha\delta.12} = \frac{r_{\alpha\delta.1} - r_{\alpha2.1}r_{\delta2.1}}{\sqrt{1 - r_{\alpha2.1}^2} \cdot \sqrt{1 - r_{\delta2.1}^2}} \tag{2-4}$$

式中，α、φ 为偏相关系数计量的变量；1、2 为控制变量；$r_{\alpha\delta}$ 为相关系数；$r_{\alpha\delta.1}$ 为一阶偏相关系数；$r_{\alpha\delta.12}$ 为二阶偏相关系数。采用 t 检验对计算得到的二阶偏相关系数进行显著性检验，t 值的计算公式如下

$$t = \frac{r\sqrt{n - q - 1}}{\sqrt{1 - r^2}} \tag{2-5}$$

式中，r 为偏相关系数，n 为样本数，q 为自由度个数。

2.3　根际尺度盐渍化土壤对照试验方案

基于流域尺度获取的膜下滴灌棉田土壤水盐和养分数据，可以阐明玛纳斯河流域多年膜下滴灌期间土壤盐渍化与氮素累积的现状、空间异质性和变化趋势等，这些现象均发生在棉花耕作层以及多年受耕作扰动的更深层土壤范围内，然而现象是任何事物的客观表象，当需要诠释表象产生的原因时问题才可能产生。干旱区膜下滴灌棉田土壤盐分与养分的累积原因、土壤盐分胁迫下的养分吸收机理以及土壤水盐与养分的协同机制，需要设计原位试验进行持续观测研究。为此，2019 年在现代节水灌溉兵团试验站的试验测坑内进行棉花根际尺度盐渍化土壤对照试验，探索膜下滴灌农田生态系统水盐与养分的交互作用机理与物质转换规律。

2.3.1　试验设计

2018 年 9 月在试验测坑内设置了 4 种盐渍化水平的土壤（均来自于玛纳斯河流域常年耕作的膜下滴灌棉田中），并且灌溉、施肥和耕种措施基本一致。分别为弱盐渍化土壤 C_1（0~4. 2 g/kg，实际 2. 0 g/kg）、轻度盐渍化土壤 C_2（4. 2~8. 8 g/kg，实际 6. 5 g/kg）、中度盐渍化土壤 C_3（8. 5~15. 5 g/kg，实际 13. 0 g/kg）和重度盐渍化土壤 C_4（15. 5~20. 0 g/kg，实际 17. 9 g/kg），各处理重复 3 组，共 12 个测坑。C_1处理可视为常规对照处理（CK）。试验测坑面积为 4 m^2（长 2 m×宽 2 m），深度 4 m，四周均为厚度 0. 3 m 的砖混水泥墙，测坑上部高出地表约 0. 1 m。

土样采集之前调查了采样点的土壤质地，根据美国农业部标准分类系统，这 4 种土壤均被归类为砂质壤土，田间持水率在 23%~29%，土壤 pH 值和容重分别为 6. 3~7. 6 g/cm^3 和 1. 34~1. 43 g/cm^3（表 2-4），土壤初始有机质含量和总氮含量分别为 0. 9%~1. 8%，0. 592~0. 782g/kg。在已确定的采样地采集土样后，将散装土壤样品风干、研磨，并通过 2 mm 筛网，然后逐层回填至试验测坑中。回填完成后，所有试验测坑持续浇水 30 d（即 2018 年 10 月 10

日至11月10日；无地表径流；2018年11月10日至2019年2月25日降雪），以保证各土层沉降至自然状态。

表 2-4 根际盐渍化对照试验土壤理化性质

土壤深度（cm）	颗粒级配（%）			pH值	BD（g/cm）	Kc（cm/s）	Fc（%）	（mg/kg）				T-om（%）
	黏粒	砂粒	粉粒					TN	N-m	P-a	K-a	
0~20	61.8	35.1	3.1	7.57	1.57	19.6	38.19	973.9	39.4	18.9	75.6	1.8
20~40	52.7	44.8	2.5	7.18	1.74	8.5	33.96	1 172.6	43.9	14.3	84.2	1.6
40~60	53.1	43.9	2.2	7.87	1.59	9.5	37.65	1 348.4	20.6	14.8	85.6	0.9
80~100	45.8	52.2	2.0	6.34	1.63	8.4	29.36	1 240.3	29.7	17.9	83.7	1.8
180~200	41.4	52.1	6.5	7.09	1.61	10.9	30.47	1 021.8	38.3	16.5	56.3	1.4

注：TN，总氮含量；N-m，矿质氮；P-a，速效磷；K-a，速效钾；T-om，总有机质。

2.3.2 棉花种植方案

试验小区修建完成后播种棉花，棉花生长季在4—9月，细分为苗期（S_1）、蕾期（S_2）、花铃期（S_3）和吐絮期（S_4）4个生育期，棉花供试品种为耐盐品种（*Gossypium hirsutum* Linn，Dongsheng. 9112）。棉花播种时采用覆膜滴灌技术，滴灌带间距80 cm，滴头流量2.6 L/h，棉花宽行和窄行间距分别为30 cm和50 cm，株距10 cm。田间小区首部设置潜水泵和施肥系统进行灌溉。灌溉水源为地下井水，矿化度0.15 g/L。潜水泵扬程15 m（LEO. var. QDX10），功率1.1 kW。

棉花生育期内参照玛纳斯河流域现行灌水施肥方案，统一设置灌水定额为4 500 m^3/hm^2，共计灌水11次（表2-5）；棉花生育期内随灌水施^{15}N-labeled尿素525 kg/hm^2（5.14 atom% ^{15}N，Shanghai Research Institute of Chemical Industry）。施复合肥825 kg/hm^2（成分包含：55%-P_2O_5，25%-K_2O，10%-$ZnSO_4 \cdot 7(H_2O)$，10%-H_3BO_3）。此外，考虑灌溉水源的氮素输入，为10~20 kg/hm^2；考虑喷施农药期间由叶面肥混入所增加的氮素输入，为35~45 kg/hm^2。

表 2-5　典型试验地块灌水施肥方案

生育期阶段	年/月/日	灌水量（m^3/hm^2）	施肥量（kg/hm^2）			当日降水量（mm）
			尿素	磷酸二氢钾	硫酸钾复合肥	
苗期	2019/4/21	375	30	30	7.5	0
	2019/5/20	375	30	30	15	0
	2019/6/1	375	45	45	22.5	0
蕾期	2019/6/13	450	60	60	37.5	0.9
	2019/6/22	450	60	60	37.5	0
	2019/7/1	450	75	75	37.5	0
	2019/7/10	450	60	60	37.5	32.1
	2019/7/19	450	60	60	37.5	0
花铃期	2019/7/31	375	60	60	37.5	0
	2019/8/14	375	30	30	22.5	0
吐絮期	2019/8/28	375	15	15	7.5	0

2.3.3　样品收集与处理

2.3.3.1　土壤样品

根际尺度上采集的土壤理化性质参照“中国生态系统研究网络 CERN 观测与分析标准方法”，以《土壤理化分析与剖面描述》为依据；其余项目的分析方法以《土壤农业化学分析方法》为依据，测定土壤含水率（%）、土壤总氮含量（mg/kg）、土壤含盐量（g/kg），具体采集深度、前处理与测试方法与流域尺度土壤样品处理方法一致（2.2.2）。此外，当棉花播种后，在每个试验测坑棉花宽行间、窄行间和裸地位置埋设 PE 塑料管，内径 52mm。通过插入 TRIME-PICO-IPH50 极深土壤水盐测量系统（IMKO，德国），持续监测棉花各育期（S_1至 S_4）土壤体积含水率（%）、土壤电导率（dS/m）。

2.3.3.2　棉花样品

在棉花各个生育期（S_1至 S_4）原位监测出苗率、存活率、株高、叶面积指数和籽棉产量；同时采集棉花茎、叶、果实（S_4）和 0~20 cm、20~40 cm、

40~60 cm 土层根系（S_4）样品，测定棉花干物质量（g/plant）、棉花各器官总氮含量（g/kg）。

棉花出苗率与存活率在灌出苗水后每隔 7d 测量 1 次，直至棉花现蕾后结束。所有出苗株数与播种株数之间的比值为棉花出苗率。最终存活株数与播种株数之间的比值为棉花存活率。采用 CI-600（CID，USA）植物根系生长监测系统配合 CI-600 In-Situ Root Imager 软件（Version 4.0.4.57），对棉花花铃期根系生长进行扫描监测。每个试验测坑安装 1 根微根管，与地面角度呈 30°~40°，根管上部漏出地面 20 cm，并用黑色遮光胶带包裹，盖防水盖。为避免清晨微根管管壁霜露，通常观测时间选取 18：00—20：00。观测时调整电子窥镜摄像头焦距，电脑软件连接后放入微根管中的待测深度，通过软件控制 CI-600 开始、停止、保存或替换扫描图片。

棉花株高和叶面积指数的首次测量时间在播种后 24 d，每个处理选取具有代表性的 3 株棉花，采用卷尺测量棉花从主根茎至顶端生长点的高度，即为株高；棉花叶面积采用长宽乘积法进行估算，即通过测量所有叶片长与宽乘积之和，即得到棉花的总叶面积（AI），棉花叶面积指数计算式为

$$LAI = AI/As \tag{2-6}$$

式中，LAI 为叶面积指数（%），AI 为棉花的总叶面积（m^2），As 为植株所占土地面积（m^2）。当棉花进入吐絮期末，试验地各处理人工采摘棉花 3 次，每次间隔 7 d，并将 3 次采摘的棉花总和记为籽棉产量。

将棉花各器官样品在烘箱 105℃下杀青至恒重，再降低至 80℃烘干 3 d 后用天平测量棉花各器官干物质量。

棉花总氮含量的测定首先需要采用 YK-12 植物样本粉碎机（益康，山东）粉碎待用。准确称取 0.2~0.3 g 棉花干样，用硫酸纸包裹放入 300 mL 消解管中，依次加入 5 mL 硫酸（隔夜）、2 mL 双氧水，再次加入 2 mL 双氧水，370℃消解 7 min 冷却后再次加入 2 mL 双氧水，一批样品 20 个，轻轻摇匀后盖上 PFA 密封盖（WD03 消解排废系统），设定石墨消解仪（SH220F，济南海能©）温度 370℃，消解时长 1 h。待消解液冷却呈透明色后将样本转入 500mL 容量瓶，转入过程消解管需多次冲洗后导入容量瓶，最后定容至 500 mL 上机待测。消解过程需要注意棉花样品的称样量，通常健壮的棉花茎、叶组织称重 0.5 g 加入双氧水时应避免滴在消解管内壁上，否则将起不到氧化作用，应准确滴入瓶底植物消解液中。消解完成后采用全自动间断化学分析仪

（Smartchem 140，AMS，Italy）测定棉花总氮含量，需要配制的试剂与标准溶液与测定土壤总氮含量时的步骤一致（2.2.2），仪器每运行 2 d 需运行一次探针清洗、比色皿清洗和质量测试 WBL（Water Base Line）。

2.3.3.3　^{15}N 同位素样品

^{15}N 同位素样本包括棉花茎、叶、果实（S_4）、0~20 cm 土壤与根系、20~40 cm 土壤与根系、40~60 cm 土壤与根系（S_4）。前处理过程需要用 3mol/L 的盐酸置换离心瓶样品中的硝酸离子，控制盐酸的用量和流速分别为 15 mL、2~5 mL/min，保证 pH 值在 5.5~6。分 6 次加入 6 g 的 Ag_2O 充分搅拌，过滤出样品中的 AgCl 沉淀，滤液用 50 mL 的离心瓶收集并用锡纸包裹做遮光处理。包裹后的离心瓶置于 Flash HT2000 MAT-253 型同位素质谱仪（Thermo Fisher Scientific，USA）自动进样盘中，样品在高温燃烧中与 Cr_2O_3 和 Cu 作用下氧化还原为 N_2，经过气相色谱柱吸附解吸后进入 ConfloIV 万用接口，不需要氦载气流稀释直接测得 $\delta^{15}N$。同位素质谱仪的主要利用电磁学与离子光学原理，根据元素质荷比分离并测定样品中的同位素质量与相对丰度。需要注意同位素质谱仪的反应炉燃烧温度为 960℃，参考气峰高设置为 3 000 mV。

棉花和土壤 ^{15}N 同位素的各项指标采用公式（2-8）至公式（2-15），分别计算棉花各器官的氮素累积量（N_p，g/plant）、棉花各器官来源于 ^{15}N 肥料的氮素吸收量（N_{44}，g/plant）、土壤中来源于 ^{15}N 肥料的氮素累积量（N_s，kg/hm^2）；棉花各器官所吸收的氮素来源于 ^{15}N 肥料的比例（$Ndff_i$）；棉花各器官的氮肥利用效率（$Cotton_i\ N_{nue}$，^{15}N 示踪法），棉花生育期内氮肥利用效率为各器官氮肥利用效率之和；土壤中来源于 ^{15}N 肥料的氮素累积率（Soil N_s），土壤中 ^{15}N 肥料的其他途径损失量（N_{loss}，kg/hm^2），土壤中 ^{15}N 肥料的损失率（$Soil\ N_{loss}$）。

$$N_p = \mathrm{DMM} \times N_{11} \tag{2-7}$$

$$Ndff_i = \frac{c_i - d}{a - d} \times 100\% \tag{2-8}$$

$$N_{44} = N_p \times \mathrm{Ndf}f_i \tag{2-9}$$

$$N_s = \mathrm{TN} \times \delta \times h \times [(e_x - d)/(a - d)] \times 100\% \tag{2-10}$$

$$\mathrm{Cotton}_i\ N_{\mathrm{nue}} = N_{44}/N_f \times 100\% \tag{2-11}$$

$$\mathrm{Soil}\ N_s = N_s/N_f \times 100\% \tag{2-12}$$

$$N_{loss} = N_f - N_{44} - N_s \quad (2-13)$$

$$\text{Soil } N_{\text{loss}} = 100\% - Cotton_i\, N_{\text{nue}} - \text{Soil } N_s \quad (2-14)$$

式中，N_{11} 为植物总氮含量（g/kg），DMM 为棉花各器官干物质量（g），a 为^{15}N 肥料原子百分超（%），e_x 为各层土壤中^{15}N 原子百分超（%），N_f为肥料中的总氮含量（g/kg 或 g），d 为未被标记的肥料中^{15}N 原子百分超（约为 0.3663 atom %^{15}N），TN 为土壤总氮含量（g/kg），δ 为土壤容重（g/cm^3），h 为土层厚度（cm），N_f 为肥料中^{15}N 的施用量（kg/hm^2）。

2.3.4 数据分析

所有统计分析均采用 SPSS 19.0（SAS Institute Inc.，Chicago）软件进行。采用单因素方差分析（ANOVA）对氮素吸收利用，干物质量进行了比较。所有数据均为高斯分布，均通过等方差检验。“*”表示与对照组比较有统计学意义，即 * $P<0.05$ 和 ** $P<0.01$，相关分析采用 Pearson 相关检验。采用 RZWQM2 模型分析不同水肥协同下的棉花灌溉制度。采用 Canoco 5 软件进行多维非度量尺度分析。

2.4 田间尺度盐渍化土壤改良试验方案

调查与研究是解决问题的前提，基于这一思想，本研究通过流域尺度的现状调查与根际尺度的定点研究，不仅可以阐明流域内多年膜下滴灌土壤盐渍化与化肥残留所带来的现象问题，也能从微观尺度解释土壤盐分与氮素累积的内在规律。科学实践是求知的最终目的，为了解决土壤盐渍化与过量施肥导致的农药残留问题，本研究设置田间尺度盐渍化土壤改良试验于灌溉淋洗试验方案，以期通过水利及农耕措施提出农田生态系统土壤盐渍化调控对策与灌溉制度优化方案。

2.4.1 试验布置

该试验地在 2016 年 2 月起进行勘察设计，2016 年 3—4 月进行暗管排水工程（P_a）的现场施工（图 2-3a）。受地下水超采的影响，试验地浅层地下水位常年处于暗管埋深（1 m）以下，且暗管仅在地面淋洗开始后产生排水，因此在 2016—2017 年进行了 3 次地面淋洗试验。2 年的研究结果初步表明，滴灌淋洗期间暗管排盐量仅为深层渗漏所流失盐分的 30%。为了提高农田排水排盐的效率，在 2020 年 5 月进行竖井排水工程（S_a）的现场施工，并在 2020 年 6 月，10 月进行了 2 次灌溉淋洗与排水试验。

2.4.1.1　暗管排水工程设计与施工

暗管参数设计主要包括坡降、管径、埋深和间距等。管径需要参照设计排水流量的要求确定

$$\begin{cases} Q_1 = CqA \\ d_1 = 2\left(\dfrac{nQ}{\alpha\sqrt{3i}}\right)^{3/8} \\ d_2 = 2\left(\dfrac{nQ}{\alpha\sqrt{i}}\right)^{3/8} \end{cases} \tag{2-15}$$

式中，Q_1 为暗管设计排水流量（m^3/d）；C 为排水流量折减系数，当排水控制面积小于 16 hm^2时，$C=1$；A 为排水控制面积（m^2）；d_1 、d_2 分别为吸水管和集水管的管径（mm）；i 为设计坡降（%），应满足管内流速不小于 0.3 m/s 的要求，当管径不超过 100 mm 时，坡降可采用 0.1% ~ 0.4%，管径大于 100 mm 时，可采用 0.17%~0.06%；n 为管内粗糙率，$n=0.016$；q 为防治盐碱化的设计排水模数（m/d）；α 为与充盈度有关的系数，计算公式如下

$$\begin{cases} q = \dfrac{\mu\Omega(h_t - h_0)}{t} - \bar{\varepsilon}_h \\ \alpha = \dfrac{\left[\pi - \dfrac{\pi}{180}\cos^{-1}(2\theta - 1) + 2\theta(2\theta - 1)\sqrt{\dfrac{1}{\theta}}\right]^{5/3}}{\left[2\pi - \dfrac{\pi}{180}\cos^{-1}(2\theta - 1)\right]^{2/3}} \end{cases} \tag{2-16}$$

式中，$\bar{\varepsilon}_h$ 为地下水平均蒸发强度（m/d）；μ 为地下水降深范围内的平均给水度；Ω 为埋管区的地下水面形状修正系数，可采用 0.8~0.9；h_t 、h_0 分别为地下水临界深度和初始地下水埋深（m）；θ 为管内充盈度，当设计管径不超过 100 mm 时，可采用 0.7；t 为地面淋洗时间（h）。由公式（2-15）、公式（2-16）设计试验地暗管的坡降为 0.4，管径 90 mm。

利用水量平衡原理和胡格霍特方程设计暗管埋深及间距，计算公式如下：

$$\begin{cases} H = h_t + \Delta h + d \\ L = \sqrt{\dfrac{4\,K_a\,h_t^2}{q} + \dfrac{8\,K_b d\,h_t}{q}} \end{cases} \tag{2-17}$$

式中，H 为暗管埋深（m）；Δh 为滞流水头（m）；d 为暗管管径（mm）；L 为暗管间距（m）；K_a 、K_b 分别为暗管上方和下方的渗透系数（m/d）；q 为防治盐碱化的设计排水模数（m/d）。本试验设计暗管间距 15 m，埋深 0.7 m。

暗管排水工程于 2016 年 3 月开始施工，2016 年 4 月底完工（图 2-3a）。施工前，检查冻土层深度是否低于暗管埋深，按设计间距进行测量放线。用轻型抓铲挖掘机开挖管沟，每开挖 20 m 检查沟深与坡降。随后人工铲平沟底，回填 10 cm 粒径不超过 4 cm 的砂砾石垫料，沿坡降方向铺设包裹单层无纺布的吸水管，管周围再次回填 10 cm 厚度的砂砾石垫料，最后逐层回填管沟，除 20 cm 厚度的砂砾石垫料不须夯实外，其他均要分层夯实。吸水管回填完毕后，在其末端设置集水井，底座为砖砌，并由集水管连接，汇入排水沟。此外，对灌溉水渠、排水沟、蓄水池进行了防渗衬砌；除挖掘机开挖管沟外，其余工序均由人工作业完成。本试验采用的无纺布（聚丙烯树脂，450 g/m^2）、吸水管（PVC 双壁波纹管）、集水管（PVE 硬塑料管）、集水井（PVC 树脂）均为新疆天业公司产品。2020 年 3 月，对老旧的集水井进行改造，并对吸水管、集水管进行了清淤处理。

图 2-3　研究区暗管与竖井工程实施及样品采集

2.4.1.2　竖井排水工程设计与施工

竖井排水参数设计主要包括井距、井数、设计排水流量、抽水设备等。根据试验区的面积、田间排水现状、水文地质条件和灌溉制度，确定以上设计指标。设计初期可按下列公式计算

$$
\begin{cases}
L = 100\sqrt{F_0} \\
N = M F_0 / Q_2 t_1 T_a \\
W_p = 8.64 \times 10^4 F_0 q T_a \\
\omega = W_p H_0 / 367.2\tau
\end{cases}
\tag{2-18}
$$

式中，L 为井距（m）；N 为井数，M 为可开采模数［m^3/（$km^2 \cdot a$）］；Q_2为单井排水流量（m^3/h）。t_1为抽水时间（h/d）；T_a为灌溉天数（d/a）；W_p为竖井设计排水流量（m^3/h）；q 为防治盐碱化的设计排水模数（m/d）；ω 为水泵功率（kW）；τ 为水泵实际流量（m^3/h）；H_0 为井深，设置为年地下水埋深的最大值（m）；F_0 为设计灌溉面积（hm^2），按下式计算

$$
F_0 = Q_2 t_1 T_1 \beta (1 - \beta_1) / m \tag{2-19}
$$

式中，T_1 为每次轮灌期的天数（d），β 为灌溉水利用系数，β_1 为干扰抽水的水量消减系数，m 为综合平均灌水定额（m^3/hm^2）。本试验地受灌溉面积影响，仅设置 2 口竖井，井距 120 m，井深 26 m，井内径 800 mm，设计排水流量为 4 m^3/h。

竖井排水工程于 2020 年 4 月开始施工，2020 年 5 月完工。选用 ϕ800 mm PVC 波纹管作为井身，厚度 2.5 cm。开挖竖井前，加工井身，包括打渗孔（10 ϕ/m^2）、侧壁和底端包裹无纺布 2 个工序。用车载式水井钻机（HWF-2000，济宁鲁恒©）垂直钻井，到达最大深度后清理基底土渣。然后垂直下放井身，利用锚杆、钢筋网进行井壁的支撑，使井口水平。最后人工回填细颗粒的砂砾石垫料（≤4 cm），并在井口设置保护网。

2.4.2　试验设计

田间试验为了得到盐渍化土壤改良的整体效果，设置水平距离暗管不同位置观测点（P_1：0.5 m，P_2：5 m，P_3：7.5 m）、水平距离竖井不同位置观测点（S_1：0.5 m，S_2：30 m，S_3：60 m）作为 2 个因素，共 9 个小区（图 2-4）。

2.4.3　灌溉淋洗与作物种植方案

地面淋洗配合田间排水措施是干旱区盐碱地改良的关键，设计地面淋洗配合暗管排水的日期分别为 2016 年 6 月 8 日（L1-P_a）、2016 年 9 月 8 日（L2-

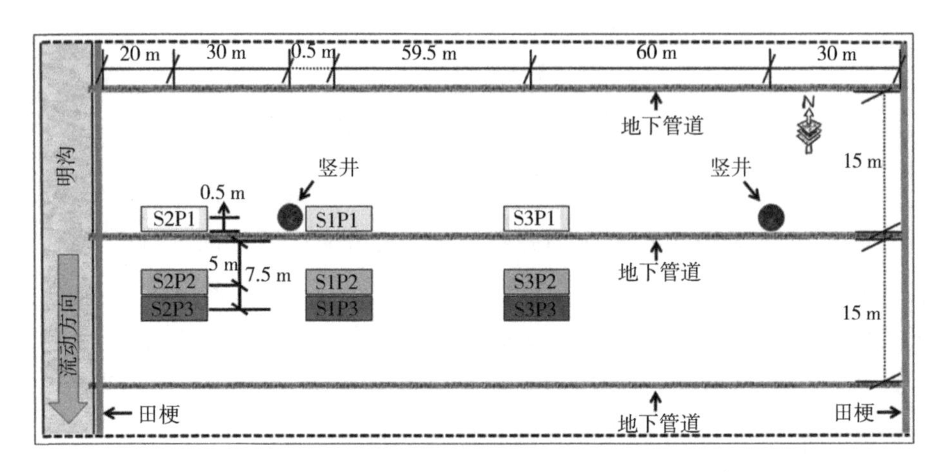

图 2-4　田间尺度盐渍化土壤改良小区位置

P_a)、和 2017 年 4 月 18 日（L3-P_a)；设计地面淋洗配合暗管与竖排水的日期分别为 2020 年 5 月 15 日（L4-P_a-S_a)、2020 年 10 月 15 日（L5-P_a-S_a)。灌溉水源来自于天山融雪，盐分为 0.8 g/L。淋洗需水量由土壤含盐量与允许作物生长的临界含盐量确定。

$$D_w/D_s = -C\lg[SS_a - 2SS_i)/(SS_s - 2SS_i)] \tag{2-20}$$

式中，D_w 为淋洗需水量（m)；D_s 为需要淋洗的土壤层深度（m)；SS_a 为允许作物生长的土壤含盐量（g/kg)；SS_i 为灌溉水含盐量（g/kg)；SS_s 为初始土壤含盐量（g/kg)；C 为土壤的淋洗特性系数，取 C 的值为 1.06。

试验地块自 1997 年起应用膜下滴灌技术种植棉花，受下游潜水溢出带携带盐分补给的影响，2009 年起籽棉产量逐年降低，直至 2015 年棉花绝收。土壤高含盐量是阻碍干旱区棉花幼苗生长的根本因素。因此，2016 年试验地块在布设暗管排水系统并淋洗土壤后，选择种植更为耐盐的油葵品种（复播油葵，*Helianthus annuus* Linn，KF. 366）培肥土壤。2017 年盐渍土改良后的第二年播种棉花，均为耐盐品种（*Gossypium hirsutum* Linn，Dongsheng. 9112)。

油葵和棉花均采用覆膜滴灌种植技术，滴灌带采用单翼迷宫式滴灌带（新疆天业)，滴灌带间距为 90 cm。滴灌带单孔公称流量为 2.6 L/h，滴头间距为 30 cm，操作压力为 0.09 MPa。油葵种植期间地膜宽度 140 cm，窄行距 30 cm，宽行距 60 cm（图 2-5)，油葵生育期内灌水 8 次，灌水定额为 8 853 m^3/hm^2。考虑地块盐渍化土壤的特性，不宜一次性施用大量化肥，而油葵对氮肥和磷酸二氢钾等营养元素的吸收速率快。因此，在油葵生育期内随滴灌灌水施尿素 150 kg/hm^2，施复合肥 200 kg/hm^2（成分包含 40%-KH_2PO_4，30%-KCl，10%-$ZnSO_4 \cdot 7(H_2O)$，30%-腐殖酸），此外，喷施农药期间施 45 kg/hm^2 的叶面肥。

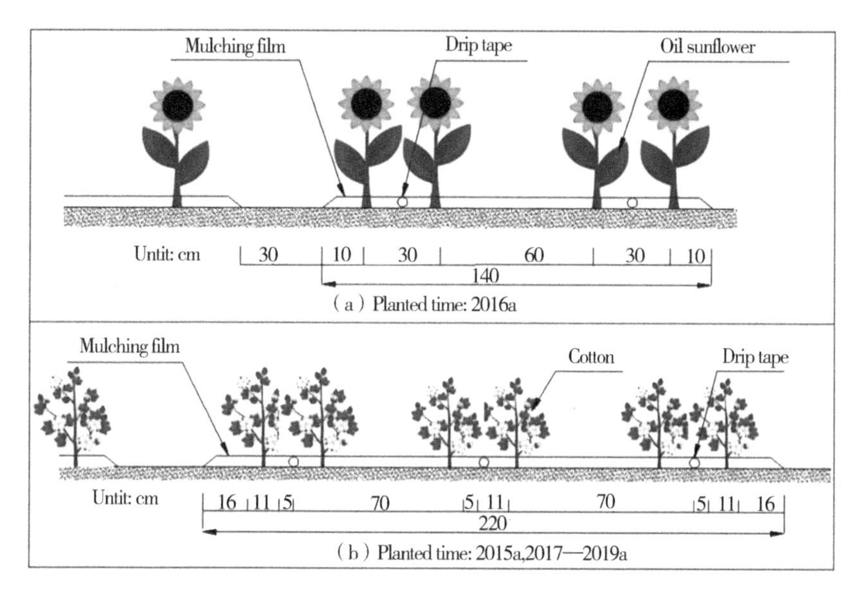

图 2-5　田间尺度盐渍化土壤改良试验作物种植模式示意

棉花种植期间窄行距为 25 cm，宽行距为 50 cm。滴灌带间距 75 cm，地膜宽度 220 cm。棉花生育期内灌水方案与根际尺度测坑试验一致（2. 3. 2）。

2.4.4　样品收集与处理

田间尺度盐渍化改良试验收集每个小区的土壤，棉花，排水水样和浅层地下水样品。

2. 4. 4. 1　土壤样品

田间尺度上采集的土壤理化性质的土层深度、前处理和测试方法与流域尺度、根际尺度土壤样品处理方法一致。2016—2019 年单独采用暗管排水期间土壤采集深度为 0～200 cm，分别为 0～20 cm、20～40 cm、40～60 cm、60～80 cm、80～100 cm、120～140 cm、180～200 cm 共计 7 个土层土壤样品；2020 年采用暗管与竖井联合排水期间土壤采集深度为 0～700 cm，分别为 0～20 cm、

20～40 cm、40～60 cm、60～80 cm、80～100 cm、120～140 cm、180～200 cm、280～300 cm、380～400 cm、480～500 cm、580～600 cm 和 680～700 cm 共计 12 个土层土壤样品；2016 年至 2017 年 4 月棉花播种前，土壤样品采集时间为逐月采集；2017—2020 年，土壤样品处理在棉花生育期（S_1-S_4）采集 4 次，在棉花非生育期每 2 个月采集 1 次。

测定土壤含水率（%）土壤含盐量（g/kg），具体前处理与测试方法与流域尺度和根际尺度土壤样品处理方法一致（2.2.2，2.3.2）。

土壤脱盐率（%）是指通过地面灌溉冲洗配合暗管与竖井排水排除的土壤含盐量占冲洗前土壤含盐量的比值，或理解为不同时间段土壤含盐量的变化比率，以百分数表示，是水利措施改良盐碱地时衡量冲洗脱盐效果的一个重要指标。土壤脱盐率的计算公式如下所示。

$$D_r = [(SS_1 - SS_2/S\,S_1] \times 100\% \qquad (2-21)$$

式中，D_r 为土壤脱盐率（%）；SS_1 为时段初的土壤含盐量（g/kg）；$S\,S_2$ 为土壤含盐量（g/kg）；SS_s 为时段末的土壤含盐量（g/kg）。田间尺度盐渍化土壤改良试验将土壤脱盐率划分为 5 个时间段，分别为 L1-P_a（2016 年 6 月 8—18 日）、L2-P_a（2016 年 9 月 8—18 日）、L3-P_a（2017 年 4 月 8—23 日）、L4-P_a-V_a（2020 年 5 月 1—25 日）、L5-P_a-V_a（2020 年 9 月 20—25 日）。

本研究测定距离暗管与竖井不同位置的 20～40 cm 土层土壤样品的微生物多样性及酶活性，首先采用 Nanodrop 对微生物群落 DNA 进行定量，并通过 1.2%琼脂糖凝胶电泳检测 DNA 提取质量。对 rRNA 基因可变区（单个或连续的多个）或目标片段进行 PCR 扩增，PCR 扩增采用 TransGen© company（China）的 Pfu 高保真 DNA 聚合酶，并严格控制扩增循环数，同时设置阴性对照组。然后采用 Illumina©company（USA）的 MiSeq 测序仪对土壤群落 DNA 片段进行双端（Paired-end）测序，测序长度为 200～450 bp。采用 QIIME2 DADA2 对序列进行去引物、质量过滤、去噪（denoise）、拼接和去嵌合体等处理，得到特征序列（OTUS）。最后对各处理在门水平上的前 20 位物种组成进行可视化分析，对各处理在属水平上的前 50 位物种丰度数据进行 Beta 多样性分析，并通过绘制 Observed species 指数的稀疏曲线，以反映测序深度是否合适。

土壤酶活性测定的种类包括脲酶、过氧化氢酶、蔗糖酶、碱性蛋白酶、碱性磷酸酶、酸性蛋白酶、酸性磷酸酶、中性蛋白酶、中性磷酸酶。其中，土壤脲酶活性采用靛酚蓝比色法测定。过氧化氢酶活性采用高锰酸钾滴定法测定。土壤蔗糖酶采用 3,5-二硝基水杨酸比色法测定。土壤碱性、中性、酸性蛋白酶分别采用碱性（S-AKP）、中性（S-ACP）、酸性（S-NPT）蛋白酶检测试剂盒（Linye©，China）测定。碱性磷酸酶活性采用硝基苯酚（PNP）比色法测定。中性磷酸酶活性采用磷酸苯二钠（$C_6H_5Na_2O_4P$）比色法测定。酸性磷酸酶采用硝基苯磷酸二钠（$C_6H_4NNa_2O_6P \cdot 6H_2O$）比色法测定。

2.4.4.2　排水样品

地面淋洗期间监测暗管与竖井的排水流量与排水盐分浓度。暗管排水水样采集和监测的具体方法是：由 1 名观察员携带水槽进入集水井，将水槽放置在暗管出水位置同时开始计时，10 s 后，从井中吊出水槽，将水槽中的水倒入量筒。读数完成后收集水样，带回实验室采用烘干法测定排水矿化度。此过程从暗管首次排水开始，每 4~6 h 监测 1 次，重复 4 次，直到最后一口集水井停止排水，监测结束。水槽容量为 10 000 mL，量筒容量分别为 500 mL、1 000mL 和 2 000 mL。竖井排水流量的监测根据深水泵（4SP5-25A，Shanghai Yangguang©，China）的抽水时间与管道流量计（LDG-MIK，Hangzhou Meacon©，China）共同决定，水样采集方法与时间与暗管一致。采集排水样品后测定其矿化度，具体方法是采用烘干法将排水水样在 180℃±3℃烘箱中烘干并称量至恒定质量。暗管排水流量、排水矿化度、排水量的计算公式为

$$\begin{cases} Q_P = 0.36\, V_P \\ \rho = (m_1 - m_2) \times 1000/ V_\infty \\ W = \sum Q_P \times T \end{cases} \tag{2-22}$$

式中，Q_P 为不同时段的暗管排水流量，m^3/h；ρ 为排水矿化度，g/L；W 为暗管排水量，m^3；V_P 为 10 s 内水槽中的水样体积，mL；m_2 为蒸发皿的质量，g；m_1 为水样在烘干后蒸发皿的质量，g；V_∞ 为待测矿化度的排水水样体积，mL；T 为暗管排水时间，h。由暗管排水量与排出水矿化度，计算暗管排盐量。

$$D = \frac{\sum W \times \rho}{1000} \tag{2-23}$$

式中，D 为暗管排盐量，g；W 为暗管排水量，m^3；ρ 为排水矿化度，g/L。

2.4.4.3 地下水位

在试验区布置地下水观测井监测地下水水位，在田块内延膜间裸地方向（东西向）每隔50 m布置一个地下水位观测井，井深25 m，内径32 mm，共5眼地下水位观测井。3个地下水观测井与2个竖井处于一条直线上。地下水水样采集和监测日期为每月中旬（2016年3月至2020年12月），5个井（3个监测井，2个竖井）重复3次。

2.4.4.4 植株样品

2016年种植油葵生育期内监测出苗率、成活率、株高、叶面积指数与干物质量，2017—2020年种植棉花生育期内监测出苗率、成活率、株高、叶面积指数和干物质量与籽棉产量，上述指标测试方法与根际尺度棉花生长试验的检测方法一致（2.3.3）。

2.4.5 暗管与竖井排水布设方案

2.4.5.1 暗管排水措施设计方案

试验所在地于2016年春季播种前铺设了暗管，2016—2017年期间共进行了3次淋洗和单一暗管排水试验，2018—2019年间未采用任何排水措施进行排盐，考虑到暗管铺设时长会存在淤泥堵塞渗水孔的问题，在2020年本试验开始前更换了新的集水井和排水管道。

在设计农田排水设施时，除了要考虑试验地所在地形条件、试验控制面积、土壤排水能力等条件来确定排水设施的布置方向、形式及长度（李会贞等，2018），暗管的埋深和间距也是需要考虑的两个重要参数。本试验假设水力要素不随时间变化，地下水运动为一元流，考虑地下渗流进入暗管时存在的附加阻力，暗管的间距和埋深利用水量平衡原理（公式2-24）和Hooghoudt方程（公式2-25）计算（纪敬辉，2017；Mollerup，2014）。

$$H = h_k + \Delta h + d \tag{2-24}$$

$$L^2 = \frac{4K_a h_t^2}{q} + \frac{8K_b D_e h_t}{q} \tag{2-25}$$

式中，H表示埋管深度，m；h_k表示地下水的临界深度、排水深度或土壤改良深度，m；Δh表示滞留水头，m；d为管径，m；L为排水间距，m；h_t表示暗管间中点的水头，m；K_a和K_b分别表示暗管上、下方土壤水利传导度，m/d；q 表示排水模数，m/d；D_e表示 Hooghoudt 等效排水深度，取决于排水渠与防渗层之间的垂直距离，m。

现有的工程规划中考虑到排盐效果、施工成本及投资效益等一系列条件，多设计暗管埋深在 0.6~2 m，暗管间距在 10 m 以上，并且有学者针对暗管埋深及间距对土壤水盐的影响进行了一系列研究（祝榛 等，2018；温越 等，2021；王琼 等，2019），因此本试验结合试验区实际情况，确保土壤脱盐效率的前提下，满足“深宽浅窄”原理，确定暗管埋深为 1 m，间距 15 m。

在暗管排水系统施工前需要进行测量放线，后用挖掘机开挖管沟并分段进行检查，避免沟深合纵坡发生偏移。考虑到排水过程中暗管开孔排水性能以及经济实用性，材料选择目前应用最广泛的 PVC（聚氯乙烯）塑料波纹管，与 2016—2017 年进行单一暗管排水试验时所用管材一致，均选择新疆天业集团生产的管径 9 cm 带孔 PVC 波纹管，壁厚 3 mm，开孔缝隙≤1 mm。随后将排水管包裹双层反滤土工布（土工布规格为 450 g/m^2）后水平埋设于土壤中。排水管道周围采用砂砾石（粒径≤4 cm）填充至厚度约 20 cm，最后分层回填进行夯实并埋管，在滤料 30 cm 厚度以外的土料进行分层夯实。自西向东铺设 3 条长 200 m 的暗管，在管道的首端连接集水井（优质树脂材质），在距集水井底部 15 cm 高度处连接集水管排入排水沟内。施工完成后进行深翻、旋耕整地。除挖掘机和翻地机外其余工作均由人工完成。

2.4.5.2　竖井排水措施设计方案

淋洗时产生的深层渗漏会导致地下水位抬高，给农业水资源带来负面影响，本试验采用竖井排水排出深层渗漏的含盐水，在淋洗期间竖井仅用作排水和观测地下水位，不进行抽水灌溉。

依据 GB/T 50625—2010《机井技术规范》和 GB 50288—2018《灌溉与排水工程设计标准》要求设计，再结合试验区实际面积、地质条件和当地灌溉制度确定排水竖井的数量（公式 2-26）及井距（公式 2-27）等。

$$N = M F_0/(Q_2 t_1 T_a) \tag{2-26}$$

$$L = 100\sqrt{F_0} \tag{2-27}$$

式中，N 为井数；M 表示可采模数，m^3/（km^2 · a）；Q_2表示单井排水流量，m^3/h；t_1为抽运时间，h/d；T_a表示灌溉日，d/a；L 表示井距，m；F_0表示设计灌区面积，hm^2。本试验受灌溉面积的限制，仅设置了 2 口竖井，井距

120 m。

竖井施工选择在棉花播种前进行，于2020年5月开始布设并开展各要素调查、观测与取样。施工采用井径80 cm的PVC波纹管，在管井上以每平方米10个孔的密度钻取渗透孔，再使用无纺布缠绕包裹在侧壁和底部并用铁丝捆扎固定，分别设置在距暗管首段集水井30 m处和150 m处，按当地年际最大地下水位设置井深为20 m。施工采用车载回转式水井钻机由地面垂直向下机械破碎岩石，利用泥浆作冲洗液循环冲洗工作面，随后清理岩屑和土渣并开始沉井，最后采用细砂粒（<4 cm）对井壁周围进行回填，并安装优质树脂一体化材质的井口井盖和防护网。铺设竖井的过程中如果发生暗管断管，需要重新对接，并在连接处用双层反滤土工布包裹并捆扎铁丝固定，进行分层回填夯实。施工完成后对试验区土壤进行深翻、旋耕整地，深翻深度80 cm。竖井排水期间采用单相井用潜水泵抽水，需要用到电缆、变压器等设备，同时在生育期期间逐次观测地下水位。

2.4.5.3 淋洗方案

淋洗的方式影响着土壤盐分的变化。研究表明合理利用不同季节特点，可以加强盐分淋洗效果（田富强 等，2018）。有学者研究建议将生育期与非生育期灌溉双重调控对土壤盐分进行的脱盐效果更显著（孙贯芳，2017），可以维持春季反盐期的土壤低盐状态，从而促进作物出苗生长发育。因此本试验选择同时在生育期内和非生育期（收获期后）进行灌溉淋洗土壤盐分。

2016—2021年进行排水试验时，地下水位埋深均低于暗管埋深，并且暗管排水系统在生育期内常规灌溉无排水产生，仅在主动进行淋洗后产生排水，其中2018—2019年期间正常进行作物种植与田间管理。本试验持续淋洗量通过测量的土壤初始盐分和棉花的临界盐度来确定（公式2-28）。

$$\frac{D_w}{D_s} = -C\lg \left[\left(EC_a - 2EC_i \right) / \left(EC_s - 2EC_i \right) \right] \tag{2-28}$$

式中，D_w表示淋溶需水量，m；D_s表示需要淋洗的土壤层深度，m；EC_a表示允许作物生长的临界土壤含盐量，dS/m；EC_i表示灌溉水含盐量，dS/m；EC_s表示土壤初始含盐量，dS/m；C表示土壤盐分淋洗特性系数（C=1.06）。

本试验铺设的滴灌系统用于淋洗和作物生育期内的常规灌溉。第一次淋洗在2020年7月初进行，利用当地的地表水资源（电导率为0.51 dS/m）进行滴灌淋洗盐分，持续灌水量为5 000 m^3/hm^2，淋洗排水全过程总时长为106 h；

第二次淋洗在 2020 年 10 月中旬，持续灌水量为 6 000 m^3/hm^2，淋洗排水全过程总时长 98 h。滴灌淋洗模式通过采用轮灌的方式，防止灌溉期间可能产成的地面积水（漫灌），从持续灌水淋洗开始到集水井出现蓄水时停止灌溉，暗管排水的同时由竖井向外抽排水。

2.4.6　数据分析

田间尺度盐渍化土壤改良数据的统计分析均采用 SPSS 19.0（SAS Institute Inc.，Chicago）软件进行。采用单因素方差分析（ANOVA）对土壤脱盐率，籽棉产量进行了比较。所有数据均为高斯分布，均通过等方差检验。“*”表示与对照组比较有统计学意义，即 * $P<0.05$ 和 ** $P<0.001$，相关分析采用 Pearson 相关检验。采用 Canoco 5 软件进行多维非度量尺度分析。

第3章 流域尺度土壤水盐与养分空间变异特征

土壤作为自然界中稳定存在的三维实体，在不同水平角度、不同剖面深度以及不同距离上均存在空间变异性。研究流域尺度下棉田土壤水盐与养分空间变异特征是了解土壤盐渍化、氮素累积现状与变化趋势的前提。本章基于2019—2020年流域土壤采集的土壤含水率、含盐量和总氮含量数据，通过Box-Cox变换后检验区域化土壤数据的正态分布与方差齐性，利用经典统计学对0~20 cm、20~40 cm、40~60 cm、60~80 cm、80~100 cm深度土壤数据进行定性描述；采用区域化变量理论（半变异函数模型）揭示土壤含水率、含盐量和总氮含量空间变异特征，从而为土壤盐渍化与养分累积特征研究提供准确、高质量的数据保障。

3.1 土壤含水率的变异特征

3.1.1 土壤含水率的描述性特征统计

玛纳斯流域土壤含水率剖面特征描述性统计见表3-1。2019年6月采样获取的不同深度土壤含水率最小值为4.40%~15.40%、最大值为38.30%~39.60%、均值在16.67%~28.35%波动，均值的标准差介于4.43%~5.88%，方差介于19.61%~34.59%。各土层土壤含水率的最小值、均值随土壤深度的增加而增长，土壤含水率的最大值出现在60~80 cm土层，最小值出现在0~20 cm土层，相差35.2%；2020年7月采样获取的不同深度土壤含水率最小值为5.50%~15.20%、最大值为37.90%~38.90%、均值在16.76%~28.27%波动，均值的标准差介于4.17%~5.67%，方差介于17.36%~32.12%。各土层土壤含水率的均值随土壤深度的增加而增长，土壤含水率的最大值出现在60~80 cm土层，最小值出现在0~20 cm土层，相差33.4%；上述结果表明2019

年土壤含水率的最大值、最小值与均值的波动幅度以及标准差与方差的离散程度均大于 2020 年。

2019—2020 年不同深度土壤含水率变异系数分别介于 15.63%~34.49%、14.75%~32.82%，均处于中等强度空间变异（10%~100%），各土层土壤含水率随土壤深度的增加空间变异强度逐渐减弱，2019 年 0~20 cm 土层变异系数最大，值为 34.49%。

表 3-1　2019—2020 年玛纳斯河流域土壤含水率描述性统计特征

年份	土壤深度	最小值	最大值	均值	标准差	方差	变异系数（%）	偏度	峰度	K-S 检验 Sig.
2019	0~20	4.40	38.90	16.67	5.75	33.07	34.49	1.14	2.39	0.100
	20~40	5.90	38.50	24.14	5.81	33.78	24.07	−0.12	0.02	0.871
	40~60	7.40	39.40	27.13	5.88	34.59	21.67	−0.53	0.30	0.427
	60~80	13.30	39.60	27.83	5.14	26.43	18.47	−0.12	−0.50	0.424
	80~100	15.40	38.30	28.35	4.43	19.61	15.63	−0.13	0.29	0.329
2020	0~20	5.50	37.90	16.76	5.50	30.22	32.82	1.23	2.63	0.030
	20~40	6.50	38.80	24.20	5.67	32.12	23.43	−0.20	0.14	0.435
	40~60	10.40	37.90	27.20	5.03	25.27	18.49	−0.51	0.18	0.471
	60~80	16.00	38.90	27.69	4.58	20.95	16.54	0.10	−0.09	0.486
	80~100	15.20	38.60	28.27	4.17	17.36	14.75	−0.27	0.68	0.473

偏度（Skewness，S）与峰度（Kurtosis，K）能反映区域化变量的对称程度与陡峭程度。2019 年 0~20 cm 土层土壤含水率偏度大于 0，表明该组数据集为右偏态，呈现右侧拖尾，其余土层土壤含水率偏度均小于 0，则数据集为左偏态，呈现左侧拖尾；2020 年 0~20 cm、60~80 cm 土层土壤含水率偏度大于 0，呈现右侧拖尾，结果表明自 2019 年 6 月至 2020 年 7 月，60~80 cm 土层土壤含水率数据集由左偏态转变为右偏态。2019—2020 年各土层土壤含水率峰度分别为−0.50%~2.39%、−0.09%~0.68%，结果表明 60~80 cm 土层土壤含水率数据分布最均匀，其次是 60~80 cm 土层，0~20 cm 土层土壤含水率数据分布最陡峭，存在的最值较多。

除 2020 年 0~20 cm 土层土壤含水率不服从正态分布之外（$P<0.05$），2020 年其余 4 个土层与 2019 年所有土层土壤含水率均服从正态分布（$P>$

0.05，K-S 检验）。

3.1.2 土壤含水率的空间变异特征

研究区域化土壤变量的空间变异性时既需要考察不同结构上的总体特征，对流域内有效土壤结构做定量化概况，更需要考虑不同方向上的性质变化，其主要内容包括各向同性与各向异性的半方差函数模型分析。各向异性是绝对存在的空间变异特征，而各向同性是当不同方向变异特征相同或近似情况下的特殊形式。根据决定系数与残差平方和决定最优变异函数模型及参数，并结合GS+软件进行空间自相关分析半方差函数与分形模块，自动调整主轴方向角。

玛纳斯流域土壤含水率剖面各向同性半方差函数检验参数见表 3-2。2019—2020 年各土层土壤含水率最适模型分别为 Exponential 模型、Gaussian 模型、Spherical 模型，说明残差平方和 RSS 相比其他模型（Linear）处于较小值。块金值 C_0又称块金方差，各土层土壤含水率块金值 C_0均大于 0，表明土壤样品采集存在误差，或农田灌水施肥等耕作管理所引起的固有差异。2019 年 80~100 cm 土层块金值 C_0最大，为 16.41，说明 2019 年 80~100 cm 土层土壤含水率存在短距离的采样测量误差或由耕作管理因素引起的空间变异较大。2020 年 40~60 cm 土层块金值 C_0最小，为 0.01，说明结构性因素是影响 40~60 cm 土层土壤含水率空间变异最主要的因素。基台值 C_0+C 又称结构性方差，2019—2020 年各土层土壤含水率基台值 C_0+C 分别介于 26.2~32.4、4.3~228.3，2020 年 20~40 cm 土层土壤含水率基台值 C_0+C 显著大于其余土层，表明存在最小距离内的变异或采样误差引起的正基底效应。

表 3-2 2019—2020 年玛纳斯河流域土壤含水率各向同性半方差函数理论相关参数

年份	土壤深度（cm）	最适模型	块金值 C_0	基台值 C_0+C	变程（km）	块金比 C_0/（C_0+C）	残差平方和	分维数（D）
2019	0~20	Gaussian	16.41	37.0	300.7	0.56	778	1.90
	20~40	Exponential	2.42	29.1	10.5	0.92	301	1.93
	40~60	Gaussian	0.10	32.4	5.7	1.00	756	1.88
	60~80	Spherical	1.15	26.2	6.8	0.96	68	1.99
	80~100	Exponential	0.33	28.2	8.1	0.99	123	1.96

（续表）

年份	土壤深度（cm）	最适模型	块金值 C_0	基台值 C_0+C	变程（km）	块金比 C_0/（C_0+C）	残差平方和	分维数（D）
2020	0~20	Gaussian	13.7	228.3	439.8	0.94	7295	1.73
	20~40	Exponential	0.43	26.4	7.2	0.98	201	1.95
	40~60	Spherical	0.01	4.3	11.8	1.00	65	1.79
	60~80	Exponential	1.58	20.0	5.7	0.92	33.5	1.97
	80~100	Exponential	3.60	17.77	14.4	0.80	108	1.92

变程是衡量空间变异性的尺度函数，2019—2020 年 0~20 cm 土层土壤含水率变程显著大于其余土层，说明在耕作活动与外界自然环境的影响下表层土壤含水率空间分布的随机概率最大。20~40 cm、40~60 cm、60~80 cm、80~100 cm 土层土壤含水率变程在同一个数量级，说明上述土层土壤含水率受人类耕作活动的影响差异较小。块金比 C_0/（C_0+C）反映了随机因素与结构性因素引起的空间变异占总体变异的比值，2019 年 0~20 cm 土层块金比为 0.56，属于中等空间变异（0.25~0.75）与中等空间自相关性，表明土壤含水率空间变异受随机因素和结构性因素共同作用，例如气候与成土母质和灌水施肥、盐碱化改良等因素。2019 年 20~40 cm、40~60 cm、60~80 cm、80~100 cm 土层块金比为 0.92~1.00，2020 年各土层土壤含水率块金比为 0.8~1.00，均属于强空间变异（>0.75）与弱空间自相关性，表明上述土层土壤含水率空间变异主要受随机因素的作用，例如气候、昼夜非对称性增温、成土母质与地形等因素。

2019 年 40~60 cm 土层与 2020 年 0~20 cm 土层土壤含水率分维数 D 处于较小值，分别为 1.88 和 1.73，表明该层土壤含水率样本间的均一程度最差，并且空间变异性最强、空间自相关性最弱。

2019 年玛纳斯河流域土壤含水率剖面各向异性半方差函数检验参数见表 3-3。0~20 cm 土层在主轴 4 个方向上存在 2 种最适模型，分别是 Linear 模型（0°、90°）、Exponential 模型（45°、135°）；其余土层在主轴不同方向上均属于同一最适模型，分别为 Gaussian 模型（0~20 cm、40~60 cm、60~80 cm）、Linear 模型（20~40 cm）。各土层沿主轴东-西（0°）、东北-西南（45°）方向上各向异性比均大于 1，表明流域土壤含水率在主轴 0°和 45°方向即东-西、东北-西南方向存在较强的空间异质性，考虑各向异性会使随机因素产生的误差减小、空间自相关性增强，其中 0～20 cm 土层沿主轴东－西（0°）、东北－西南（45°）方向上各向异性比最大，分别为 3.96 和 5.33；各土层沿主轴南－北（90°）、西北－东南（135°）方向上各向异性比均为 1，表明流域土壤含水率在主轴 90°和 135°方向即南－北、西北－东南方向上的空间变化相同或相近，不存在空间异质性，表现为各向同性，考虑各向异性对半方差函数模型的拟合影响不大。

表 3-3　2019 年玛纳斯河流域土壤含水率各向异性半方差函数理论相关参数

土壤深度（cm）	主轴方向	最适模型	块金值 C_0	基台值 C_0+C	主轴变程（km）	亚轴变程（km）	块金比 $C_0/(C_0+C)$	残差平方和	各向异性比
0～20	0°	Linear	24.22	67.84	1 326	335	0.64	1 797	3.96
	45°	Exponential	25.77	68.55	7 776	1 458	0.63	2 200	5.33
	90°	Linear	21.93	64.71	410	410	0.66	2 647	1.00
	135°	Exponential	24.31	67.09	1 966	1 966	0.64	2 388	1.00
20～40	0°	Gaussian	23.87	79.17	538	281	0.70	1 399	1.91
	45°	Gaussian	24.50	86.78	581	350	0.72	1 880	1.66
	90°	Gaussian	24.35	79.09	413	412	0.69	2 034	1.00
	135°	Gaussian	24.35	79.09	413	413	0.69	2 033	1.00
40～60	0°	Gaussian	28.74	99.47	643	399	0.71	6 851	1.61
	45°	Gaussian	28.88	102.10	702	398	0.72	6 823	1.76
	90°	Gaussian	28.80	92.40	484	484	0.69	7 279	1.00
	135°	Gaussian	28.79	92.39	483	483	0.68	7 270	1.00
60～80	0°	Linear	23.18	58.95	2 870	762	0.61	1 944	3.77
	45°	Linear	24.39	60.16	7 112	2 892	0.60	2 035	2.46
	90°	Linear	21.24	57.01	724	724	0.63	2 569	1.00
	135°	Linear	24.50	30.27	5 720	5 720	0.59	2 039	1.00
80～100	0°	Gaussian	16.23	112.11	864	712	0.85	7 025	1.21
	45°	Gaussian	16.00	119.55	831	743	0.87	7 080	1.12
	90°	Gaussian	15.96	102.00	706	706	0.84	7 114	1.00
	135°	Gaussian	15.97	108.79	736	736	0.85	7 109	1.00

2020 年玛纳斯河流域土壤含水率剖面各向异性与 2019 年相比空间变异性

存在较小差异（表 3-4）。各土层沿主轴东-西（0°）方向上的各向异性比介于 1.26~3.90，沿主轴东北-西南（45°）方向上的各向异性比介于 1.02~3.32，0°、45°方向即东-西、东北-西南总体上仍存在强烈的空间变异性，40~60 cm 土层在主轴 45°方向即东北-西南方向各向异性比为 1.02，并且沿主轴 45°、90°和 135°方向即东北-西南、南-北、西北-东南方向上均表现为各向同性，表明自 2019—2020 年 40~60 cm 土层沿东北-西南方向空间异质性减弱。2020 年 0~60 cm 深度土壤含水率沿主轴东-西（0°）、东北-西南（45°）方向上的各向异性比显著小于 2019 年，60~100 cm 深度土壤含水率沿主轴东-西（0°）、东北-西南（45°）方向上的各向异性比显著大于 2019 年，尤其是 80~100 cm 土层，沿主轴东-西（0°）、东北-西南（45°）方向上的各向异性比分别增长了 2.27 和 2.20。

表 3-4　2020 年玛纳斯河流域土壤含水率各向异性半方差函数理论相关参数

土壤深度（cm）	主轴方向	最适模型	块金值 C_0	基台值 C_0+C	主轴变程（km）	亚轴变程（km）	块金比 $C_0/(C_0+C)$	残差平方和	各向异性比
0~20	0°	Gaussian	23.13	65.15	582	310	0.65	712	1.88
	45°	Gaussian	23.39	71.17	580	394	0.67	941	1.47
	90°	Gaussian	23.35	64.07	436	436	0.64	999	1.00
	135°	Exponential	21.79	62.51	1 556	1 556	0.64	999	1.00
20~40	0°	Spherical	1.20	259.47	962	683	0.96	806	1.41
	45°	Gaussian	14.60	417.68	792	559	0.96	534	1.42
	90°	Gaussian	14.00	417.08	652	652	0.97	164	1.00
	135°	Gaussian	19.61	395.4	697	695	0.9	164	1.00
40~60	0°	Gaussian	4.08	15.47	892	707	0.74	790	1.26
	45°	Gaussian	4.08	15.47	720	706	0.74	790	1.02
	90°	Gaussian	4.05	13.49	654	661	0.72	769	0.99
	135°	Gaussian	4.09	15.41	719	719	0.71	781	1.00
60~80	0°	Linear	18.61	46.50	2838	728	0.60	716	3.90
	45°	Linear	18.85	45.25	3 105	990	0.58	763	3.14
	90°	Linear	17.19	43.60	606	606	0.61	871	1.00
	135°	Linear	18.82	45.22	1 756	1 756	0.58	780	1.00
80~100	0°	Gaussian	15.08	50.33	1 450	417	0.70	1 096	3.48
	45°	Gaussian	15.33	46.19	1 435	432	0.67	1 244	3.32
	90°	Gaussian	15.39	45.74	742	742	0.66	1 486	1.00
	135°	Gaussian	15.38	45.73	743	743	0.65	1 447	1.00

2019—2020 年土壤剖面含水率的半方差函数拟合情况见图 3-1。可以看出，除 2020 年 40~60 cm 土层之外，其余土层土壤含水率的半方差模型的拟合效果较好，并且半方差函数均随空间步长的增加而增大，这个空间步长就是空间最大自相关距离或主轴变程。超出最大空间步长，则认为各采样点之间的区域土壤含水率是相互独立的。2020 年 40~60 cm 土层土壤含水率的半方差模型拟合的决定系数为 0.19，其余土层各指标模型决定系数均大于 0.45，表明最优模型的拟合度较高，具有良好的空间连续性。

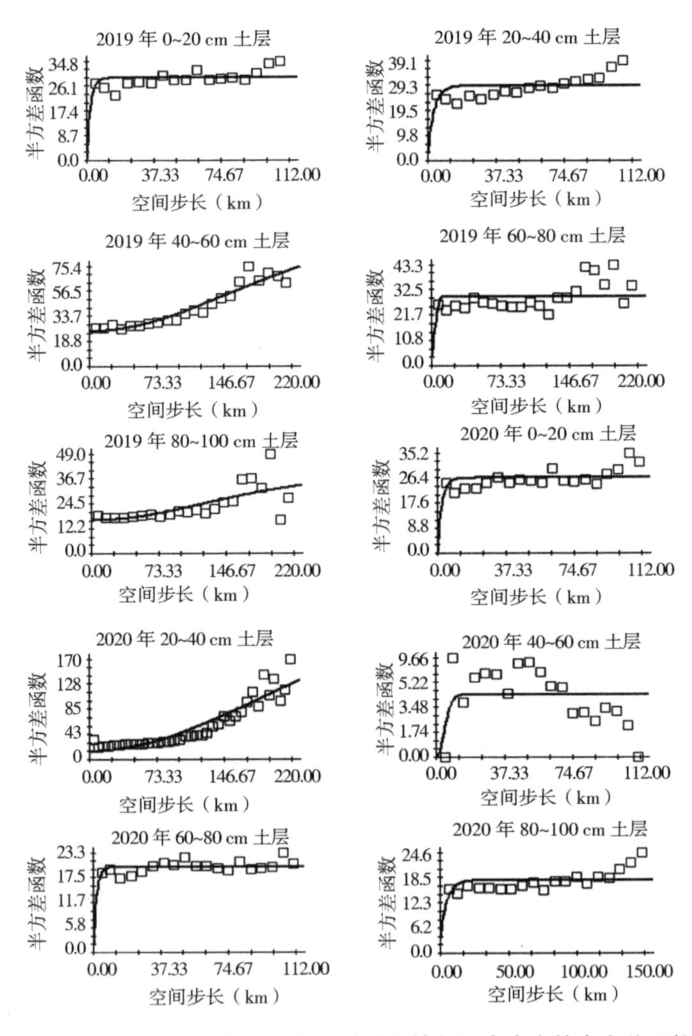

图 3-1　2019—2020 年玛纳斯河流域土壤剖面含水率的半方差函数

3.2　土壤盐分的变异特征

3.2.1　土壤含盐量的描述性特征统计

玛纳斯流域土壤含盐量剖面特征描述性统计见表3-5。2019 年 6 月采样获取的不同深度土壤含盐量最小值波动幅度较小，仅为 0.01 g/kg 或更小值，最大值为 29.34~32.35 g/kg，均值在 2.45~3.42 g/kg 波动，均值的标准差介于 3.51~4.88，方差介于 12.34~23.83。各土层土壤含盐量的均值、均值的标准差以及方差随土壤深度的增加而减少，并且标准差大于均值，土壤含盐量最大值出现在 40~60 cm 土层，为 32.35 g/kg；2020 年 7 月采样获取的不同深度土壤含盐量最大值为 31.71~32.44 g/kg，最小值仅在 0~0.04 g/kg，均值在 2.62~3.55 g/kg 波动，均值的标准差介于 3.78~5.08，方差介于 14.31~25.77。随土壤深度的增加，土壤含盐量的均值、均值的标准差以及方差逐渐减少。土壤含盐量的最大值出现在 0~20 cm 土层，为 32.44 g/kg；上述结果表明 2020 年土壤含盐量的最大值、最小值与均值的波动幅度以及标准差与方差的离散程度均大于 2019 年，并且随土壤深度增加，土壤含盐量波动与离散程度减小。

2019—2020 年不同深度土壤含盐量变异系数差异较小，分别介于 142.72~147.34%、143.12~147.69%，均具有强空间变异（>100%），2019—2020 年 60~80 cm 土层土壤含盐量变异系数最大，并且呈现略微增加的趋势。除 60~80 cm 土层土壤含盐量变异系数略微减小以外，其余土层在 2019—2020 年均呈现略微增加的趋势。

2019—2020 年各土层土壤含盐量偏度大于 0，均为右偏态，呈现右侧拖尾，其中 2019 年 80~100 cm 土层土壤含盐量偏度最大，为 4.31，2020 年 0~20 cm 土层土壤含盐量偏度最小，为 2.76；2019—2020 年各土层土壤含盐量峰度分别介于 9.40~29.88、9.54~27.54，结果表明 0~20 cm 与 20~40 cm 土层土壤含盐量数据分布较为均匀，80~100 cm 土层土壤含盐量数据分布最陡峭，其次是 60~80 cm 土层，存在的最值较多。此外，2020 年各土层土壤含盐量峰度随土壤深度的增加而增长。2019 年各土层土壤含盐量服从对数正态分布（P>0.05，K-S 检验），2020 年 0~20 cm 土层土壤含盐量既不服从正态分布（$P<0.05$），也不服从对数分布（$P<0.05$），其余土层土壤含盐量服从对数正态分布（$P>0.05$，K-S 检验）。

表 3-5　2019—2020 年玛纳斯河流域土壤含盐量描述性统计特征

年份	土壤深度（cm）	最小值	最大值	均值	标准差	方差	变异系数（%）	偏度	峰度	K-S 检验
2019	0~20	0.01	31.47	3.42	4.88	23.83	142.72	2.79	9.86	0.09
	20~40	0.00	29.73	3.13	4.50	20.26	143.56	2.69	9.40	0.15
	40~60	0.01	32.35	2.91	4.25	18.02	145.79	3.36	16.58	0.62
	60~80	0.00	29.34	2.65	3.90	15.20	147.34	3.23	15.33	0.39
	80~100	0.00	31.42	2.45	3.51	12.34	143.64	4.31	29.88	0.09
2020	0~20	0.00	32.44	3.55	5.08	25.77	143.12	2.76	9.54	0.02
	20~40	0.02	32.20	3.19	4.66	21.67	145.82	2.86	11.00	0.92
	40~60	0.04	31.71	3.04	4.38	19.15	144.18	3.05	13.37	0.38
	60~80	0.02	31.74	2.79	4.12	17.00	147.69	3.32	16.58	0.23
	80~100	0.00	33.13	2.62	3.78	14.31	144.13	4.16	27.54	0.16

3.2.2 土壤含盐量的空间变异特征

玛纳斯流域土壤含盐量剖面各向同性半方差函数检验参数见表 3-6。2019—2020 年各土层土壤含盐量最适模型均为 Gaussian 模型，说明残差平方和 RSS 相比其他模型（Exponential、Spherical）处于较小值。土壤含盐量块金值 C_0均大于 0，表明各土层土壤样品采集存在不同程度误差，或农田灌水施肥等耕作管理所引起的固有差异。2020 年 0~20 cm 土层块金值 C_0最大，为 11.6，说明 2019 年 80~100 cm 土层土壤含盐量存在短距离的采样测量误差或由耕作管理因素引起的空间变异较大。2019 年 0~80 cm 深度的 4 个土层块金值 C_0最小，均为 0.1，说明结构性因素是影响上述土层土壤含盐量空间变异最主要的因素。2019—2020 年各土层土壤含盐量基台值 C_0+C 分别介于 45.0~311.1、20.0~74.2，2019 年 0~20 cm 土层土壤含盐量基台值 C_0+C 显著大于其余土层，表明存在短距离内的变异或由采样误差引起的正基底效应。

2019—2020 年各土层土壤含盐量的空间自相关范围分别在 251~410 km、171~277 km，均在一个数量级，0~20 cm 土层土壤含盐量变程最小，表明在耕作活动与外界自然环境的影响下表层土壤含盐量空间分布的结构性概率最大。2019 年 20~80 cm 深度的 3 个土层土壤含盐量变程显著大于 2020 年，表明 2019—2020 年 20~80 cm 深度土壤含盐量受人类耕作活动的影响差异显著减小。

2019—2020 年各土层土壤含盐量块金比分别介于 0.96~1.00、0.76~0.96，均属于强空间变异（$P>0.75$）与弱空间自相关性，表明各土层土壤含盐量空间变异主要受随机因素影响，例如气候、昼夜非对称性增温、成土母质与地形等。2019 年土壤含盐量块金比总体上大于 2020 年，表明从 2019—2020 年土壤含盐量空间变异性减弱，且空间自相关性增强。2019—2020 年各土层土壤含盐量分维数 D 分别介于 1.49~1.64、1.68~1.89，表明从 2019—2020 年土壤含盐量空间变异性减弱、均一程度增加，且空间自相关性增强。

表 3-6　2019—2020 年玛纳斯河流域土壤含盐量各向同性半方差函数理论相关参数

年份	土壤深度（cm）	最适模型	块金值 C_0	基台值 C_0+C	变程（km）	块金比 $C_0/(C_0+C)$	残差平方和	分维数
2019	0~20	Gaussian	0.1	311.1	251	1.00	21 146	1.57
	20~40	Gaussian	0.1	201.1	405	1.00	3 613	1.54
	40~60	Gaussian	0.1	201.1	410	1.00	4 136	1.52
	60~80	Gaussian	0.1	201.1	421	1.00	5 197	1.49
	80~100	Gaussian	2.0	45.0	256	0.96	282	1.64
2020	0~20	Gaussian	11.6	74.2	171	0.84	314	1.76
	20~40	Gaussian	9.5	20.0	246	0.81	478	1.87
	40~60	Gaussian	9.5	39.9	257	0.76	72	1.89
	60~80	Gaussian	5.2	51.4	250	0.90	416	1.74
	80~100	Gaussian	2.5	56.0	277	0.96	458	1.68

2019 年玛纳斯河流域土壤含盐量剖面各向异性半方差函数检验参数见表 3-7。0~80 cm 深度土壤在主轴 4 个方向上均属于同一种最适模型，即 Gaussian 模型；80~100 cm 土层沿主轴东-西（0°）方向的最适模型为 Exponential 模型，其余 3 个方向均为 Gaussian 模型。各土层沿主轴东-西（0°）向上各向异性比大于 1，其中 40~60 cm 土层沿主轴东-西（0°）方向各向异性比最大，为 3.39；表明流域土壤含盐量在主轴 0°方向即东-西方向存在较强的

空间异质性，考虑各向异性会使随机因素产生的误差减小、空间自相关性增强；各土层沿主轴东北-西南（45°）方向各向异性比呈现不一致的空间变异性，其中0~80 cm深度土壤沿东北-西南（45°）方向各向异质比介于1~1.07，可归类为各向同性，而80~100 cm土层沿沿东北-西南（45°）方向各向异质比为1.29，空间变异性略强于0~80 cm深度土壤；各土层沿主轴南-北（90°）、西北-东南（135°）方向上各向异性比均为1，与土壤含水率在同方向上的各向异性比一致，均不存在空间异质性，即表现为各向同性，考虑各向异性对半方差函数模型的拟合影响不大。

表3-7　2019年玛纳斯河流域土壤含盐量各向异性半方差函数理论相关参数

土壤深度（cm）	主轴方向	最适模型	块金值 C_0	基台值 C_0+C	主轴变程（km）	亚轴变程（km）	块金比 $C_0/(C_0+C)$	残差平方和	各向异性比
0~20	0°	Gaussian	14.7	468.3	1 506	573	0.98	54 232	2.63
	45°	Gaussian	6.7	424.3	668	668	0.98	97 812	1.00
	90°	Gaussian	6.7	425.8	669	669	0.98	97 805	1.00
	135°	Gaussian	6.7	419.7	665	661	0.98	97 833	1.01
20~40	0°	Gaussian	9.3	373.7	1 217	559	0.97	15 998	2.18
	45°	Gaussian	5.8	207.6	531	497	0.97	29 704	1.07
	90°	Gaussian	5.6	190.24	486	486	0.97	29 983	1.00
	135°	Gaussian	5.6	185.84	479	479	0.97	29 993	1.00
40~60	0°	Gaussian	8.4	384.1	1 777	568	0.98	7 641	3.13
	45°	Gaussian	4.4	193.6	543	543	0.98	27 492	1.00
	90°	Gaussian	4.4	194.6	545	545	0.98	27 489	1.00
	135°	Gaussian	4.5	213.6	583	568	0.98	27 424	1.03
60~80	0°	Gaussian	6.1	362.0	1 886	557	0.98	7 171	3.39
	45°	Gaussian	1.5	284.6	667	667	1.00	32 265	1.00
	90°	Gaussian	1.5	284.6	667	667	1.00	32 265	1.00
	135°	Gaussian	1.4	307.7	705	684	1.00	32 167	1.03
80~100	0°	Exponential	0.1	78.9	2 267	802	1.00	2 715	2.83
	45°	Gaussian	2.8	62.2	414	322	0.96	3 474	1.29
	90°	Gaussian	3.1	78.9	428	428	0.96	3 782	1.00
	135°	Gaussian	3.1	79.2	429	429	0.96	3 782	1.00

2020年各土层土壤含盐量在主轴4个方向上存在3种最适模型（表3-8），分别是Linear模型、Spherical模型、Gaussian模型；说明沿主轴各方向残差平方和RSS相比Exponential模型均处于较小值。2020年玛纳斯河流域土壤含盐量各向异性与2019年相比空间变异性存在较大差异。0~40 cm深度土壤沿主轴东-西（0°）、西北-东南（135°）方向上各向异性比为1，40~60 cm土层沿主轴东-西（0°）、东北-西南（45°）、西北-东南（135°）方向上各向异性比为1，以及60~100 cm深度土壤沿主轴南-北（90°）、西北-东南（135°）方向上各向异性比为1，上述主轴方向所在的土层表现为各向同性，即区域化变量不存在空间异质性；上述未提及的主轴方向所在的土层均均呈现较为一致的空间变异性，各向异性比介于1.30~2.06，2020年各层土壤含盐量各向异性总体上小于2019年。

表3-8　2020年玛纳斯河流域土壤含盐量各向异性半方差函数理论相关参数

土壤深度（cm）	主轴方向	最适模型	块金值 C_0	基台值 C_0+C	主轴变程（km）	亚轴变程（km）	块金比 C_0/（C_0+C）	残差平方和	各向异性比
0~20	0°	Gaussian	11.2	120.78	343	343	0.91	14 995	1.00
	45°	Gaussian	10.5	119.3	396	278	0.91	12 357	1.42
	90°	Gaussian	12.1	303.5	801	444	0.96	10 717	1.80
	135°	Spherical	3.2	112.0	466	466	0.97	16 026	1.00
20~40	0°	Gaussian	9.0	78.5	312	312	0.89	5 151	1.00
	45°	Gaussian	8.8	78.3	365	259	0.89	4 611	1.41
	90°	Linear	6.1	61.4	326	251	0.89	5 028	1.30
	135°	Gaussian	9.0	78.5	314	312	0.89	5 152	1.01
40~60	0°	Linear	7.5	41.3	267	264	0.80	1 286	1.01
	45°	Linear	7.4	3.1	313	188	0.79	1 043	1.66
	90°	Linear	7.5	41.3	265	265	0.82	1 283	1.00
	135°	Linear	7.5	37.2	234	233	0.84	1 280	1.00
60~80	0°	Gaussian	6.4	96.4	513	337	0.93	6 406	1.52
	45°	Gaussian	5.52	78.1	401	305	0.93	6 518	1.31
	90°	Gaussian	5.9	96.0	404	404	0.94	7 317	1.00
	135°	Linear	1.23	70.3	332	332	0.94	7 318	1.00
80~100	0°	Gaussian	4.32	94.7	663	322	0.95	5 036	2.06
	45°	Gaussian	3.4	74.7	435	332	0.95	7 416	1.31
	90°	Gaussian	3.7	79.2	399	399	0.95	8 062	1.00
	135°	Gaussian	3.7	79.2	399	399	0.95	8 061	1.00

2019—2020 年土壤剖面含盐量的半方差函数拟合情况见图 3-2。可以看出，各土层土壤含盐量的半方差模型的拟合效果较好，Gaussian 模型决定系数介于 0.62~0.90，并且半方差函数均随空间步长的增加而增大。其中 2020 年 0~20 cm 土层土壤含盐量拟合效果最差，决定系数为 0.62，2020 年 20~40 cm 土层土壤含盐量决定系数为 0.90，表明 20~40 cm 土层的拟合度最高，具有良好的空间连续性。

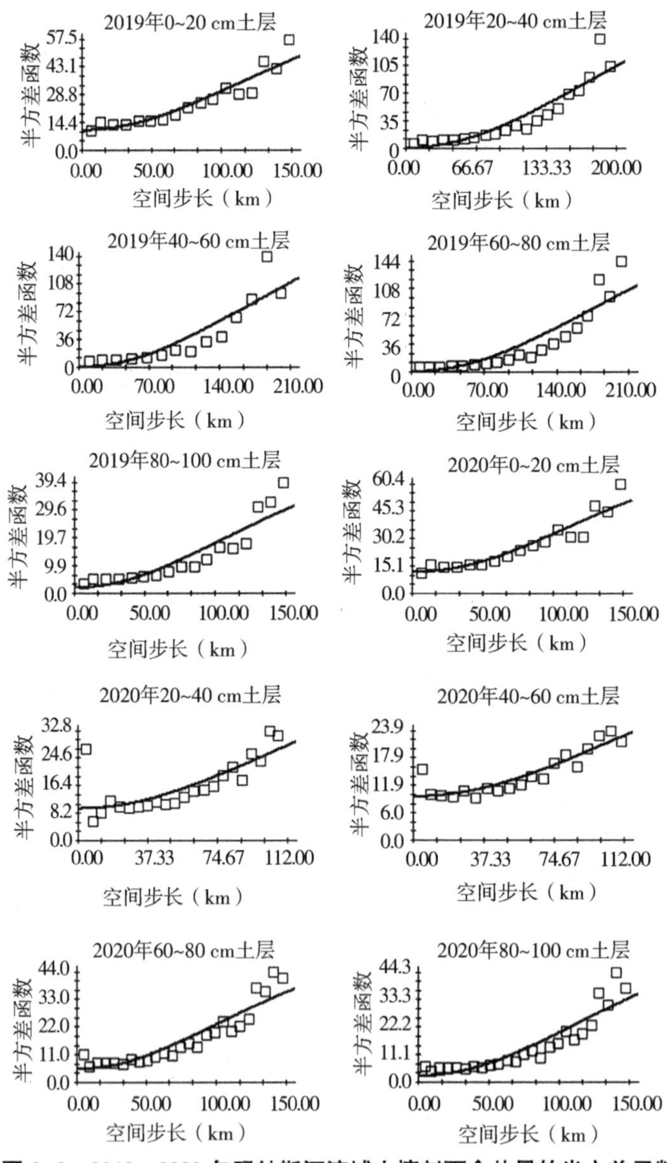

图 3-2　2019—2020 年玛纳斯河流域土壤剖面含盐量的半方差函数

3.3　土壤养分的变异特征

3.3.1　土壤养分的描述性特征统计

玛纳斯流域土壤总氮含量剖面特征描述性统计见表 3-9。2019 年 6 月采样获取的不同深度土壤总氮含量的最小值波度幅度较小，仅为 0.05 g/kg 或更小值，最大值为 2.90～4.50 g/kg，均值在 0.46～0.87 g/kg 波动，均值的标准差介于 0.38～0.64，方差介于 0.14～0.41。土壤总氮含量最大值出现在 0～20 cm 土层，为 4.50 g/kg，20～40 cm 土层土壤总氮含量均值和方差最大，分别为 0.87 g/kg 和 0.41；2020 年 7 月采样获取的不同深度土壤总氮含量最大值为 3.59～4.37 g/kg，最小值仅为 0.02 g/kg，均值在 0.49～0.86 g/kg 波动，均值的标准差介于 0.40～0.62，方差介于 0.16～0.39。土壤总氮含量的最大值出现在 0～20 cm 土层，为 4.37 g/kg；上述结果表明 2019 年土壤总氮含量的最大值、最小值与均值的波动幅度以及标准差与方差的离散程度均大于 2020 年。

表 3-9　2019—2020 年玛纳斯河流域土壤总氮含量描述性统计特征

年份	土壤深度（cm）	最小值	最大值	均值	标准差	方差	变异系数（%）	偏度	峰度	K-S 检验
2019	0～20	0.01	4.50	0.76	0.60	0.36	79.83	2.68	10.88	0.09
	20～40	0.05	3.71	0.87	0.64	0.41	73.35	2.09	6.04	0.52
	40～60	0.01	3.85	0.77	0.55	0.30	71.82	2.16	8.23	0.09
	60～80	0.04	3.58	0.54	0.41	0.17	75.11	3.59	21.89	0.15
	80～100	0.01	2.90	0.46	0.38	0.14	81.36	3.23	16.03	0.43
2020	0～20	0.02	4.37	0.76	0.58	0.34	76.12	2.68	10.97	0.03
	20～40	0.02	3.86	0.86	0.63	0.39	72.47	2.15	6.72	0.58
	40～60	0.02	3.61	0.78	0.55	0.30	70.33	2.12	7.36	0.08
	60～80	0.02	3.68	0.56	0.40	0.16	72.00	3.81	24.82	0.25
	80～100	0.02	3.59	0.49	0.45	0.20	91.22	4.68	28.40	0.01

2019—2020 年不同深度土壤总氮含量变异系数分别介于 71.82%～81.36%、70.33%～91.22%，均处于中等强度空间变异（10%～100%），2019—2020 年 80～100 cm 土层土壤总氮含量变异系数最大，并且呈现增加的趋势，涨幅约 10%。其余土层在 2019—2020 年土壤总氮含量变异系数均呈现

缓慢降低的趋势，其中0~20 cm土层降幅最大，为3.71%。

2019—2020年各土层土壤总氮含量偏度大于0，均为右偏态，呈现右侧拖尾，其中2020年80~100 cm土层土壤总氮含量偏度最大，为4.68，2019年20~40 cm土层土壤总氮含量偏度最小，为2.09；2019—2020年各土层土壤总氮含量峰度分别介于6.04~21.89、6.72~28.40，结果表明20~40 cm土层土壤总氮含量数据分布最均匀，其次是40~60 cm土层，60~80 cm、80~100 cm土层土壤总氮含量数据分布较为陡峭，存在的最值较多。此外，2020年土壤总氮含量峰度除0~20 cm土层以外其他土层随土壤深度的增加而增长。2019年各土层土壤总氮含量服从对数正态分布（$P>0.05$，K-S检验），2020年0~20 cm、80~100 cm土层土壤总氮含量既不服从正态分布（$P<0.05$），也不服从对数分布（$P<0.05$），其余土层土壤总氮含量服从对数正态分布（$P>0.05$，K-S检验）。

3.3.2 土壤养分的空间变异特征

玛纳斯流域土壤总氮含量剖面各向同性半方差函数检验参数见表3-10。2019—2020年各土层土壤总氮含量最适模型分别为Gaussian模型、Exponential模型、Spherical模型和Linear模型，且各土层土壤总氮含量块金值C_0均大于0，2019年0~20 cm土层总氮含量块金值C_0最大，为0.19，说明2019年0~20 cm土层土壤总氮含量存在短距离的采样测量误差或由耕作管理因素引起的空间变异较大。2019年80~100 cm土层土壤总氮含量块金值C_0最小，为0.02，说明结构性因素是影响80~100 cm土层土壤总氮含量空间变异最主要的因素。2019—2020年各土层土壤总氮含量基台值C_0+C分别介于0.14~0.59、0.24~2.23，2020年80~100 cm土层土壤总氮含量基台值C_0+C显著大于其余土层，表明存在短距离内的变异或由采样误差引起的正基底效应。

表3-10 2019—2020年玛纳斯河流域土壤总氮含量各向同性半方差函数理论相关参数

年份	土壤深度（cm）	最适模型	块金值 C_0	基台值 C_0+C	变程（km）	块金比 C_0/（C_0+C）	残差平方和	分维数 D
2019	0~20	Linear	0.19	0.43	108	0.67	0.011	1.85
	20~40	Exponential	0.18	0.59	317	0.70	0.013	1.85
	40~60	Spherical	0.15	0.56	311	0.73	0.018	1.84
	60~80	Exponential	0.1	0.15	336	1.00	0.025	1.59
	80~100	Exponential	0.02	0.14	560	0.85	0.040	1.70

（续表）

年份	土壤深度（cm）	最适模型	块金值 C_0	基台值 C_0+C	变程（km）	块金比 $C_0/(C_0+C)$	残差平方和	分维数 D
2020	0~20	Gaussian	0.09	0.24	15	0.62	0.081	1.89
	20~40	Exponential	0.12	0.42	124	0.71	0.024	1.80
	40~60	Exponential	0.14	0.35	172	0.60	0.011	1.87
	60~80	Spherical	0.06	0.33	312	0.80	0.009	1.81
	80~100	Gaussian	0.08	2.23	594	0.96	0.061	1.71

2019—2020 年各土层土壤总氮含量的空间自相关范围分别在 108~560 km、15~594 km，2020 年土壤总氮含量变程差异显著大于 2019 年，且 2020 年 0~20 cm 土层土壤总氮含量变程最小，表明在耕作活动与外界自然环境的影响下表层土壤总氮含量空间分布的随机概率最大。2019 年 0~60 cm 深度的 3 个土层土壤总氮含量变程显著大于 2020 年，表明 2019—2020 年 0~60 cm 深度土壤总氮含量受人类耕作活动的影响差异显著减小。

2019—2020 年 0~20 cm、20~40 cm、40~60 cm 土层块金比分别为 0.67、0.70、0.73，属于中等空间变异（0.25~0.75）与中等空间自相关性，表明土壤总氮含量空间变异受随机因素和结构性因素共同作用，例如气候与成土母质和灌水施肥、盐碱化改良等因素。2019—2020 年 60~80 cm、80~100 cm 土层块金比分别为 1.00、0.85，均属于强空间变异（>0.75）与弱空间自相关性，表明上述土层土壤总氮含量空间变异主要受随机因素的作用，例如气候、昼夜非对称性增温、成土母质与地形等因素。2019 年 20~60 cm 深度土壤总氮含量块金比总体上大于 2020 年，表明从 2019—2020 年 20~60 cm 深度土壤总氮含量空间变异性减弱，且空间自相关性增强，0~20 cm、80~100 cm 则相反。2019—2020 年各土层土壤总氮含量分维数 D 分别介于 1.59~1.85、1.71~1.89，表明从 2019—2020 年土层土壤总氮含量空间变异性呈现减弱的趋势，且均一程度增加，空间自相关性增强。

2019 年玛纳斯河流域土壤总氮含量剖面各向异性半方差函数检验参数见表 3-11。0~100 cm 深度土壤在主轴 4 个方向上存在 4 种最适模型，分别是 Linear 模型、Exponential 模型、Spherical 模型、Gaussian 模型；0~20 cm 土层沿主轴东-西（0°）、西北-东南（135°）方向上各向异性比大于 1，存在较强的空间异质性，东北-西南（45°）、南-北（90°）方向上各向异性比为 1，表现为各向同性；其余土层均沿东-西（0°）、东北-西南（45°）方向上各向异性比大于1，表现为较强的空间异质性，考虑各向异性会使随机因素产生的误差减小、空间自相关性增强，南-北（90°）、西北-东南（135°）各向异性比为1，即南-北、西北-东南方向上的空间变化相同或相近，不存在空间异质性，表现为各向同性。20~40 cm 土层沿东-西（0°）方向土壤总氮含量各向异性比最大，与主轴其他方向呈现较强的空间变异性。

表 3-11　2019 年玛纳斯河流域土壤总氮含量各向异性半方差函数理论相关参数

土壤深度（cm）	主轴方向	最适模型	块金值 C_0	基台值 C_0+C	主轴变程（km）	亚轴变程（km）	块金比 $C_0/(C_0+C)$	残差平方和	各向异性比
0~20	0°	Linear	0.17	0.79	431	207	0.73	0.301	2.08
	45°	Linear	0.18	0.76	301	301	0.76	0.413	1.00
	90°	Spherical	0.18	0.76	439	439	0.76	0.413	1.00
	135°	Gaussian	0.22	0.80	427	202	0.77	0.265	2.11
20~40	0°	Spherical	0.21	0.77	2 541	272	0.73	0.252	9.34
	45°	Exponential	0.21	0.77	724	581	0.73	0.342	1.25
	90°	Exponential	0.20	0.77	639	638	0.73	0.345	1.00
	135°	Linear	0.22	0.78	280	280	0.73	0.345	1.00
40~60	0°	Gaussian	0.16	0.84	482	294	0.81	0.34	1.64
	45°	Linear	0.16	0.83	586	230	0.80	0.229	2.55
	90°	Spherical	0.16	0.79	519	519	0.80	0.386	1.00
	135°	Exponential	0.15	0.78	880	880	0.80	0.386	1.00
60~80	0°	Exponential	0.09	0.65	2 182	1 477	0.86	0.595	1.48
	45°	Linear	0.09	0.66	1 175	332	0.86	0.494	3.54
	90°	Exponential	0.08	0.62	1 447	1 447	0.97	0.606	1.00
	135°	Exponential	0.08	0.62	1 422	1 422	0.87	0.607	1.00
80~100	0°	Linear	0.08	0.49	853	432	0.83	0.603	1.97
	45°	Gaussian	0.10	0.53	1 259	292	0.81	0.495	4.31
	90°	Exponential	0.07	0.47	1 311	1 311	0.84	0.651	1.00
	135°	Gaussian	0.08	0.47	1 388	1 388	0.84	0.648	1.00

2020 年玛纳斯河流域土壤总氮含量剖面各向异性与 2019 年相比空间变异性存在较小差异（表 3-12）。除 0~20 cm 土层外，其余深度土壤（20~100 cm）沿主轴不同方向上的空间异质性较为相似。20~100 cm 深度土壤沿主轴西北-东南（135°）各向异性比最大，介于 1.15~3.01，其中 60~80 cm、

80~100 cm 土层土壤总氮含量存在强烈的空间异质性，考虑方向性会对半方差模型的拟合产生较大影响。总体上各土层土壤总氮含量沿主轴南-北（90°）方向上的各向异性比最小，主轴变程与亚轴变程最为接近，不存在空间异质性，考虑方向性会对结构因素产生较大影响，空间自相关性减弱。

表 3-12 2020 年玛纳斯河流域土壤总氮含量各向异性半方差函数理论相关参数

土壤深度（cm）	主轴方向	最适模型	块金值 C_0	基台值 C_0+C	主轴变程（km）	亚轴变程（km）	块金比 $C_0/(C_0+C)$	残差平方和	各向异性比
0~20	0°	Exponential	0.17	0.74	1 245	730	0.77	0.986	1.71
	45°	Spherical	0.11	0.67	249	249	0.78	1.120	1.00
	90°	Exponential	0.11	0.68	464	463	0.77	1.060	1.00
	135°	Linear	0.17	0.81	642	254	0.79	0.935	2.53
20~40	0°	Gaussian	0.17	0.74	758	374	0.77	0.350	2.03
	45°	Exponential	0.17	0.74	602	522	0.77	0.449	1.15
	90°	Gaussian	0.17	0.74	558	558	0.77	0.452	1.00
	135°	Gaussian	0.74	0.74	558	558	0.77	0.452	1.00
40~60	0°	Exponential	0.17	0.65	1107	573	0.74	0.178	1.93
	45°	Gaussian	0.17	0.65	1 289	542	0.74	0.171	2.38
	90°	Gaussian	0.17	0.65	842	842	0.74	0.214	1.00
	135°	Exponential	0.17	0.65	842	842	0.74	0.214	1.00
60~80	0°	Gaussian	0.09	0.65	473	326	0.86	0.346	1.45
	45°	Gaussian	0.09	1.60	1 214	404	0.94	0.151	3.00
	90°	Linear	0.06	0.61	439	430	0.90	0.370	1.02
	135°	Gaussian	0.09	0.64	397	397	0.90	0.370	1.00
80~100	0°	Gaussian	0.09	2.23	883	491	0.96	1.160	1.80
	45°	Linear	0.03	0.85	645	214	0.96	0.827	3.01
	90°	Gaussian	0.09	1.85	601	601	0.95	1.520	1.00
	135°	Gaussian	0.09	1.85	601	601	0.95	1.520	1.00

2019—2020 年土壤剖面总氮含量的半方差函数拟合情况见图 3-3。可以看出，土壤总氮含量半方差函数的最适模型种类相比土壤含盐量、土壤含水率更复杂。各土层土壤总氮含量半方差函数的变化趋势与土壤含盐量呈现较为一致的趋势，半方差函数均随空间步长的增加而增大。超出最大空间步长，则认为

各采样点之间的区域土壤总氮含量是相互独立的。各土层土壤总氮含量半方差模型拟合的决定系数介于0.22~0.90，其中2020年0~20 cm土层土壤总氮含量的拟合效果最差，决定系数为0.22，这与土壤含盐量同时期在相同土层下的拟合效果一致。2020年80~100 cm土层土壤总氮含量决定系数为0.90，表明80~100 cm土层的拟合度最高，具有良好的空间连续性。

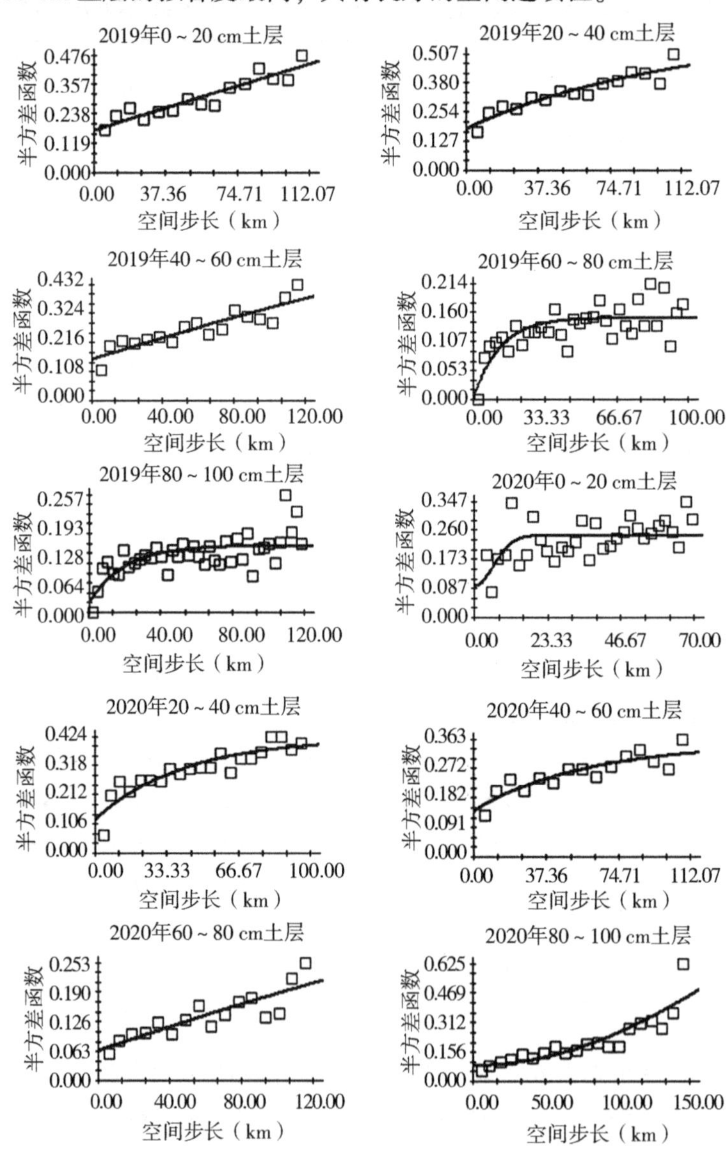

图3-3 2019—2020年玛纳斯河流域土壤剖面总氮含量的半方差函数

3.4　讨论

3.4.1　玛纳斯河流域滴灌棉田水盐与养分的统计值特征

通过 2019—2020 年 2 次流域采样，我们发现膜下滴灌棉田土壤含水率的变化虽然与土壤深度呈正比，即随着土层深度的增加而逐渐增大，但是土壤含水率最值并未呈现与均值较为一致的趋势。2019—2020 年土壤含水率最小值均出现在表层土壤，这通常可以理解为受外界耕作环境及地表蒸发等因素影响导致的土壤水分流失，尤其是在莫索湾灌区北部、下野地灌区北部的绿洲边缘地带。2019—2020 年土壤含水率最大值均出现在耕作层以下的深部土壤（60~80 cm 土层），该层土壤受地表蒸发与作物根系吸水的影响较小，同时又处于滴灌灌水的湿润锋边缘，由此我们推测滴灌水源的实际最大湿润深度为 60 cm 或 60~80 cm。

干旱区膜下滴灌措施能显著改善土壤盐分表聚、提高耕地质量。2020 年流域土壤剖面含盐量均值整体高于 2019 年，具体增加了 0.13 g/kg（0~20 cm）、0.06 g/kg（20~40 cm）、0.13 g/kg（40~60 cm）、0.14 g/kg（60~80 cm）和 0.17 g/kg（80~100 cm）。通过方差我们可以发现（表 3-5），2020 年采集的土壤含盐量数据离散程度大于 2019 年，存在流域采样误差，因此土壤含盐量均值并不能说明 2020 年相比 2019 年盐分呈现增长的趋势。此外，流域土壤含盐量均值的变化与土壤深度呈反比，即随着土层深度的增加土壤含盐量逐渐减小，同时与流域土壤含水率均值呈反比，这说明控制土壤水分在合理范围内能有效改善土壤盐渍化。

长期大量施用化肥，尤其是尿素所产生的土壤总氮含量累积，容易造成化肥污染，进一步破坏土壤结构，使耕地质量下降。通过 2019—2020 年 2 次流域采样，目前的现状是 20~40 cm 土层总氮含量均值最高（表 3-9），其中 2019 年达到 0.87 g/kg，2020 年略微减小了 0.01 g/kg，0~20 cm 土层总氮含量未发生波动，均为 0.76 g/kg。其余土层土壤总氮含量均呈现 2020 年高于 2019 年的趋势，具体增加了 0.01 g/kg（40~60 cm）、0.02 g/kg（60~80 cm）和 0.03 g/kg（80~100 cm）。通过方差我们也可以发现 2020 年采集的土壤含盐量数据离散程度小于 2019 年（80~100 cm 土层不服从正态分布除外）。因此，我们发现流域土壤养分正逐渐在 40 cm 深度耕作层以及更深层土壤累积，并且随着土壤深度增加总氮含量累积效果越显著。从整体上看，流域土壤总氮含量均值的变化与土壤深度呈反比，即随着土层深度的增加土壤总氮含量逐渐减小，同时与流域土壤含水率均值呈反比，与流域土壤含盐量呈正比。

倘若滴灌末端压力保持不变，我们假设增加持续灌水时间，使土壤计划湿润层深度由 60 cm 增加至 70～80 cm，此时滴灌湿润锋会进一步下移，土壤含水率最大值将出现在 80～100 cm；0～40 cm 土层土壤含盐量将整体降低 0.1～0.2 g/kg，由于作物根系层底部盐壳隔层的存在，土壤含盐量与总氮含量会持续在 60～100 cm 深度土壤中累积，并不会随着滴灌灌水定额的增加而减小。假设减少灌水时间，此时滴灌湿润深度，使土壤计划湿润深度由 60 cm 减少至 20～40 cm，此时滴灌湿润锋上移，土壤含水率最大值将出现在 40～60 cm 土层；土壤含盐量将在作物根系层（20～40 cm）及底部盐壳隔层（40～60 cm）附近累积，土壤含盐量与总氮含量同样会在 60～100 cm 深度土壤中透过盐壳隔层缓慢累积。

3.4.2 玛纳斯河流域滴灌棉田水盐与养分的空间变异关系

对土壤水盐与养分的空间变异关系进行描述（图 3-4）和组间比较（图 3-5），描述区域化土壤变量空间变异性的参数包括分维数 D、变异系数、块金比、各向异性比。

从不同角度定量描述客观事物“非规则”程度时，通常用分形理论中的“维度”进行衡量，维度越大则代表空间变异性越强、空间自相关性越弱。各土层土壤含盐量的分维数 D 显著小于土壤总氮含量与含水率（图 3-4）。20～40 cm、40～100 cm 土层的土壤总氮含量与含水率的分维数 D 无显著差异，但其余土层土壤总氮含量的分维数 D 显著小于土壤含水率。因此，由分维数 D 可以看出，土壤含水率的空间变异性最弱，其次是土壤总氮含量，土壤含盐量的空间变异性最强。土壤含水率的分维数 D 分布相比土壤含盐量、总氮含量更为集中（图 3-5），并且中位数位于密度图的上方，因此呈现左偏态。土壤含水率、含盐量与总氮含量的非参数检验结果显示分维数 D 的 P 值为 0.001，表明三者的差异有统计学意义，但组间比较的显著性不全相同，具体表现为土壤含盐量与土壤总氮含量的分维数 D 差异无统计学意义（P=0.159），表明土壤含盐量的空间变异不会引起土壤总氮含量的变异。此外，土壤含水率的分维数 D 分别与土壤含盐量（P=0.001）、总氮含量差异性显著（P=0.014 8）。

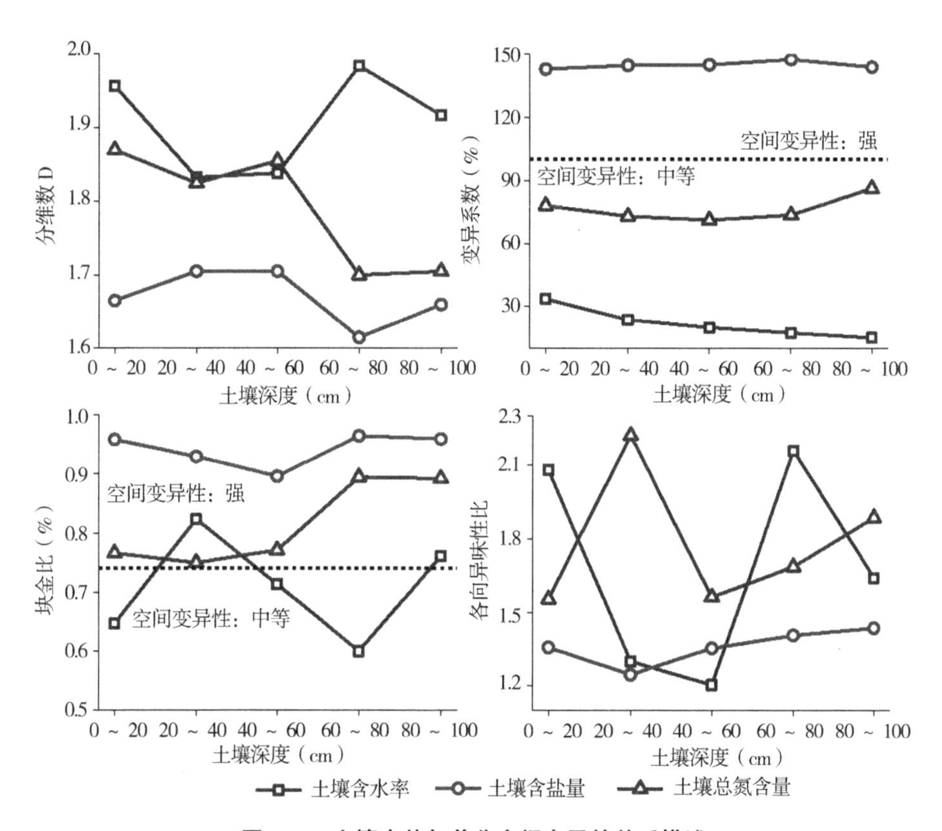

图 3-4 土壤水盐与养分空间变异的关系描述

从区域化土壤变量的变异系数分布可以看出，土壤含水率的空间变异性最弱，其次是土壤总氮含量，并且二者均属于中等强度空间变异性，土壤含盐量的空间变异性最强。空间变异系数所反映的土壤水盐与养分空间变异性关系与分维数 D 较为一致，但数据的离散程度差异较大。相比分维数 D，土壤含水率、含盐量与总氮含量的变异系数均不存在较为明显的离散值（较长的上侧分位数与下侧分位数）。非参数检验结果显示变异系数的 P 值为 2.49×10^{-6}，表明三者之间的差异性显著，土壤含盐量的空间变异系数显著大于土壤总氮含量，并且土壤总氮含量的空间变异系数显著大于土壤含水率。

块金比与分维数 D 的分布较为相似，反映了随机因素与结构因素所占空间变异总体的比值。土壤含水率的空间变异性最弱，属于中等强度空间变异性，土壤含盐量的空间变异性最强，属于强空间变异性。土壤总氮含量的块金比整体大于 0.75，属于强空间变异性，这与变异系数所反映的空间变异强度

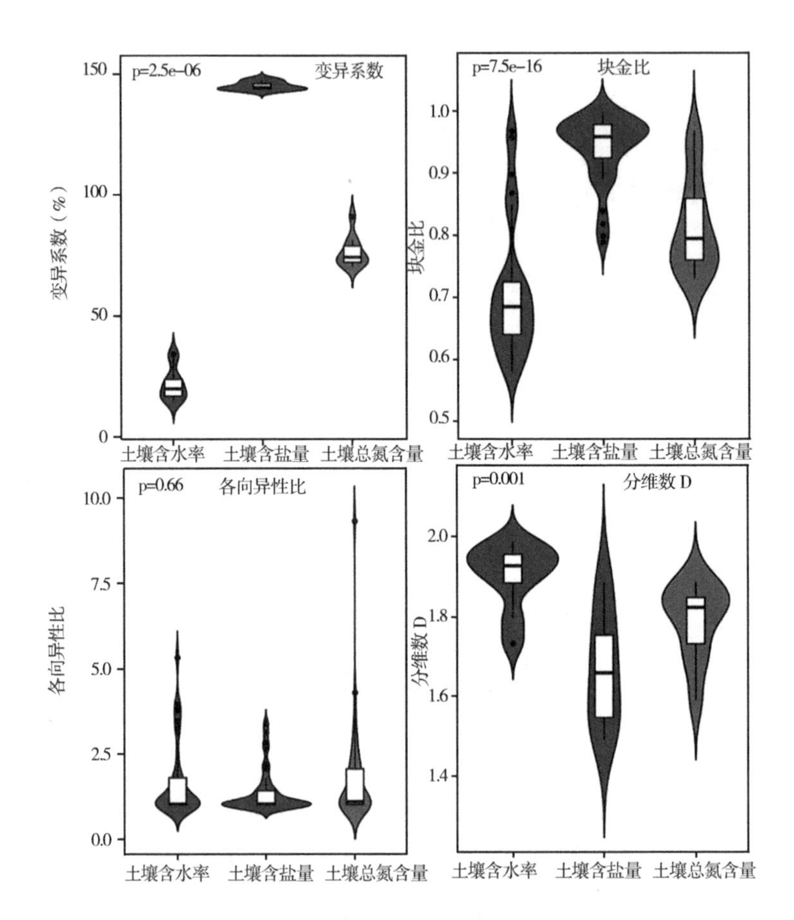

图 3-5　土壤水盐与养分空间变异性的组间比较

有所不同，主要原因是土壤总氮含量数据的中位数位于密度图的下方，呈现右偏态，块金比的最大值高于土壤含盐量与含水率，因此总体上土壤总氮含量仍属于中等强度空间变异性。非参数检验结果显示块金比的 P 值为 7.5×10^{-16}，同样表明三者之间的块金比差异性显著，并且块金比所反映的空间变异性呈现土壤含盐量>土壤总氮含量>土壤含水率的趋势，与变异系数一致。

土壤含水率、含盐量与总氮含量的各向异性比与分维数 D、块金比、变异系数相比均有显著差异。总体上土壤含盐量的各向异性比最低，其次是土壤总氮含量，土壤含水率的各向异性比波动幅度较大。这说明当主轴不同时，土壤总氮含量与含水率均存在较强的空间变异性；当不考虑各个方向上土壤的性质变化时，土壤含盐量存在较强的空间变异性。亦可以理解为，沿主轴仅有

45°~90°范围内的土壤含盐量存在强烈的空间变异性，并且变程一致，其余方向的各向异性比均为 1。非参数检验结果显示各向异性比的 P 值为 0.66，并且土壤含水率、总氮含量均存在比较明显的离散值，土壤含盐量存在极度右偏态。因此，土壤含水率、含盐量与总氮含量的各向异性比数据非正态，不拒绝服从原假设，且三者间的差异均无统计学意义。

综上所述，通过分维数 D、变异系数、块金比、各向异性比共同描述的空间变异性可以发现，土壤含水率的空间变异会引起土壤含盐量、总氮含量空间变异性强弱的变化，而土壤含盐量的空间变异并会不引起土壤总氮含量空间变异性强弱的变化；当不考虑各向异性时，土壤含盐量呈现强烈的空间变异性，其次是土壤总氮含量，土壤含水率的空间变异性最弱，但二者仍属于中等强度的空间变异性；当考虑各向异性时，土壤总氮含量与含水率属于强空间变异性，但由于三者的各向异性比数据无统计学意义，且差异不显著（$P>0.05$），因此并不能说明土壤含盐量的空间变异性强度小于土壤总氮含量、含水率。

3.5　本章小结

本章主要分析了玛纳斯河流域土壤含水率、含盐量、总氮含量的地统计分析结果。主要包括 0~20 cm、20~40 cm、40~60 cm、60~80 cm、80~100 cm 土层土壤的最大值、最小值、均值、标准差、方差、变异系数、偏度和峰度；并且采用区域化变量理论（半变异函数模型）揭示土壤各个特性指标的空间变异特征，包括空间最适模型、块金比、分维数 D 和各向异性比，具体结论如下。

（1）2019 年玛纳斯河流域土壤剖面含水率与总氮含量的最大值、最小值、均值的波动幅度以及标准差与方差的离散程度均大于 2020 年。2019 年土壤剖面含盐量的最大值、最小值与均值的波动幅度以及标准差与方差的离散程度均小于 2020 年，并且随土壤深度增加，土壤含盐量波动与离散程度逐渐减小。

（2）2019—2020 年 0~20 cm 土层土壤含水率变程显著大于其余土层，表明在耕作活动与外界自然环境的影响下表层土壤含水率空间分布的随机概率最大。2019—2020 年各土层土壤含盐量块金比分别介于 0.96~1.00、0.76~0.96，均属于强空间变异（$P>0.75$）与弱空间自相关性，表明各土层土壤含盐量空间变异主要受随机因素影响，例如气候、昼夜非对称性增温、成土母质与地形等。从 2019—2020 年土壤总氮含量空间变异性呈现减弱的趋势，且均一程度增加，空间自相关性增强。

（3）2020 年采集的土壤含盐量数据离散程度略微大于 2019 年，由于存在流域采样误差，因此土壤含盐量均值并不能说明 2020 年相比 2019 年盐分呈现增长的趋势。流域土壤养分正逐渐在 40 cm 深度耕作层以及更深层土壤累积，并且随着土壤深度增加总氮含量累积效果越显著。从整体上看，流域土壤总氮含量均值的变化与土壤深度呈反比，即随着土层深度的增加土壤总氮含量逐渐减小，同时与流域土壤含水率均值呈反比，与流域土壤含盐量呈正比。

（4）土壤含水率的空间变异会引起土壤含盐量、总氮含量空间变异性强弱的变化，而土壤含盐量的空间变异并不会引起土壤总氮含量空间变异性的变化；土壤含盐量呈现强烈的空间变异性，其次是土壤总氮含量，土壤含水率的空间变异性最弱，但二者仍属于中等强度的空间变异性。

第4章 流域尺度土壤水盐与养分的空间格局

在生态学中，空间格局是指地理要素或区域化变量的配制与空间分布；在土壤学中，空间格局的存在受空间变异性所支配，空间分布格局是空间变异性的进一步产物（Turner，1987；Wiens，1992），掌握区域化变量的空间变异性特征是研究空间分布格局的前提。为此，本章基于前文中的研究结果，通过最优筛选后的地统计学克里格插值法（Kriging），将研究区划分为山前冲积扇（天山山脉北麓、宁家河灌区、大南沟灌区）、绿洲灌区平原（下野地灌区、安集海灌区、金沟河灌区、老沙湾灌区、石河子灌区、莫索湾灌区、玛纳斯灌区）、古尔班通古特沙漠三个分区。阐明土壤水盐与养分的空间分布格局、剖面分布格局（0~20 cm、20~40 cm、40~60 cm、60~80 cm、80~100 cm）以及年际变化规律（2019—2020年）；探索流域土壤含水率、含盐量和总氮含量的空间相关关系，以期获取更为全面的土壤水盐与养分的空间分布现状，这将为玛纳斯河流域的盐渍化综合治理及养分分区管理提供实际参考，同时也为田间与根际尺度土壤盐渍化与氮素累积原位观测试验提供科学依据。

4.1 土壤含水率时空分布格局

4.1.1 土壤含水率空间分布格局

2019年玛纳斯流域土壤含水率的空间分布总体上为由南至北土壤含水率逐渐减小，土壤含水率最大值出现在20~40 cm的南部天山地区，最小值出现在0~20 cm的古尔班通古特沙漠西北部，分别为33.6%和8.8%；自流域南部边缘至山前冲积扇的最北端，各土层土壤含水率呈现较为均匀的降幅，其中大南沟灌区、宁家河灌区与西侧的博尔通古特乡土壤含水率处于较低值，0~20 cm土层土壤含水率介于8.8%~18.8%；流域中部的绿洲灌区平原各层土壤含水率分布较南部山前冲积扇与北部古尔班通古特沙漠地区更为复杂，0~

100 cm 深度土壤含水率最大值集中分布在绿洲灌区平原中心区域，包括石河子灌区，老沙湾灌区东南部、莫索湾灌区西南部以及金沟河灌区东部，其中40~60 cm 土层含水率大多介于 28%~32.4%，高于其余 4 个土层土壤含水率。绿洲灌区平原边缘地带各土层土壤含水率呈现较低值，如下野地灌区北部、莫索湾灌区东北部以及玛纳斯灌区。总体上，绿洲灌区平原的土壤含水率受水库与水源距离远近的影响，输水距离较近的灌区土壤含水率显著大于边缘灌区；北部古尔班通古特沙漠地区各土层土壤含水率波动幅度较小，0~100 cm 深度土壤含水率介于 8.8%~26.1%。古尔班通古特沙漠西部地区靠近克拉玛依白碱滩、玛纳斯河古河道、玛纳斯湖以及大小艾里克湖，0~40 cm 深度与 80~100 cm 土层土壤含水率高于东部沙漠地区，而 40~80 cm 深度土壤含水率分布与东部沙漠地区无显著差异，这表明北部古尔班通古特沙漠地区 0~40 cm 深度土壤含水率受地上部河道、湖泊补给以及人类活动的影响，80~100 cm 土层土壤含水率受地下水补给的影响，均呈现略高于东部沙漠地区的分布格局。

2020 年玛纳斯流域土壤含水率的空间分布总体上为由南至北土壤含水率仍然呈现逐渐减小的趋势，土壤含水率最大值出现在 20~40 cm 的南部天山地区，最小值出现在 0~20 cm 的古尔班通古特沙漠西北部，分别为 36.0%和9.0%，略高于 2019 年（33.6%和 8.8%）；流域南部的山前冲积扇各土层土壤含水率的空间分布格局相比 2019 年更复杂，自大南沟灌区、宁家河灌区以北的区域土壤含水率存在显著差异，具体表现为 0~40 cm 深度土壤含水率最低的区域出现在博尔通古特乡、宁家河灌区北部地区，40~60 cm 土层土壤含水率最低的区域出现在宁家河灌区东部与玛纳斯灌区南部的区域，60~100 cm 深度土壤含水率最低的区域主要出现在博尔通古特乡；流域中部的绿洲灌区平原地区各土层土壤含水率呈现中心高，边缘低的空间分布格局，并且土壤含水率最大值出现在石河子灌区的 40~80 cm 深度土壤。具体表现为下野地灌区北部、莫索湾灌区东北部、玛纳斯灌区 0~100 cm 深度的土壤含水率显著小于中心区域的灌区；2020 年北部古尔班通古特沙漠地区各土层土壤含水率相比2019 年无显著差异，但从各土层图例可以看出，2020 年沙漠腹地土壤含水率略微高于 2019 年。

此外，古尔班通古特沙漠东南边缘区域的土壤含水率显著高于北部地区，这主要是由于该地区存在卧龙岗、冰湖等小型水库，导致沙漠边缘区域的地下水水位抬高，形成高盐渍化的低洼湿地。

4.1.2　土壤含水率剖面分布特征

玛纳斯流域土壤含水率的剖面分布特征见图 4-1，图中数据为两年（2019—2020 年）均值，并且将莫索湾灌区划分为莫索湾 1 灌区（东北部）与莫索湾 2 灌区（西南部）。

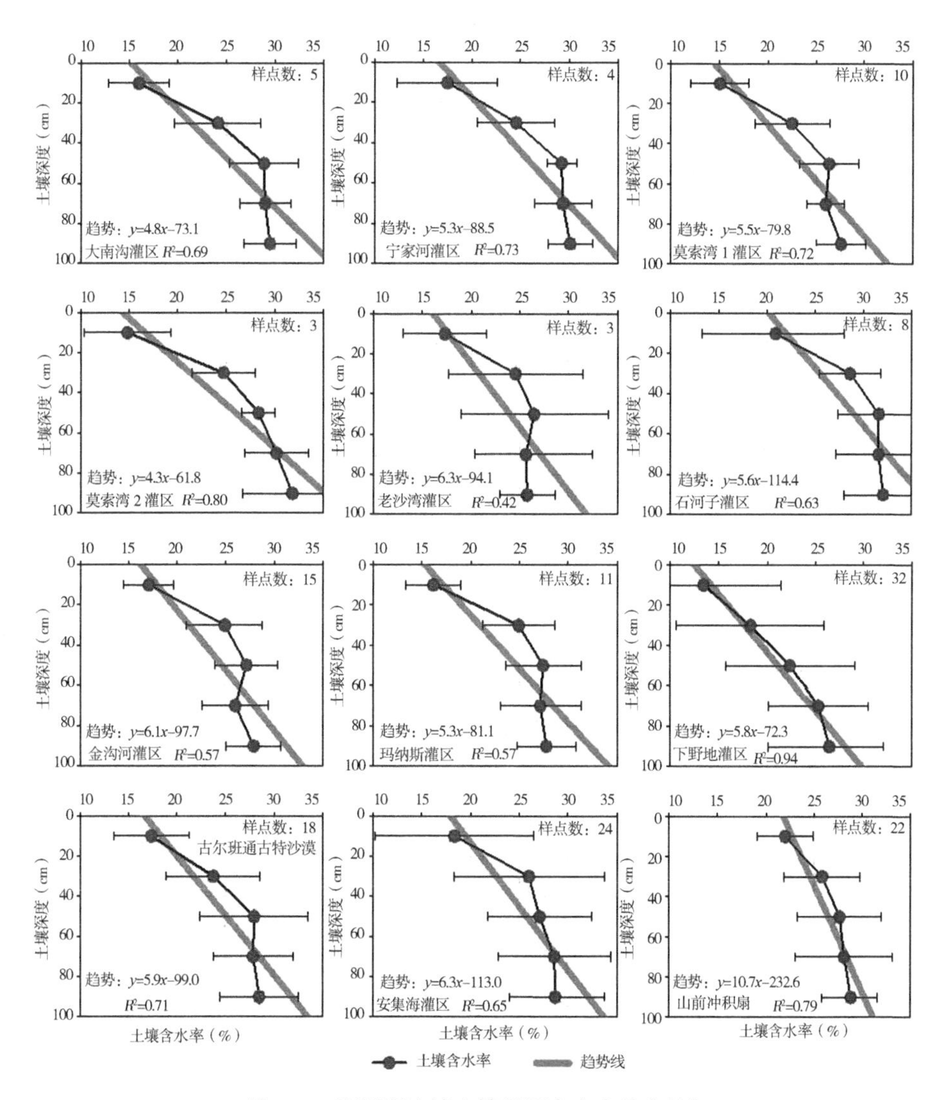

图 4-1　玛纳斯流域土壤剖面含水率分布特征

由各土层土壤含水率趋势线可以看出，土壤含水率均值与土壤深度呈现线性正相关关系，即随土壤深度的增加土壤含水率均值逐渐增大。此时斜率越小，横轴土壤含水率增长幅度越快，波动范围就越大，因此莫索湾2灌区土壤含水率均值随土层的增加其增长幅度越大，其次是大南沟灌区；下野地灌区样点数最多，且土壤含水率均值的拟合度最高（$R^2=0.94$），但标准差介于12%~17%，离散程度较大。山前冲洪积扇的土壤含水率均值趋势线斜率最大，随土层增加土壤含水率均值逐渐增大，但整体波动幅度较小。

4.1.3 土壤含水率年际变化规律

各土层土壤含水率的年际波动幅度较小，均介于-1.7%~1.8%，其中40~60 cm土层土壤含水率存在最大涨幅（1.8%），位于下野地灌区北部的沙漠区域，60~80 cm土层土壤含水率存在最大降幅（-1.7%），位于古尔班通古特沙漠腹地；总体上0~60 cm深度土壤含水率升高的区域面积超过了降低的区域，而60~100 cm深度土壤含水率降低的区域面积超过了升高的区域，尤其是北部沙漠区域，土壤含水率呈现较为一致的降低趋势；中部绿洲灌区平原土壤含水率与北部沙漠、南部山前冲积扇相比更复杂，除60~80 cm土层以外，剩余土层土壤含水率由西至东呈现“降低与升高”交替的年际变化规律。60~80 cm土层土壤含水率升高的灌区主要分布在下野地灌区南部、安集海灌区、金沟河灌区、宁家河灌区以及玛纳斯灌区南部，剩余区域均呈现土壤含水率降低的趋势。

玛纳斯河流域各土层土壤含水率年际变化的统计见表4-1。各土层土壤含水率的年际变化平均值分别为0.18%（0~20 cm）、0.10%（20~40 cm）、0.03%（40~60 cm）、-0.18%（60~80 cm）和-0.21%（80~100 cm），这表明玛纳斯河流域自2019—2020年0~60 cm深度土壤含水率总体呈现升高的趋势，平均涨幅0.11%。60~100 cm深度土壤含水率总体呈现降低的趋势，平均降幅0.20%；土壤含水率呈现升高的灌区分别为宁家河灌区（1.09%）、金沟河灌区（0.14%）、下野地灌区（0.02%）、安集海灌区（0.02%）以及山前冲积扇（0.06%）；土壤含水率平均值年际涨幅最大的区域位于宁家河灌区的60~80 cm土层，为2.39%。并且宁家河灌区所有土层土壤含水率均呈现升高的趋势。土壤含水率平均值年际降幅最大的区域位于老沙湾灌区的40~60 cm土层，为-1.56%，并且老沙湾灌区所有土层土壤含水率均呈现降低的趋势。

表 4-1　玛纳斯河流域各土层土壤含水年际变化统计

灌区名称	0~20 cm	20~40 cm	40~60 cm	60~80 cm	80~100 cm	平均值
大南沟	0.76 (0.32)	0.16 (0.31)	-0.48 (0.58)	-1.33 (1.26)	-0.25 (0.75)	-0.23
宁家河	0.76 (0.44)	1.04 (0.92)	0.77 (0.71)	2.39 (0.99)	0.48 (0.99)	1.09
莫索湾 1	-0.25 (0.39)	1.24 (0.46)	0.11 (1.1)	-1.26 (0.63)	-0.06 (0.54)	-0.05
莫索湾 2	0.66 (0.38)	-0.74 (0.63)	0.62 (2.34)	-0.41 (0.38)	-0.41 (0.56)	-0.06
老沙湾	-0.38 (0.85)	-0.78 (1.02)	-1.56 (0.45)	-0.60 (2.03)	-1.50 (0.46)	-0.96
石河子	-0.10 (0.28)	0.39 (0.15)	0.19 (0.95)	-0.09 (0.66)	-0.75 (0.65)	-0.07
金沟河	0.05 (0.35)	0.38 (0.47)	0.33 (0.65)	-0.47 (0.46)	0.43 (0.33)	0.14
玛纳斯	0.28 (0.39)	-0.05 (0.49)	0.16 (0.37)	-0.34 (0.9)	0.29 (0.43)	0.07
下野地	-0.16 (0.22)	-0.26 (0.25)	0.32 (0.45)	-0.07 (0.27)	0.27 (0.24)	0.02
古尔班通古特沙漠	0.25 (0.30)	-0.47 (0.44)	0.86 (0.54)	-1.06 (0.48)	-0.78 (0.30)	-0.24
安集海	0.16 (0.25)	0.04 (0.35)	-0.43 (0.54)	0.51 (0.39)	-0.16 (0.26)	0.02
山前冲积扇	0.10 (0.24)	0.20 (0.33)	-0.50 (0.52)	0.54 (0.41)	-0.05 (0.26)	0.06
平均值	0.18	0.10	0.03	-0.18	-0.21	

总体上，山前冲积扇土壤含水率年际变化呈现升高的趋势，北部古尔班通古特沙漠呈现降低的趋势，中部绿洲灌区平原有 50%的灌区呈现升高的趋势，另外 50%的灌区呈现降低的趋势（莫索湾灌区细分为莫索湾 1、莫索湾 2 共 2 个灌区）。

4.2　土壤含盐量年际累积格局

4.2.1　土壤含盐量空间分布格局

2019 年玛纳斯流域土壤含盐量的空间分布格局总体上为由南至北土壤含盐量逐渐增加，土壤含盐量最大值出现在 40~60 cm 的北部古尔班通古特沙漠地区，为 32.13 g/kg；自流域南部边缘至大南沟灌区、宁家河灌区南部，各层土壤含盐量介于 0~1.96 g/kg，并且由西至东部地区逐渐降低；山前冲积扇各土层土壤含盐量最高的区域位于宁家河灌区两侧，其中 60~80 cm 土层位于宁家河灌区东部区域的土壤含盐量最大，值为 8.44 g/kg；流域中部的绿洲灌区平原各层土壤含盐量分布相比山前冲积扇与古尔班通古特沙漠地区更复杂，0~40 cm 深度土壤含盐量最大值集中分布在安集海灌区中部、玛纳斯灌区与莫索湾灌区交界处，40~80 cm 深度相比 0~40 cm 深度土壤含盐量略微降低，土壤含盐量大于 10 g/kg 的最大区域分布在玛纳斯灌区与莫索湾灌区东北部的交界处。北部古尔班通古特沙漠地区各土层土壤含盐量呈现边缘高，中心低的空间分布格局，是整个流域土壤盐渍化最严重的区域，表明远离水源与水库的区域土壤含盐量显著大于流域上游水资源丰富的区域。玛纳斯湖目前是流域内唯一的盐湖，土壤含盐量介于 29.17~32.13 g/kg，并且通过面源入渗影响着周围约 50 km 的土地。

2020 年玛纳斯流域土壤含盐量的空间分布总体上为由南至北土壤含盐量仍然呈现逐渐增加的趋势，土壤含盐量最大值出现在 80~100 cm 的北部荒漠地区（玛纳斯湖），为 32.92 g/kg，最大值略高于 2019 年（32.13 g/kg）；2020 年古尔班通古特沙漠地区各土层土壤含盐量相比 2019 年无显著差异，但从各土层图例可以看出，除 40~60 cm 土层外，剩余土层在 2020 年沙漠腹地土壤含盐量略高于 2019 年，这一规律与土壤含水率较为相似；流域中部的绿洲灌区平原地区各土层土壤含盐量最大值分别在安集海灌区北部、玛纳斯灌区与莫索湾灌区交界的区域。金沟河灌区中部、玛纳斯灌区西南部的各土层土壤含盐量相比其他灌区均处于较低值，二者所处区域的土壤含盐量介于 0.2~1.49 g/kg。流域南部的山前冲积扇各土层土壤含盐量仍然呈现由西至东逐渐降低的趋势，自大南沟灌区、宁家河灌区以北的区域与南部边缘地区土壤含盐量存在显著差异，这是由于西部博尔通古特乡气候相比东部较干旱，水资源量分布较少。

根据土壤含盐量空间分布格局以及常见的土壤盐渍化等级分类，利用地统计学将全流域 0~100 cm 深度土壤盐渍化面积与比例进行等级划分（表 4-2）。土壤盐渍化包括弱盐渍化（0~4.2 g/kg）、轻度盐渍化（4.2~8.8 g/kg）、中度盐渍化（8.8~15.5 g/kg）、重度盐渍化（15.5~20.0 g/kg）、盐土(>20.0)5 个等级。山前冲积扇主要包括弱盐渍化、轻度盐渍化和中度盐渍化 3 个等级，其中中度盐渍化土壤仅出现在博尔通古特乡的 60~80 cm 土层土壤中，它的面积及其在该土层所占比例分别为 6 km^2、0.1%，20~40 cm、80~100 cm 土层弱盐渍化的比例均占全流域面积的 37.0%，面积约为 12 400 km^2。

绿洲灌区平原包括弱盐渍化、轻度盐渍化、中度盐渍化和中度盐渍化 4 个等级，其中重度盐渍化仅出现在 0~20 cm、40~60 cm 土层，面积与比例分别为 145 km^2、0.4%和 5 km^2、0.1%。各土层中度盐渍化土壤占全流域面积的

0.1%~2.1%，最大值位于 0~20 cm 土层。轻度盐渍化土壤占全流域面积的 5.3%~7.9%，最大值仍然处于 0~20 cm 土层。弱盐渍化土壤面积占全流域面积的 20.6%~25.7%，所占比例随土层的增加逐渐增大。

古尔班通古特沙漠地区包括 5 个土壤盐渍化等级，所占全流域面积的比例总体呈现轻度盐渍化土壤>弱盐渍化土壤>中度盐渍化土壤>重度盐渍化土壤>盐土，其中盐土的面积及占全流域面积比例分别介于 111~161 km^2、0.3%~0.4%。此外，结果表明玛纳斯河流域轻度、中度、重度、盐土 4 个等级的盐渍化土壤最大面积及比例均分布在古尔班通古特沙漠，而弱盐渍化等级的土壤最大面积及比例分布在山前冲积扇，其次分布在绿洲平原。

表 4-2　玛纳斯河流域土壤盐渍化面积与比例的等级划分

区域	土壤盐渍化等级	阈值 (g/kg)	0~20 cm		20~40 cm		40~60 cm		60~80 cm		80~100 cm	
			面积	比例	面积	比例	面积	比例	面积	比例	面积	比例
山前冲积扇	弱盐渍化	0~4.2	12 383	36.9	12 424	37.0	12 377	36.9	12 280	36.6	12 398	37.0
	轻度盐渍化	4.2~8.8	79	0.2	38	0.1	85	0.3	176	0.5	64	0.2
	中度盐渍化	8.8~15.5	0	0.0	0	0.0	0	0.0	6	0.1	0	0.0
	重度盐渍化	15.5~20.0	0	0.0	0	0.0	0	0.0	0	0.0	0	0.0
	盐土	> 20.0	0	0.0	0	0.0	0	0.0	0	0.0	0	0.0
绿洲灌区平原	弱盐渍化	0~4.2	6 917	20.6	7 609	22.7	7 972	23.8	8 209	24.4	8 624	25.7
	轻度盐渍化	4.2~8.8	2 656	7.9	2 147	6.4	2 227	6.6	1 807	5.4	1 764	5.3
	中度盐渍化	8.8~15.5	708	2.1	670	2.0	222	0.7	410	1.2	38	0.1
	重度盐渍化	15.5~20.0	145	0.4	0	0.0	5	0.1	0	0.0	0	0.0
	盐土	> 20.0	0	0.0	0	0.0	0	0.0	0	0.0	0	0.0
古尔班通古特沙漠	弱盐渍化	0~4.2	1 969	5.9	2 215	6.6	2 902	8.6	4 314	12.9	3 595	10.7
	轻度盐渍化	4.2~8.8	4 261	12.7	3 970	11.8	3 837	11.4	3 055	9.1	3 977	11.9
	中度盐渍化	8.8~15.5	3 371	10.1	3 536	10.5	3 177	9.5	2 720	8.1	2 410	7.2
	重度盐渍化	15.5~20.0	885	2.6	756	2.3	606	1.8	447	1.3	515	1.5
	盐土	> 20.0	161	0.5	170	0.5	125	0.4	111	0.3	150	0.4

注：面积单位：km^2；比例单位：%。

4.2.2　土壤含盐量剖面分布特征

玛纳斯流域土壤含盐量的剖面分布特征见图 4-2，图中数据为两年

（2019—2020 年）均值。除了金沟河灌区、安集海灌区、山前冲积扇土壤含盐量均值趋势线斜率为正值，其余灌区及古尔班通古特沙漠地区趋势线斜率均为负值。金沟河灌区、安集海灌区、山前冲积扇三地相连，随土层增加土壤含盐量均值总体呈现逐渐增大的趋势，其中安集海灌区土壤含盐量波动幅度最大，金沟河灌区波动幅度最小；大南沟灌区、宁家河灌区、莫索湾 1 灌区、莫索湾 2 灌区、老沙湾灌区、玛纳斯灌区、下野地灌区共 7 个灌区的 0~20 cm 土层土

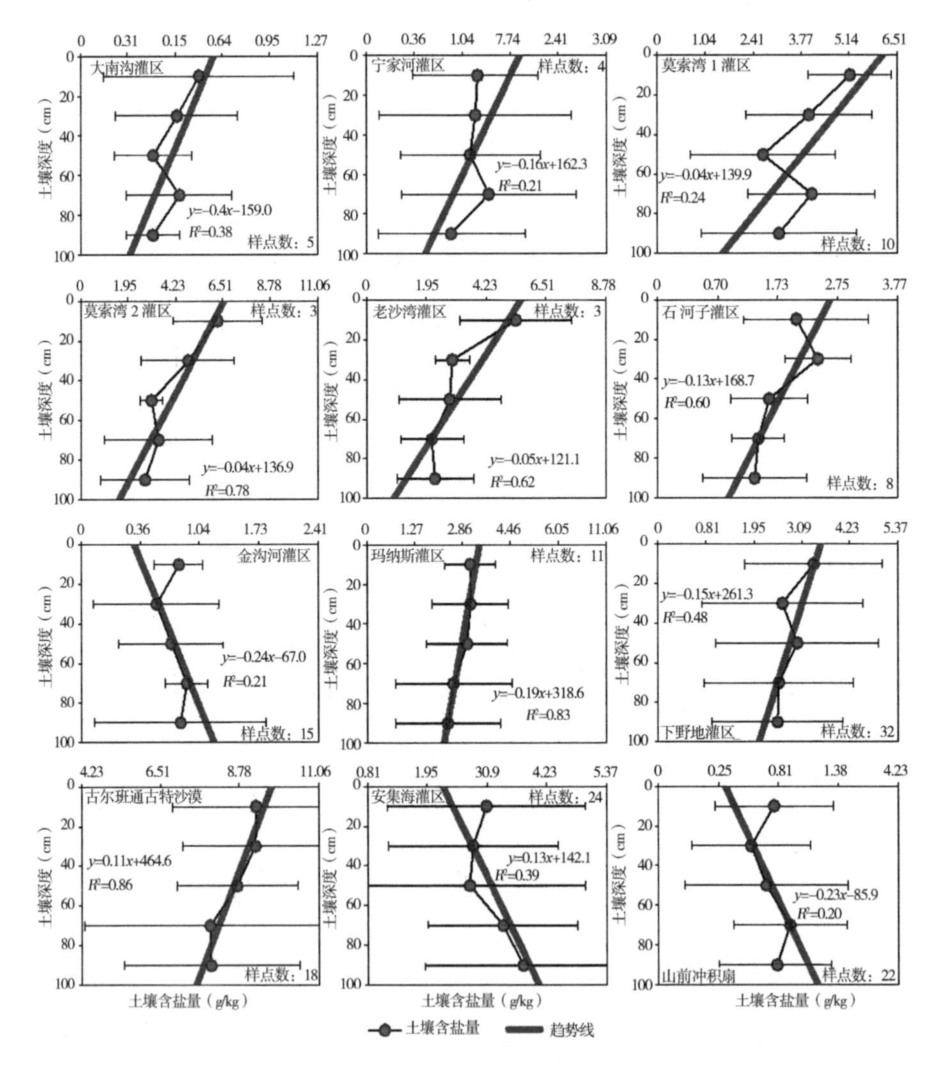

图 4-2　玛纳斯流域土壤剖面含盐量分布特征

壤含盐量均值大于其余 4 个土层，其中莫索湾 2 灌区 0~20 cm 土层土壤含盐量均值最大，为 6.51g/kg；石河子灌区、古尔班通古特沙漠地区的 20~40 cm 土层土壤含盐量均值大于其余 4 个土层，其中古尔班通古特沙漠地区 20~40 cm 土层土壤含盐量均值最大，为 9.24 g/kg。土壤含盐量均值趋势线呈现负相关的区域中莫索湾 1、2 灌区的斜率最大，说明横轴土壤含盐量随土层降低的幅度越大，波动范围也越大，因此莫索湾灌区土壤含盐量均值随土层的增加其降低幅度逐渐增大，其次是老沙湾灌区。玛纳斯灌区土壤含盐量均值的拟合度最高（R^2=0.83），标准差介于 0.53~1.42 g/kg。山前冲积扇的拟合度最低（R^2=0.20），标准差介于 0.22~0.45 g/kg，各土层土壤含盐量的离散程度较小。

4.2.3　土壤含盐量年际变化规律

玛纳斯河流域各土层土壤含盐量的年际波动幅度介于-500~2 249 mg/kg，其中 80~100 cm 土层土壤含盐量存在最大涨幅（2 249 mg/kg），位于古尔班通古特沙漠腹地、玛纳斯灌区与莫索湾灌区交界的区域，20~40 cm 土层土壤含盐量存在最大降幅（-500 mg/kg），集中位于安集海灌区；山前冲积扇土壤含盐量年际波动幅度较小，位于西部的博尔通古特乡 20~100 cm 深度土壤含盐量均呈现降低的趋势，降幅在 0~100 mg/kg，而 0~20 cm 土层土壤含盐量略微升高，涨幅在 155~300 mg/kg；中部绿洲灌区平原各土层土壤含盐量由西至东年际变化呈现“升高-降低”交替变化的趋势。

下野地灌区 0~40 cm、80~100 cm 土层土壤含盐量总体升高，涨幅 100~800 mg/kg，40~80 cm 土层的灌区中部地区土壤含盐量降低，灌区边缘区域仍呈现身高的趋势。金沟河灌区各土层土壤含盐量年际变化均呈现“升高-降低”并存的分布趋势；除 40~80 cm 土层外，北部沙漠区域其余土层土壤含盐量呈现边缘升高，中心降低的年际变化规律，涨幅在 550~2 249 mg/kg。古尔班通古特沙漠中沙垅占整个沙漠面积的 50%以上，具有流动性（半固定沙丘），并且采样期间的极端温度达 45℃，采样前后 2 周内无降雨，因此 80~100 cm 土层深度土壤含盐量年际涨幅 2 249 mg/kg 的结果受采样误差的影响，沙漠区域的土壤含盐量年际变化采用均值较为合理。

玛纳斯河流域各土层土壤含盐量年际变化的统计见表 4-3。各土层土壤含盐量的年际变化均值分别为 33.8 mg/kg（0~20 cm）、8.4 mg/kg（20~

40 cm)、58.3 mg/kg（40~60 cm）、73.9 mg/kg（60~80 cm）和 87.1 mg/kg（80~100 cm），表明玛纳斯河流域自 2019—2020 年 0~60 cm 深度土壤含盐量总体呈现升高的趋势，平均涨幅 52.53 mg/kg，这与土壤含水率的年际变化趋势一致。各土层土壤含盐量均值呈现降低的区域只有宁家河灌区，降幅 12.1 mg/kg，其余区域均呈现升高的趋势，其中山前冲积扇涨幅最小，土壤含盐量统计值仅为 2 mg/kg，古尔班通古特沙漠土壤含盐量年际涨幅最大，为 219.4 mg/kg；各土层土壤含盐量年际变化为正值的灌区分别为老沙湾灌区，玛纳斯灌区、下野地灌区以及古尔班通古特沙漠；20~40 cm 出现的土壤含盐量均值出现下降的频率最多，分别为莫索湾 1 灌区、莫索湾 2 灌区、金沟河灌区、安集海灌区以及山前冲积扇；土壤含盐量均值年际降幅最大的区域位于莫索湾 2 灌区的 20~40 cm 土层，为 273.7 mg/kg，并且莫索湾 2 灌区 0~20 cm 土层土壤含盐量降幅仍达到 263 mg/kg。根据前文的结果，土壤含水率年际降幅最大的土层同样位于 20~40 cm，并且位于玛纳斯灌区，这表明绿洲灌区土壤含盐量与含水率的年际降幅主要集中于 20~40 cm 耕作层土壤，并且二者具有协同与异质性。总体上，山前冲积扇与古尔班通古特沙漠地区土壤含盐量的年际变化呈现升高的趋势，中部绿洲灌区平原仅有 10%的灌区呈现降低的趋势，另外 90%的灌区呈现升高的趋势（莫索湾灌区看做莫索湾 1、莫索湾 2 共 2 个灌区）。

表 4-3　玛纳斯河流域各土层土壤含盐量年际变化统计

灌区名称	0~20 cm	20~40 cm	40~60 cm	60~80 cm	80~100 cm	平均值
大南沟	65.6 (31.1)	48.4 (25.3)	−36.4 (24.7)	49.8 (27.7)	−11.6 (22.1)	23.2
宁家河	−65.3 (27.4)	14.3 (61.9)	−78.0 (14.5)	−7.0 (51.1)	75.8 (22.7)	−12.1
莫索湾 1	231.6 (150.1)	−81.7 (103.2)	71.6 (76.6)	102.4 (47.8)	69.6 (109.5)	78.7
莫索湾 2	−263.0 (134.5)	−273.7 (186.0)	234.0 (200.2)	151.7 (105.3)	247.3 (248.7)	19.3
老沙湾	29.0 (34.7)	66.3 (46.6)	170.0 (82.9)	183.0 (174.5)	59.0 (52.4)	101.5
石河子	35.9 (38.0)	78.4 (62.8)	−28.4 (34.1)	62.9 (39.1)	21.1 (20.2)	34.0
金沟河	−20.5 (24.9)	−3.6 (21.5)	20.1 (27.3)	29.1 (26.9)	13.1 (51.7)	7.6
玛纳斯	95.5 (91.9)	69.3 (42.8)	21.9 (24.4)	12.0 (93.6)	177.5 (95.0)	75.2
下野地	39.7 (31.5)	107.9 (33.1)	13.5 (35.9)	46.8 (31.2)	89.2 (35.8)	59.4
古尔班通古特沙漠	205.8 (80.7)	187.2 (73.7)	222.6 (98.0)	153.9 (107.0)	326.1 (393.4)	219.1

（续表）

灌区名称	0~20 cm	20~40 cm	40~60 cm	60~80 cm	80~100 cm	平均值
安集海	38.4 (54.5)	-109.2 (188.6)	82.6 (58.1)	116.1 (56.8)	-31.3 (47.5)	19.3
山前冲积扇	12.8 (22.4)	-3.0 (12.6)	5.8 (14.0)	-14.0 (16.1)	8.9 (25.9)	2.1
平均值	33.8	8.4	58.3	73.9	87.1	

4.3　土壤养分时空累积格局

4.3.1　土壤养分空间分布格局

2019 年玛纳斯流域土壤总氮含量的空间分布总体上为由南至北土壤总氮含量逐渐减小，土壤总氮含量的最大值出现在 20~40 cm 的南部天山地区，最小值出现在古尔班通古特沙漠；自流域南部边缘至山前冲积扇的最北端，各土层土壤总氮含量呈现较为均匀的降幅，其中大南沟灌区、宁家河灌区两侧土壤总氮含量处于较低值，各土层土壤总氮含量介于 0.1~0.6 g/kg。

流域中部的绿洲灌区平原各土层土壤总氮含量分布较南部山前冲积扇与北部古尔班通古特沙漠地区更复杂，0~100 cm 深度土壤总氮含量最大值集中分布在绿洲灌区平原中部、下野地灌区北部、金沟河灌区、石河子灌、老沙湾灌区与玛纳斯灌区南部。安集海灌区东部、莫索湾灌区北部、下野地灌区东部土壤总氮含量处于较低值。北部古尔班通古特沙漠地区各土层土壤总氮含量波动幅度较小，由南至北逐渐降低，0~100 cm 深度土壤总氮含量介于 0.1~0.5 g/kg。

2020 年玛纳斯流域土壤总氮含量的空间分布总体上为由南至北土壤总氮含量仍然呈现逐渐减小的趋势，这与土壤含水率空间分布趋势一致，与土壤含盐量相反。土壤总氮含量最大值出现在 80~100 cm 的南部天山地区，最小值出现在古尔班通古特沙漠，且略低于 2019 年；自肯斯瓦特水文站至玛纳斯河灌区与石河子灌区交汇区域的土壤总氮含量处于较低值，说明土壤总氮含量受到了流动水源淡化的影响；博尔通古特乡与金沟河灌区连接的区域各土层土壤总氮含量处于同一水平，在 0.1~0.7 g/kg 波动。流域中部的绿洲灌区平原地区各土层土壤总氮含量较高的区域出现在下野地灌区西北部、安集海灌区西北部、老沙湾灌区、石河子灌区、金沟河灌区东部以及玛纳斯灌区南部。2020年北部古尔班通古特沙漠地区各土层土壤总氮含量介于0.1～0.6 g/kg，60～100 cm深度土壤总氮含量在沙漠腹地及最北端出现异常区域，与2019年的空间分布格局存在显著差异。这表明沙漠植被的养分环境在逐渐提高。

根据土壤养分的空间分布格局以及全国第二次土壤普查采用的养分分类标准，利用地统计学将全流域0～100 cm深度土壤总氮含量进行肥力等级划分（表4-4）。土壤肥力的分级包括一级（>2.00 g/kg，极高）、二级（1.51～2.00 g/kg，高）、三级（1.01～1.50 g/kg，中上）、四级（0.76～1.00 g/kg，中）、五级（0.05～0.76 g/kg，低）、六级（<0.05 g/kg，极低）共6个等级，一级的土壤肥力等级最高，六级最弱。

表4-4　玛纳斯河流域土壤肥力等级划分

区域	土壤肥力等级	阈值（g/kg）	0～20 cm		20～40 cm		40～60 cm		60～80 cm		80～100 cm	
			面积	比例	面积	比例	面积	比例	面积	比例	面积	比例
山前冲积扇	一级（极高）	>2.00	3 273	9.8	6 185	18.4	524	1.6	69	0.2	2 014	6.0
	二级（高）	1.51～2.00	4 496	13.4	2 432	7.3	5 643	16.8	2 859	8.5	3 720	11.1
	三级（中上）	1.01～1.50	2 140	6.4	1 569	4.7	2 960	8.8	3 779	11.3	1 684	5.0
	四级（中）	0.76～1.00	1 223	3.6	1 033	3.1	1 453	4.3	2 150	6.4	1 024	3.1
	五级（低）	0.05～0.76	1 326	3.9	1 223	3.5	1 830	5.5	2 444	7.3	1 564	4.7
	六级（极低）	<0.05	4	0.1	20	0.2	52	0.2	1 161	3.5	2 456	7.3
绿洲灌区平原	一级（极高）	>2.00	0	0.0	0	0	0	0.0	0	0.0	0	0.0
	二级（高）	1.51～2.00	201	0.6	81	0.3	0	0.0	0	0.0	0	0.0
	三级（中上）	1.01～1.50	524	1.6	1 672	4.9	814	2.4	39	0.1	42	0.1
	四级（中）	0.76～1.00	3 890	8.6	6 054	18.1	6 113	18.2	715	2.1	360	1.1
	五级（低）	0.05～0.76	5 911	17.6	2 481	7.4	3 478	10.4	6 399	19.1	2 263	6.7
	六级（极低）	<0.05	900	2.7	138	0.4	21	0.1	3 273	9.8	7 761	23.1
古尔班通古特沙漠	一级（极高）	>2.00	0	0.0	0	0.0	0	0.0	0	0.0	0	0.0
	二级（高）	1.51～2.00	0	0.0	0	0.0	0	0.0	0	0.0	0	0.0
	三级（中上）	1.01～1.50	19	0.1	165	0.5	0	0.0	0	0.0	0	0.0
	四级（中）	0.76～1.00	442	1.3	718	2.1	912	2.7	0	0.0	0	0.0
	五级（低）	0.05～0.76	1 836	5.5	1 527	4.6	2 094	6.2	827	2.5	60	0.2
	六级（极低）	<0.05	8 350	24.9	8 237	24.6	7 641	22.8	9 820	29.3	10 587	31.6

注：面积单位，km^2；比例单位，%。

古尔班通古特沙漠地区包括 4 个土壤肥力等级，所占全流域面积的比例总体呈现六级>五级>四级>三级的趋势，其中土壤肥力等级极低（六级）的面积及占全流域面积比例分别介于 7 641~10 587 km^2、22.8%~31.6%。土壤肥力等级中上（三级）仅出现在 0~40 cm 深度土壤中。山前冲积扇土壤肥力的各个等级占全流域面积的比例总体呈现二级>一级>三级>三级>五级>六级的趋势，其中土壤肥力等级极高（一级）的面积及比例分别占全流域的 69~6 185 km^2、0.2%~18.4%。土壤肥力等级极低（六级）的地区主要集中在博尔通古特乡的 60~100 cm 深度土壤中，它的面积及其在该土层所占比例分别为 1 161 km^2、3.5%，2 456 km^2、7.3%，并且所占面积随土层的增加逐渐增大。

绿洲灌区平原包括二级至五级共 5 个土壤肥力等级，所占全流域面积的比例总体呈现五级>六级>四级>三级>二级的趋势，其中土壤肥力等级为高（二级）的土层仅出现在 0~20 cm、40~60 cm，面积与比例分别为 201 km^2、0.6%和 81 km^2、0.3%。各土层低肥力（五级）等级土壤占全流域面积的 6.7%~19.1%，最大值位于 60~80 cm 土层。占全流域面积的 0.1%~2.1%，最大值位于 0~20 cm 土层。土壤肥力极低的区域占全流域面积的 0.1%~23.1%，最大值位于 80~100 cm 土层。此外，结果表明玛纳斯河流域一级（极高）、二级（高）、三级（中上）3 个肥力等级的土壤最大面积及比例均分布在山前冲积扇，其所在土层分别为 20~40 cm、40~60 cm、60~80 cm；四级（中）、五级（低）2 个肥力等级的土壤最大面积及比例均分布在绿洲灌区平原，所在土层分别为 40~60 cm、60~80 cm；土壤肥力等级极低（六级）的最大面积及比例分布在古尔班通古特沙漠的 80~100 cm 土层中。

4.3.2　土壤养分剖面分布特征

玛纳斯流域土壤总氮含量的剖面分布特征见图 4-3，图中数据为两年（2019—2020 年）均值。由各土层土壤总氮含量趋势线可以看出，土壤总氮含量均值与土壤深度呈现线性负相关关系，即随土壤深度的增加土壤总氮含量均值逐渐减小，这与土壤含水率的剖面分布趋势恰好相反。大南沟灌区、宁家河灌区、下野地灌区共 3 个灌区的 0~20 cm 土层土壤总氮含量均值大于其余 4 个土层，其中莫索湾 2 灌区 0~20 cm 土层土壤总氮含量均值最大，为 0.95 g/kg；老沙湾灌区、石河子灌区、金沟河灌区、玛纳斯灌区、古尔班通

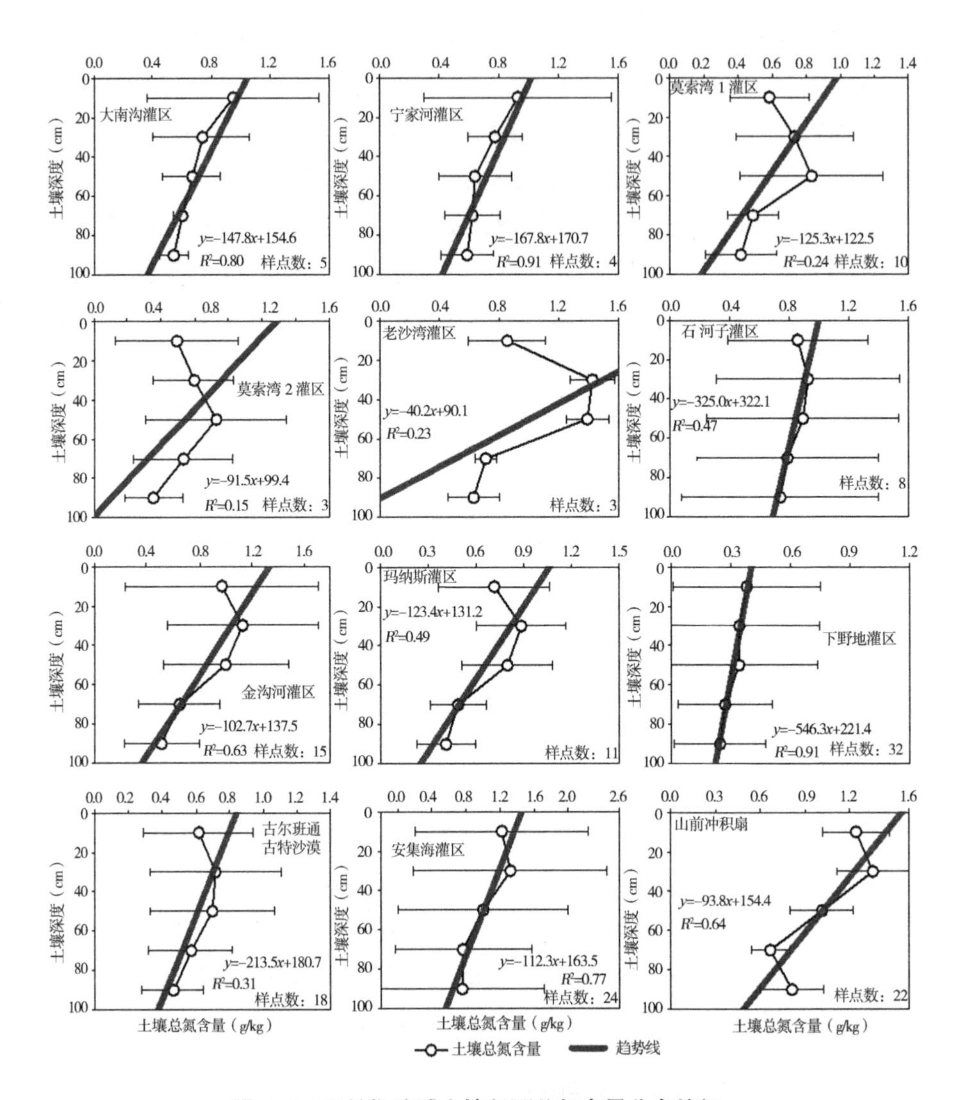

图 4-3 玛纳斯流域土壤剖面总氮含量分布特征

古特沙漠、安集海灌区、山前冲积扇共七个区域的 20～40 cm 土层土壤总氮含量均值大于其余 4 个土层，其中老沙湾灌区的 20～40 cm 土层土壤总氮含量均值最大，为 1.42 g/kg。这表明绿洲平原土壤总氮含量总体集中分布在 20～40 cm 土层中。土壤总氮含量均值趋势线呈现负相关的区域中老沙湾灌区的斜率最大，说明横轴土壤总氮含量随土层降低的幅度越大，波动范围也越大，因此莫索湾灌区土壤总氮含量均值随土层的增加其降低幅度逐渐增大，其次是莫索湾 2 灌区。下野地灌区土壤总氮含量均值的拟合度最高（R^2=0.91），标准差介于 0.23~0.40 g/kg，下野地灌区的土壤含水率均值同样拟合度最高。老沙湾灌区的土壤总氮含量趋势线拟合度最低（R^2=0.23），标准差介于 0.07~0.26 g/kg，各土层土壤总氮含量的离散程度较小。

4.3.3　土壤养分年际累积规律

玛纳斯河流域各土层土壤总氮含量的年际波动幅度介于-0.21~0.94 g/kg，其中 80~100 cm 土层土壤总氮含量存在最大涨幅（0.94 g/kg），位于流域南部的山前冲积扇，0~20 cm 土层土壤总氮含量存在最大降幅（-0.21 g/kg），主要分布在下野地灌区西侧、南部山前冲积扇。

古尔班通古特沙漠南部各土层土壤总氮含量出现累积的趋势，涨幅 0.08~0.33 g/kg。沙漠腹地的 40~60 cm 土层土壤总氮含量出现少量累积（0.01~0.10 g/kg），其余土层均呈现降低的趋势；中部绿洲灌区平原各土层土壤总氮含量呈现累积的区域包括下野地灌区东部、老沙湾灌区、玛纳斯灌区、莫索湾西南灌区；山前冲积扇的 0~40 cm 深度土壤总氮含量整体呈现降低的年际变化规律，40~60 cm 土层呈现“累积-降低”交替的分布趋势，60~100 cm 深度除东部区域呈现降低外，其余区域土壤总氮含量出现累积的趋势。

玛纳斯河流域各土层土壤总氮含量年际变化的统计见表 4-5。各土层土壤总氮含量的年际变化均值分别为 0.003 g/kg（0~20 cm）、-0.004 g/kg（20~40 cm）、0.027 g/kg（40~60 cm）、0.015 g/kg（60~80 cm）和 0.037 g/kg（80~100 cm），表明除 20~40 cm 土层外，玛纳斯河流域 2019—2020 年 0~100 cm 深度土壤总氮含量总体呈现升高的趋势，平均涨幅 0.016 g/kg，这与土壤含水率、含盐量的年际变化趋势一致；各土层土壤总氮含量均值呈现累积的区域包括玛纳斯灌区、古尔班通古特沙漠，累积均值分为 0.038 g/kg、0.018 g/kg，其余区域土壤总氮含量均呈现不同程度累积与降低的年际趋势，其中老沙湾灌区土壤总氮含量均值年际涨幅最大，为 0.07 g/kg；0~20 cm 出现的土壤总氮含量均值出现降低的频率最多，分别为大南沟灌区、宁家河灌区、莫索湾 1 灌区、老沙湾灌区、金沟河灌区、下野地灌区以及山前冲积扇。

表 4-5 玛纳斯河流域各土层土壤总氮含量年际变化统计

灌区名称	0~20 cm	20~40 cm	40~60 cm	60~80 cm	80~100 cm	平均值
大南沟	−0.06 (0.051)	0.01 (0.049)	0.01 (0.050)	−0.07 (0.041)	0.08 (0.036)	−0.008
宁家河	−0.08 (0.049)	0.00 (0.07)	−0.05 (0.053)	−0.01 (0.021)	0.08 (0.034)	−0.012
莫索湾 1	−0.01 (0.034)	0.04 (0.031)	0.06 (0.032)	−0.02 (0.023)	0.08 (0.027)	0.030
莫索湾 2	0.08 (0.076)	−0.01 (0.069)	0.04 (0.037)	0.08 (0.017)	0.04 (0.009)	0.045
老沙湾	−0.02 (0.070)	0.04 (0.049)	0.15 (0.012)	0.12 (0.026)	0.06 (0.076)	0.070
石河子	0.05 (0.057)	−0.09 (0.048)	0.06 (0.030)	−0.08 (0.050)	0.04 (0.050)	−0.002
金沟河	−0.01 (0.023)	−0.03 (0.025)	−0.03 (0.038)	0.06 (0.022)	−0.04 (0.038)	−0.011
玛纳斯	0.06 (0.031)	0.04 (0.039)	0.03 (0.038)	0.04 (0.038)	0.02 (0.033)	0.038
下野地	−0.01 (0.035)	0.01 (0.019)	−0.01 (0.038)	0.02 (0.017)	0.02 (0.019)	0.008
古尔班通古特沙漠	0.01 (0.014)	0.02 (0.015)	0.02 (0.024)	0.01 (0.015)	0.02 (0.018)	0.018
安集海	0.04 (0.014)	−0.02 (0.023	0.04 (0.015	−0.03 (0.021)	−0.03 (0.018)	−0.001
山前冲积扇	−0.02 (0.020)	−0.06 (0.028	0.01 (0.021)	0.06 (0.022)	0.09 (0.099)	0.013
平均值	0.003	−0.004	0.027	0.015	0.037	

土壤总氮含量均值年际降幅最大的区域位于石河子灌区的 20~40 cm 土层，为 0.09 g/kg，根据前文的结果，土壤含水率与含盐量年际降幅最大的土层同样位于 20~40 cm，这表明绿洲灌区土壤含水率、含盐量与总氮含量的年际降幅主要集中于 20~40 cm 耕作层土壤，并且三者者具有协同与异质性。总体上，山前冲积扇与古尔班通古特沙漠地区土壤总氮含量的年际变化呈现升高的趋势，中部绿洲灌区平原有 50%的灌区呈现降低的趋势，另外 90%的灌区呈现累积的趋势（莫索湾灌区看作莫索湾 1、莫索湾 2 共 2 个灌区）。

4.4 基于地统计的土壤水盐与养分的相关分析

4.4.1 土壤含水率、含盐量与总氮含量的空间聚类分析

玛纳斯河流域各土层土壤含水率的空间聚类分析如下：在 0~40 cm 深度土壤的下野地灌区与安集海灌区、金沟河灌区交界处的 Z 得分高（>1.96）且 *P* 值小（<0.01），因此存在高值空间聚类，表明该区域的土壤含水率与接壤区域的差异显著，总体高于相邻的区域。

在 0~40 cm 深度大南沟灌区、石河子灌区南部 2 个区域的 Z 得分绝对值

高（>1.96）且 P 值小（<0.01），存在低值空间聚类，表明该区域的土壤含水率与接壤区域的差异显著，总体低于相邻的区域。总体来说，热点聚类区主要分布于安集海灌区与金沟河灌区以北的区域，而冷点聚类区主要分布在山前冲积扇。

安集海灌区与金沟河灌区在 0～20 cm、20～40 cm、80～100 cm 土层土壤含盐量高值聚类较为显著（Z 得分>1.96，P<0.01），表明该区域土壤含盐量显著高于相邻区域。土壤含盐量的低值聚类主要出现于玛纳斯湖、玛纳斯灌区与莫索湾灌区交界区域的 80～100 cm 土层（Z 得分<1.96，P<0.01），说明在玛河流域的土壤含盐量空间分布情况中，玛纳斯湖、玛纳斯灌区与莫索湾灌区的土壤含盐量与接壤区域有显著差异，低值分布较密集。

玛纳斯河流域土壤总氮含量冷点值聚类主要出现在 0～60 cm、80～100 cm 土层土壤中，其分布具有空间连续性特征，并且主要集中在绿洲平原的各个灌区（0～60 cm）以及山前冲积扇（80～100 cm）。山前冲积扇与安集海灌区、金钩和灌区接壤区域的热点值聚类明显（Z 得分>1.96，P<0.01），表明该区域土壤总氮含量总体较高。

4.4.2　土壤含水率、含盐量与总氮含量的空间相关性分析

玛纳斯河流域由南至北土壤含水率、含盐量与总氮含量的空间分布格局存在较大差异，如果在分析区域化土壤变量的相关性时将全流域看做同一组数据，会出现较大误差。因此本节根据前文的描述将玛纳斯河流域划分为山前冲积扇、绿洲灌区平原、古尔班通古特沙漠共 3 个区域，同时引入降水量作为气象影响因子，探讨土壤含水率、含盐量、总氮含量与降水量的相关关系。

在南部山区冲积扇所处的区域（图 4-4），除了土壤含盐量与总氮含量呈现显著相关外（P<0.05），土壤含水率与降水量、土壤含水率与含盐量、土壤含水率与总氮含量、土壤含盐量与降水量、土壤总氮含量与降水量 5 组数据之间均呈现极显著相关关系（P<0.01）。其中土壤含盐量与降水量的均方根误差（RMSE=7.23）与 F 值（F value=9.05）最小（RMSE=7.23），表明山前冲积扇的土壤含盐量受降水量影响最小，并且二者的拟合方程离散程度最小。

土壤总氮含量与降水量的均方根误差（RMSE=66.06）与 F 值（F value=294.91）最大（RMSE=7.23），表明土壤总氮含量受降水量的影响最大，但二者的拟合方程离散程度较大；此外，由皮尔逊相关系数可以看出，降水量、

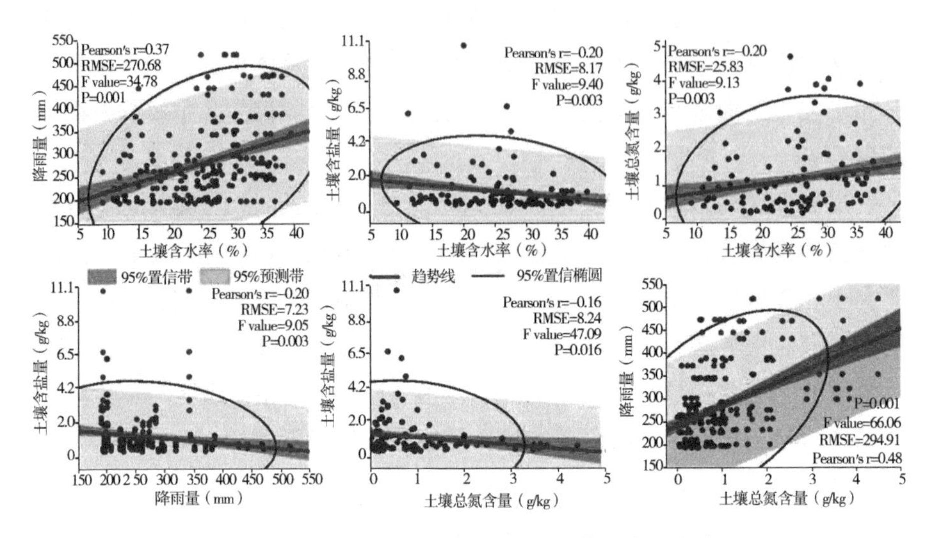

图 4-4　南部山前冲积扇土壤水盐与养分的相关关系

土壤含水率、总氮含量三者间两两呈正相关，与土壤含盐量呈负相关关系。土壤含盐量与含水率、总氮含量呈负相关关系。

在绿洲灌区平原（图 4-5），土壤含水率仅与含盐量存在极显著的负相关关系（$P<0.01$），并且 F 值（F value = 50.27）最大，表明绿洲灌区平原土壤含盐量受土壤含水率的影响最大，土壤含盐量随含水率的增大呈现缓慢减小的趋势。

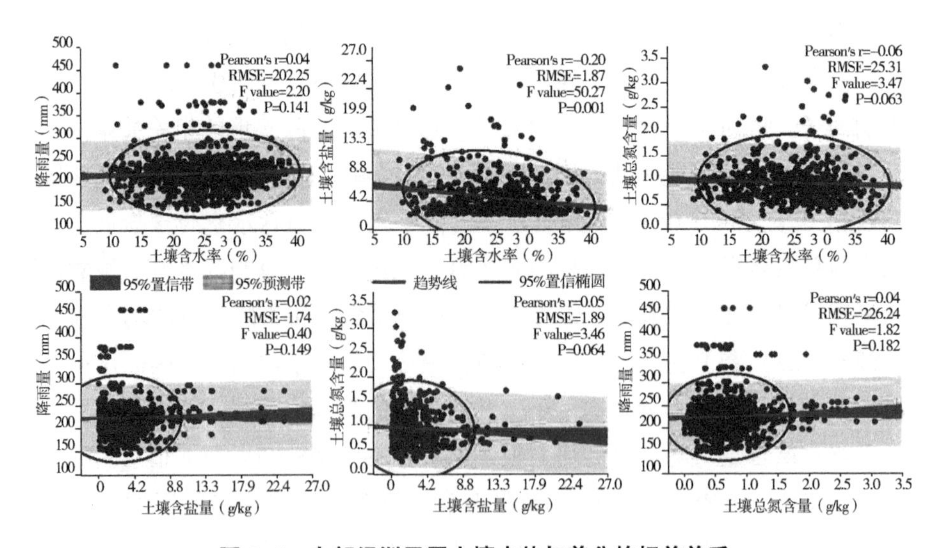

图 4-5　中部绿洲平原土壤水盐与养分的相关关系

在古尔班通古特沙漠所在的地区（图 4-6），土壤含水率与含盐量呈现极显著正相关关系（$P<0.01$），表明北部沙漠区域的土壤含盐量受含水率的影响较大，土壤含盐量随含水率的增大呈现缓慢累积的趋势。

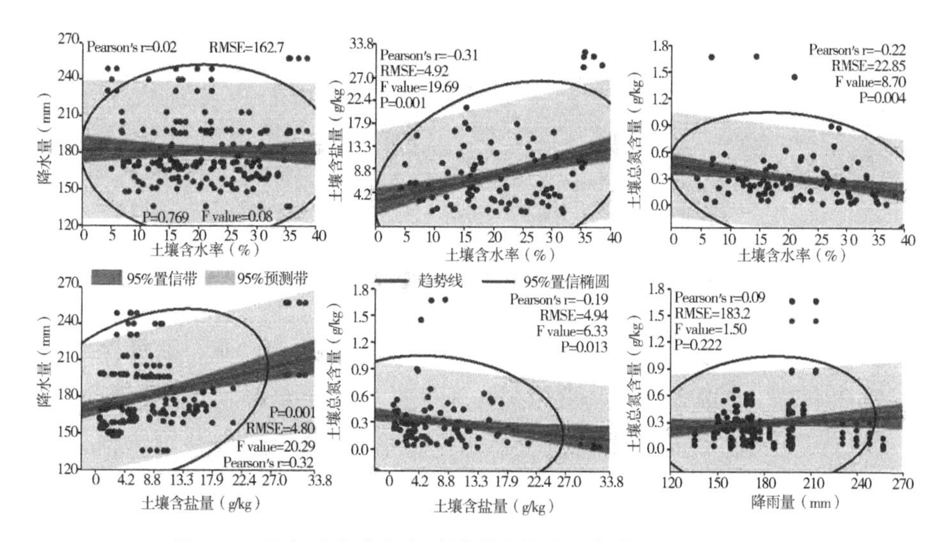

图 4-6　北部古尔班通古特沙漠土壤水盐与养分的相关关系

土壤总氮含量同样受含水率的影响极其显著（$P<0.01$），随土壤含水率的增大总氮含量呈现缓慢减少的趋势；土壤含盐量与降水量呈现极显著正相关关系（$P<0.01$），几乎所有数据均处于 95%置信带以及 95%置信椭圆中，并且 F 值略大于土壤含水率与含盐量进行方差检验时的 F 值大小。因此，北部沙漠区域降水量对土壤含盐量的影响程度大于土壤含水率对含盐量产生的影响。

土壤含盐量与总氮含量呈现显著负关系（$P<0.05$），即随着土壤含盐量的累积总氮含量会缓慢减少；降水量与土壤含水率、总氮含量不存在相关性（$P>0.05$）。

4.4.3　土壤含水率、含盐量与总氮含量的空间偏相关性分析

我们首先考虑玛纳斯河流域土壤含水率、含盐量、总氮含量及降水量的一阶偏相关关系，将全流域同样划分为山前冲积扇、绿洲灌区平原、古尔班通古特沙漠 3 个主要区域。

在南部山区冲积扇所处的区域（图 4-7），当控制土壤含水率对含盐量、总氮含量及降水量的影响时，降水量分别与土壤含盐量、总氮含量呈显著

（$P<0.05$）、极显著（$P<0.01$）的相关关系，区别是降水量与土壤含盐量呈负相关关系、与总氮含量呈正相关。当控制总氮含量或含盐量时，土壤含水率与降水量均呈现极显著（$P<0.01$）的正相关关系。当控制变量为降水量时，只有土壤含水率与土壤含盐量显著相关，而含水率与总氮含量、总氮含量与含盐量均不相关（$P>0.05$）。

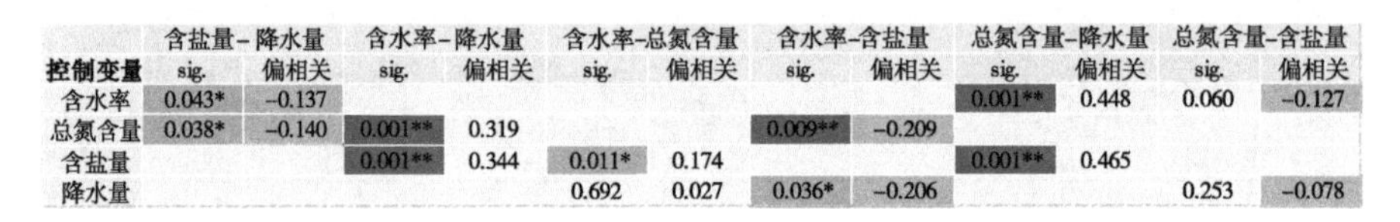

	含盐量-降水量		含水率-降水量		含水率-总氮含量		含水率-含盐量		总氮含量-降水量		总氮含量-含盐量	
控制变量	sig.	偏相关	sig.	偏相关	sig.	偏相关	sig.	偏相关	sig.	偏相关	sig.	偏相关
含水率	0.043*	-0.137							0.001**	0.448	0.060	-0.127
总氮含量	0.038*	-0.140	0.001**	0.319			0.009**	-0.209				
含盐量			0.001**	0.344	0.011*	0.174			0.001**	0.465		
降水量					0.692	0.027	0.036*	-0.206			0.253	-0.078

图 4-7　南部山前冲积扇土壤水盐与养分的一阶偏相关关系

在绿洲灌区平原（图 4-8），当控制土壤含水率对含盐量、总氮含量及降水量的影响时，土壤含盐量与降水量、土壤总氮含量与降水量不存在相关性（$P>0.05$），土壤总氮含量与含盐量存在显著相关关系，并且呈现负相关，即一阶偏相关系数为-0.067；当控制变量为总氮含量时，土壤含盐量与降水量、土壤含水率与降水量不存在相关性 $P>0.05$），土壤含水率与含盐量呈现极显著相关关系（$P<0.01$），当控制变量为降水量时土壤含水率与含盐量同样呈现极显著关系，并且偏相关系数均小于 0，即排出总氮含量或降水量的影响时，土壤含水率与含盐量呈极显著的负相关关系；当土壤含盐量为控制变量时，土壤含水率与总氮含量呈显著负相关关系（$P<0.05$）。

	含盐量-降水量		含水率-降水量		含水率-总氮含量		含水率-含盐量		总氮含量-降水量		总氮含量-含盐量	
控制变量	sig.	偏相关	sig.	偏相关	sig.	偏相关	sig.	偏相关	sig.	偏相关	sig.	偏相关
含水率	0.343	0.028							0.156	0.042	0.022*	-0.067
总氮含量	0.484	0.021	0.122	0.046			0.001**	-0.209				
含盐量			0.102	0.048	0.022*	-0.067			0.170	0.041		
降水量					0.056	-0.056	0.001**	-0.206			0.061	-0.055

图 4-8　中部绿洲平原土壤水盐与养分的一阶偏相关关系

在古尔班通古特沙漠所在的地区（图 4-9），当控制降水量对土壤含水率、含盐量、总氮含量的影响时，土壤含水率、含盐量与总氮含量三者之间两两呈现极显著（$P<0.01$）的相关关系；当控制变量为土壤含水率或总氮含量时，土壤含盐量与降水量均呈现极显著（$P<0.01$）的相关关系，且一阶偏相关系数大于 0。当土壤含盐量为控制变量时，土壤含水率与总氮含量呈极显著负相关关系（$P<0.01$），但是总氮含量与降水量、含水率与降水量不存在相关性。

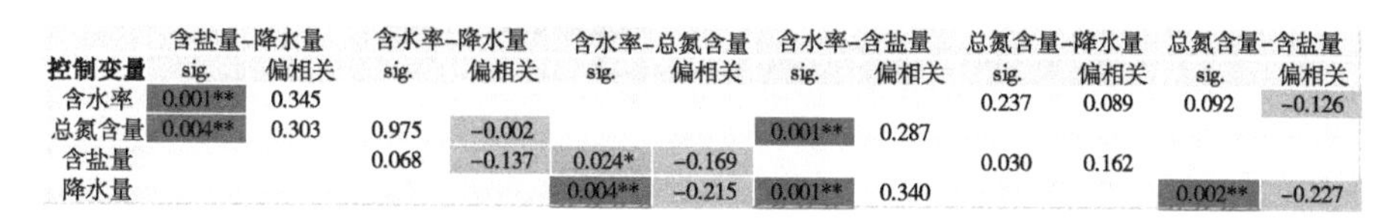

控制变量	含盐量-降水量 sig.	含盐量-降水量 偏相关	含水率-降水量 sig.	含水率-降水量 偏相关	含水率-总氮含量 sig.	含水率-总氮含量 偏相关	含水率-含盐量 sig.	含水率-含盐量 偏相关	总氮含量-降水量 sig.	总氮含量-降水量 偏相关	总氮含量-含盐量 sig.	总氮含量-含盐量 偏相关
含水率	0.001**	0.345							0.237	0.089	0.092	−0.126
总氮含量	0.004**	0.303	0.975	−0.002			0.001**	0.287				
含盐量			0.068	−0.137	0.024*	−0.169			0.030	0.162		
降水量					0.004**	−0.215	0.001**	0.340			0.002**	−0.227

图 4-9　北部古尔班通古特沙漠土壤水盐与养分的一阶偏相关关系

玛纳斯河流域土壤水盐与养分的二阶偏相关分析见图 4-10，其中淡黄色阴影代表控制变量，淡蓝色阴影代表双因子。当控制土壤含水率与降水量时，古尔班通古特沙漠与绿洲灌区平原的土壤含盐量与总氮含量呈显著负相关，而山前冲积扇所在的区域土壤含盐量与总氮含量不存在相关性。当控制变量为土壤总氮含量与降水量时，全流域土壤含水率与含盐量均呈显著或极显著的相关性，古尔班通古特沙漠、绿洲灌区平原与山前冲积扇的二阶偏相关系数分别为 0. 306、−0. 210、−0. 140。

图例: 控制变量 / 双因子	含水率 含盐量 总氮量 降水量	含水率 总氮量 含盐量 降水量	含水率 降水量 含盐量 总氮量	含盐量 总氮量 含水率 降水量	含盐量 降水量 含水率 总氮量	总氮量 降水量 含水率 含盐量
古尔班通古特沙漠	0.142 (0.058)	0.360 (0.001**)	−0.168 (0.025*)	−0.112 (0.135)	−0.150 (0.045*)	0.306 (0.001**)
绿洲灌区平原	0.045 (0.130)	0.031 (0.292)	−0.069 (0.020*)	0.052 (0.081)	−0.070 (0.018*)	−0.210 (0.001**)
山前冲积扇	0.439 (0.001**)	−0.090 (0.186*)	−0.075 (0.273)	0.302 (0.001**)	0.016 (0.812)	−0.140 (0.039*)

图 4-10　全流域不同区域土壤水盐与养分的二阶偏相关关系

将全流域降水量与土壤含水率、降水量与土壤含盐量看作 2 组区域化控制变量，土壤含盐量与总氮含量、含水率与总氮含量分别看作双变量，通过计算得出二阶偏相关系数的频率分布图（图 4-11）。土壤含盐量与总氮含量的二阶偏相关系数介于−0. 80～0. 84，数据虽然呈现左偏态，但是正相关的区域约占总像元的 50. 2%，当二阶偏相关系数为−0. 15 时出现的频率最高，为 2. 0%；土壤含水率与总氮含量的二阶偏相关系数介于−0. 75～0. 89，数据为右偏态，并且呈现正相关的区域约占总像元的 52. 2%，二阶偏相关系数为 0. 32 时出现的频率最高，为 1. 9%；2 组数据二阶偏相关系数的中位数分别为 0. 02 和 0. 09，这表明全流域土壤含水率与总氮含量呈正相关的区域大于含盐量与总氮含量呈正相关的区域。

当控制变量为土壤总氮含量与降水量时，土壤含水率与含盐量的二阶偏相

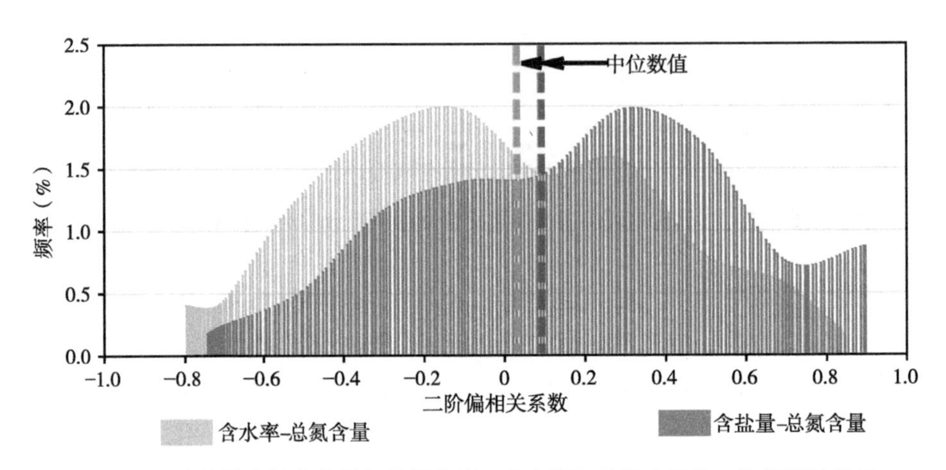

图 4-11　全流域土壤含盐量与总氮含量、含水率与总氮含量的二阶偏相关关系

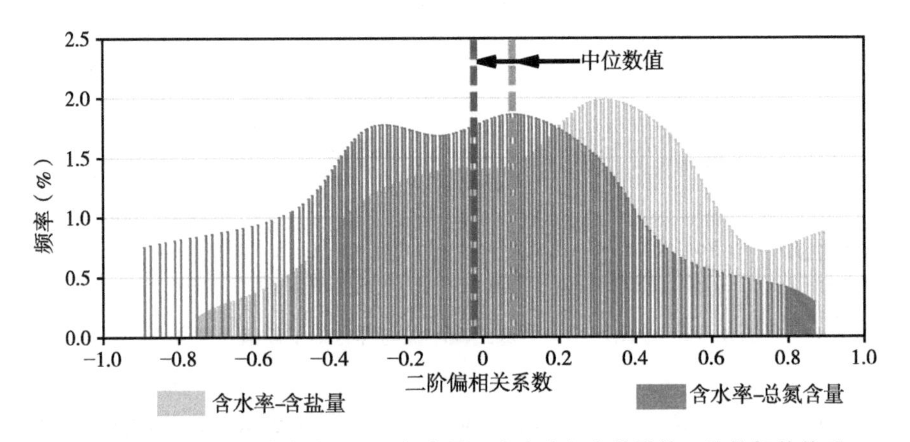

图 4-12　全流域土壤含水率与总氮含量、含水率与含盐量的二阶偏相关关系

关系数介于-0.89~0.87（图 4-12），数据组为左偏态，并且正相关的区域约占总像元的 47.3%，当二阶偏相关系数为 0.08 时出现的频率最高，为 1.8%；土壤含盐量与总氮含量、含水率与含盐量 2 组数据二阶偏相关系数的中位数分别为 0.02 和-0.05，这表明全流域至少 52.2%的地区土壤含水率与总氮含量和含盐量呈正相关关系；土壤含盐量与总氮含量呈正相关的区域大于含水率与含盐量呈正相关的区域（图 4-13），至少 47.3%的地区土壤含盐量与总氮含量和含水率呈负相关关系。

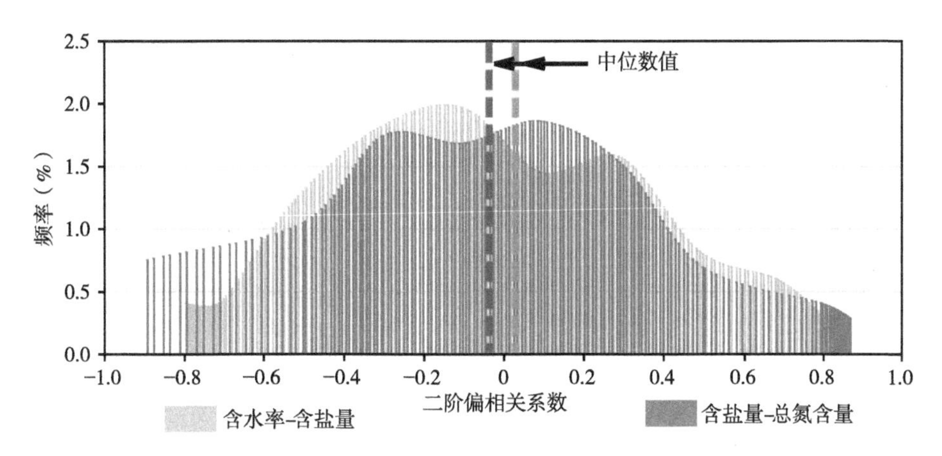

图 4-13　全流域土壤含盐量与总氮含量、含水率与含盐量的二阶偏相关关系

4.5　讨论

通过分析玛纳斯河流域的空间分布格局，我们发现全流域土壤总氮含量与含水率的空间变化趋势较为一致，即由南至北呈现逐渐降低的空间特征，而土壤含盐量与二者相反，并且在中部绿洲灌区平原的变化更复杂（图 4-14）。随着节水灌溉技术应用年限的逐渐增加，田间尺度下土壤盐分主要向蒸发强烈的地块边缘集中，我们实地调研了绿洲灌区边缘 4 种典型的微地形。

田块地势高、边缘地势低的微地形（图 4-14a）。在开荒初期，灌区开挖了许多土渠以及排水沟壑，在废弃、填平后形成了低洼地势，这一微地形多集中在安集海灌区、金沟河灌区、莫索湾灌区。多年灌溉与施肥使盐分与养分在该区域累积，图中田块边缘区域土壤含盐量为 20 g/kg，盐渍化程度处于盐土水平，土壤总氮含量为 1.8 g/kg。

由田垄环绕的微地形（图 4-14b）。在靠近沙漠的灌区边缘，田块四周均布置有防风防沙林带，林带的灌水方式通常为沟灌，靠近田块的一侧则形成了田垄。当冬季融雪后，雪水无法排出田块，因此在播种前极易形成表层盐分累积，不利于棉花幼苗生长。该图中田块土壤处于中度盐渍化等级（8.8～15.5 g/kg），土壤肥力等级较低（0.05～0.76 g/kg），田垄及林带处的土壤含盐量、总氮含量高于田块土壤。

戈壁草甸与田块接壤的微地形（图 4-14c）。这一微地形多存在于村落、

图 4-14　绿洲灌区棉田土壤水盐与养分微地形特征

连队最外围的田块，极易受到相邻区域土壤盐分迁移的影响。该调研田块位于安集海灌区边缘，属于重度盐渍化土壤（15.5~20.0 g/kg），土壤中的养分很难通过灌溉水向深层土壤渗透，因此表层土壤总氮含量较高（2.0 g/kg）。

由田块、机耕道与防风防沙林带构成的微地形（图 4-14d）。该地形普遍存在于农田管理技术成熟的灌区，如下野地灌区、石河子灌区、金沟河灌区等。该图中地块位于金沟河灌区，土壤含盐量为 3 g/kg，但由于林带沟壑处的地势较低，土壤含盐量达到了 10 g/kg。

干旱区土壤高含盐量是阻碍棉花生长的根本因素，以往的研究表明，影响棉花种子发芽的土壤含盐量临界值约为 16 g/kg。弱盐渍化棉田土壤剖面含盐量差异较小（图 4-15a），但是土壤养分主要在 20~40 cm 土层累积，这主要是由于目前绿洲灌区棉田的犁底层深度大部分仅为 40 cm，在作物种类及耕作管理方式保持不变的情况下，进行联合整地作业的农田持续减少。轻度盐渍化棉田膜内与膜间微地形的土壤含水率、总氮含量差异显著（图 4-15b），棉花出苗率普遍在 90%以上，但轻度盐渍化土壤主要限制了棉花的株高，从一定程度上抑制了棉花吸收养分的效率。

图 4-15　不同盐渍化等级棉田水盐与养分微地形特征

中度盐渍化棉田土壤透水性较差（图 4-15c），我们发现在灌水后膜间裸地位置土壤含水率大于膜内，并且持续 24~48 h，这表明灌溉水仅湿润表层（0~20 cm）较浅的区域，并且土壤中水盐通过浅层土壤持续向膜间位置补给。重度盐渍化土壤导致棉花低矮且茎细，80%以上的棉花出现不同程度的黄萎病、枯萎病、根系腐败等病害。膜间与膜内微地形土壤含盐量存在较大差异，土壤肥力等级较低（0.05~0.76 g/kg）。膜下滴灌以及水肥一体化措施无法抑制中度、重度盐渍化棉田盐分进一步累积，若不采取盐渍土改良措施，则会普遍出现撂荒农田。

山前冲积扇所处的区域轻度盐渍化土壤分布在博尔通古特乡，而南部山区土壤含盐量整体处于 2 g/kg（图 4-16）。在同一山体坡面，靠近坡面上部的土壤总氮含量小于坡面底部；在同一坡面高度，越靠近水源，土壤总氮含量与含盐量越小。此外，我们研究发现所有的坡面土壤总氮含量均高于棉田土壤。

绿洲灌区平原北部 40%以上的区域有戈壁荒漠草原与盐渍湿地组成（图

图 4-16　山前冲积扇土壤水盐与养分微地形特征

4-17c)，该区域位于流域西北部，剩余部分是由沙垅及移动沙丘组成的古尔班通古特沙漠（图 4-17b）。玛纳斯湖无地表径流的补给，湖岸的 0~100 cm 深度土壤含盐量、含水率均处于极高值，目前属于生态保护管辖区域。

图 4-17　北部荒漠区土壤水盐与养分微地形特征

4.6　本章小结

（1）玛纳斯流域土壤含水率总体上由南至北呈现逐渐减小的趋势，这与土壤总氮含量的空间分布趋势一致，与土壤含盐量相反。绿洲灌区平原各土层土壤含水率呈现中心高，边缘低的空间分布格局，土壤含水率最大值出现在石河子灌区的 40~80 cm 深度土壤；全流域土壤含盐量最大值出现在 80~100 cm 的北部荒漠地区（玛纳斯湖），为 32.92 g/kg，略高于 2019 年（32.13 g/kg）；全流域土壤总氮含量最大值出现在 80~100 cm 的南部天山地区，最小值出现在古尔班通古特沙漠，且略低于 2019 年。

（2）玛纳斯河流域自 2019—2020 年土壤含水率的年际波动幅度较小，介于-1.7%~1.8%，其中 0~60 cm 深度土壤含水率存在最大涨幅（1.8%），位于下野地灌区北部的沙漠区域，60~80 cm 土层土壤含水率存在最大降幅（-1.7%），位于古尔班通古特沙漠腹地；自 2019 至 2020 年 0~60 cm 深度土壤含盐量总体呈现升高的趋势，平均涨幅 52.53 mg/kg，与 0~60 cm 深度土壤含水率的年际变化趋势一致；自 2019 至 2020 年土壤总氮含量总体呈现升高的趋势，平均涨幅 0.016 g/kg，这与土壤含水率、含盐量的年际变化趋势一致；

（3）土壤总氮含量均值年际降幅最大的区域位于石河子灌区的 20~40 cm 土层，为 0.09 g/kg，根据前文的结果，土壤含水率与含盐量年际降幅最大的土层同样位于 20~40 cm，这表明绿洲灌区土壤含水率、含盐量与总氮含量的年际降幅主要集中于 20~40 cm 耕作层土壤，并且三者具有协同性与异质性。

（4）绿洲灌区平原包括弱盐渍化、轻度盐渍化、中度盐渍化和重度盐渍化 4 个等级，弱盐渍化土壤面积占全流域面积的 20.6%~25.7%，所占比例随土层的增加逐渐增大。玛纳斯河流域轻度、中度、重度、盐土 4 个等级的盐渍化土壤最大面积及比例均分布在古尔班通古特沙漠，而弱盐渍化等级的土壤最大面积及比例分布在山前冲积扇，其次分布在绿洲平原。

（5）玛纳斯河流域一级（极高）、二级（高）、三级（中上）3 个肥力等级的土壤最大面积及比例均分布在山前冲积扇，其所在土层分别为 20~40 cm、40~60 cm、60~80 cm；四级（中）、五级（低）2 个肥力等级的土壤最大面积及比例均分布在绿洲灌区平原，所在土层分别为 40~60 cm、60~80 cm；土壤肥力等级极低（六级）的最大面积及比例分布在古尔班通古特沙漠的 80~

100 cm 土层中。山前冲积扇土壤肥力等级极低（六级）的地区主要集中在博尔通古特乡的60~100 cm 深度土壤中，它的面积及其在该土层所占比例分别为1 161 km^2、3.5%，2 456 km^2、7.3%，并且所占面积随土层的增加逐渐增大。

（6）当控制土壤含水率与降水量时，古尔班通古特沙漠与绿洲灌区平原的土壤含盐量与总氮含量呈显著负相关，而山前冲积扇所在的区域土壤含盐量与总氮含量不存在相关性。当控制变量为土壤总氮含量与降水量时，全流域土壤含水率与含盐量均呈显著或极显著的相关性（$P<0.01$）。全流域土壤含水率与总氮含量呈正相关的区域大于含盐量与总氮含量呈正相关的区域。全流域至少52.2%的地区土壤含水率与总氮含量和含盐量呈正相关关系；土壤含盐量与总氮含量呈正相关的区域大于含水率与含盐量呈正相关的区域，至少47.3%的地区土壤含盐量与总氮含量和含水率呈负相关关系。

第5章 棉花根际尺度土壤水盐与养分协同机制

通过 2019—2020 年流域尺度 0~100 cm 土壤水盐与养分数据的区域调查，获得了玛纳斯河流域土壤水盐与养分的空间异质性特征，阐明了土壤盐渍化与化肥的累积现状、空间分布格局以及年际累积趋势。本章基于上述现状，设置根际尺度土壤盐胁迫试验，利用^{15}N同位素示踪技术，进一步探究土壤盐渍化与化肥累积产生的原因、土壤盐胁迫下棉花的养分吸收机理以及土壤水盐与养分的协同机制，以期为盐渍土改良与农田水肥管理提供理论基础。

5.1 盐胁迫对土壤水盐养分迁移特征的影响

5.1.1 根际土壤含水率的动态变化规律

图 5-1 为棉花生育期内根际（0~20 cm、20~40 cm 与 40~60 cm）土壤在弱盐渍化（C1 处理）、轻度盐渍化（C2 处理）、中度盐渍化（C3 处理）与重度盐渍化（C4 处理）土壤体积含水率变化趋势。各处理 0~20 cm 土层体积含水率在 4 月 19 日仅为 5%~10%，属于首次率定前的异常值；C2 处理在 40~60 cm 土层土壤体积含水率波动幅度最小，均处于 30%左右；当最后一次灌水（2019 年 8 月 28 日）结束后，各处理表层（0~20 cm）土壤含水率介于 10%~20%，20~40 cm 土层体积含水率总体上呈下降趋势，40~60 cm 土层除 C4 处理成显著下降趋势外，其余处理降幅并不显著。

图 5-2 与图 5-3 为棉花生育期内根际土壤体积含水率灌后 7 d 内的空间变化趋势，选取的灌水日期是 2019 年 7 月 31 日至 2019 年 8 月 9 日，期间未观测到降雨，因此选取花铃期首次灌水（2019 年 7 月 31 日）后 1~7 d 作为根际土壤体积含水率监测期。灌后 1d，C1、C2、C3、C4 处理土壤体积含水率分别介于 23.7%~30.8%、24.1%~32.7%、27.7%~32.4%与 31.4%~35.6%，土

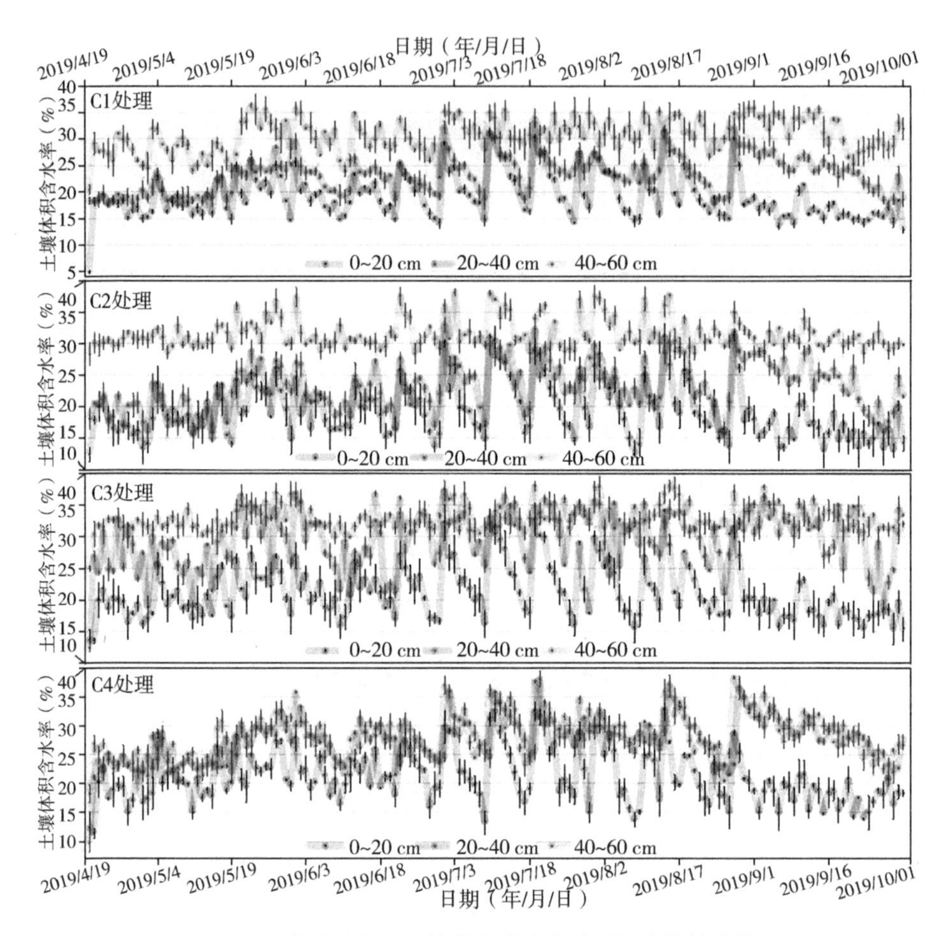

图 5-1　各处理根际土壤体积含水率随时间变化的趋势

壤盐渍化程度越高，灌后 1 d 土壤体积含水率越大，并且越靠近表层、膜间位置土壤体积含水率越小，C2 处理土壤体积含水率的空间差异最大；灌后2 d，C1 与 C4 处理土壤体积含水率降幅分别在 2.2%～4.2%、1.0%～6.1%，其中 C1 处理在膜间表层（0～20 cm）土壤体积含水率最小，为 19.5%，这与其余 3 个处理的空间分布相反，C1 处理在棉花窄行间 40～60 cm 土层土壤体积含水率最大，为 30.8%；C2 与 C3 处理土壤体积含水率在灌后 2 d 无显著波动。

灌后 3～4 d，C1、C2 与 C3 处理在 0～40 cm 土层土壤体积含水率略微增加，增幅范围在 2.3%～4.9%，而在 40～60 cm 土层波动趋势不显著。C4 处理与其他处理土壤体积含水率呈现相反的空间变化趋势，即 0～40 cm 土层土壤体积含水率略微减少，降幅为 0.4%～4.0%，而在 40～60 cm 土层的膜间位置

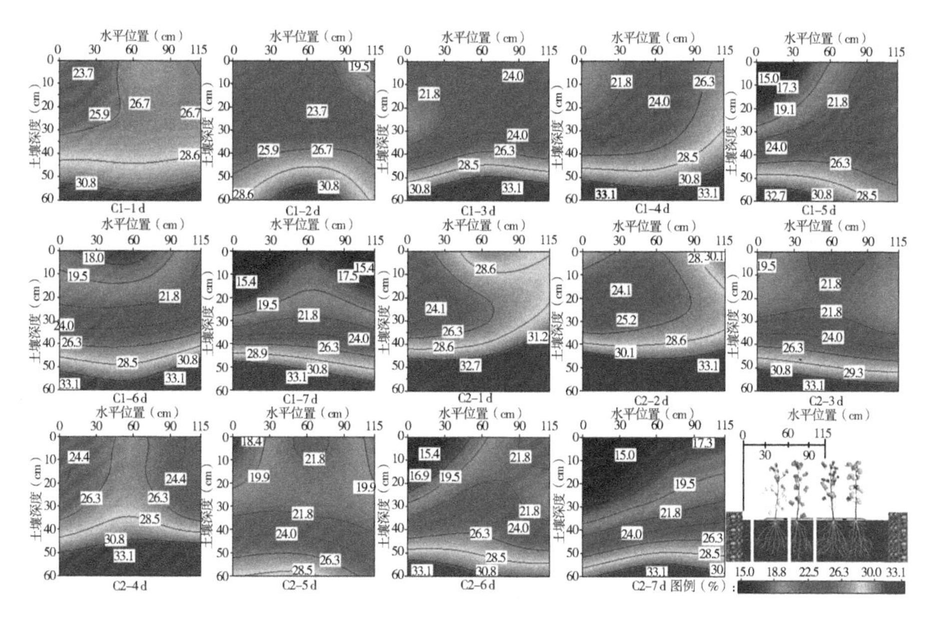

图 5-2　弱盐渍化（C1）和轻度盐渍化（C2）根际土壤体积含水率的空间变化趋势

土壤含盐量涨幅约为 5.0%；灌后 5 d，C1 处理在 0~40 cm 根际土壤呈现较大差异，相同土层内膜间位置土壤体积含水率与膜内相差最大幅度为 6.8%，这与 C2 处理较为相似；C3 与 C4 处理表层（0~20 cm）土壤体积含水率显著大于 C1 与 C2 处理，并且自膜间至膜内土壤体积含水率差异较小。

灌后 6~7 d，C1、C2 与 C4 处理在 0~40 cm 土层土壤体积含水率显著减小，而 C3 处理仅在 20~40 cm 土层膜内位置略微下降 2.1%，其中 C2 处理在灌后 7 d 土壤体积含水率最小，表层（0~20 cm）膜内位置为 17.3%，表层膜间位置为 15.0%，其次是 C2 处理，表层膜间与膜内位置分别为 21.8%、15.4%。

5.1.2　根际土壤含盐量的时空迁移机制

不同盐渍化处理在棉花生育期内根际土壤的逐日变化趋势差异显著（图 5-4）。试验开始至棉花苗期阶段内，C1、C2、C3 与 C4 处理在 0~60 cm 深度土壤含盐量初始值分别为 2.00 g/kg、6.50 g/kg、13.00 g/kg 与 17.90 g/kg，C1 与 C4 处理在棉花苗期 0~60 cm 深度土壤含盐量呈现相反的变化趋势，即 C1 处理土壤含盐量增加（涨幅约 0.5 g/kg），C4 处理含盐量减少（降幅

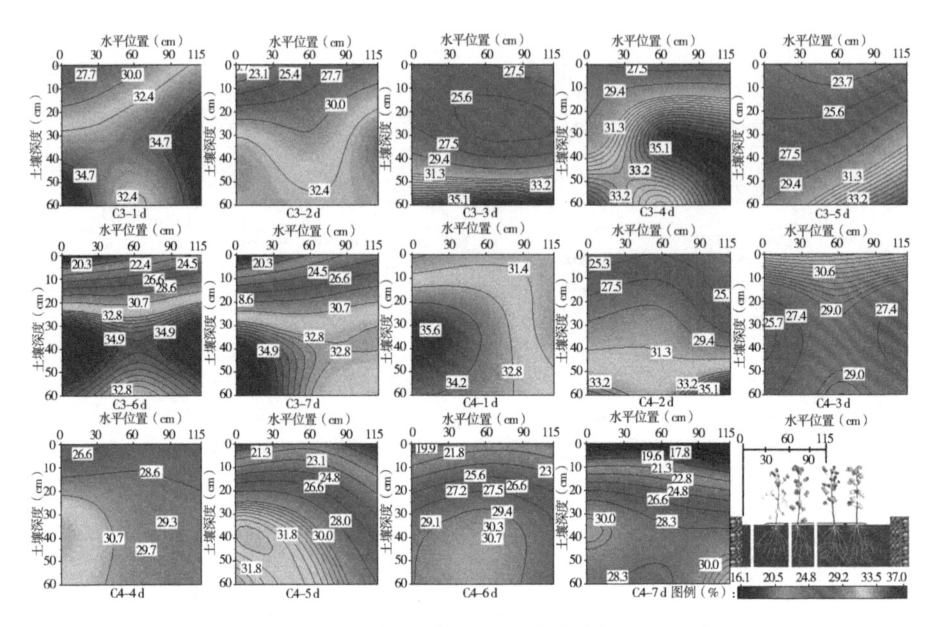

图 5-3　中度盐渍化（C3）和重度盐渍化（C4）根际土壤体积含水率的空间变化趋势

1.10 g/kg）；C2 处理的 0~20 cm 与 20~40 cm 土层土壤含盐量呈现相反的变化趋势，即 0~20 cm 土层土壤含盐量增加（涨幅约 0.5 g/kg），20~40 cm 土层减少（降幅 0.40 g/kg），40~60 cm 土层土壤含盐量在棉花苗期波动趋势不显著；C3 处理在 40~60 cm 土层土壤含盐量略微增加（涨幅约 0.15 g/kg），剩余 2 个土层减少（降幅 0.40~0.75 g/kg）。

棉花蕾期与花铃期阶段内，C2 与 C4 处理 0~60 cm 深度土壤含盐量随时间均呈现减少的趋势，其中 C2 处理在 0~20 cm、20~40 cm 与 40~60 cm 土层土壤含盐量降幅分别为 0.61 g/kg、0.44 g/kg 与 0.40 g/kg，C2 处理在 0~20 cm、20~40 cm 与 40~60 cm 土层土壤含盐量降幅分别为 1.65 g/kg、1.08 g/kg 与 0.29 g/kg；C1 处理仅 20~40 cm 土层土壤含盐量减少（降幅 0.30 g/kg），其余土层土壤含盐量增加（涨幅 0.31~0.64 g/kg）；C3 处理仅 40~60 cm 土层土壤含盐量增加（涨幅 0.32 g/kg），其余土层土壤含盐量减少（降幅 0.22~0.70 g/kg）。

棉花吐絮期阶段内，仅 C2 处理土壤含盐量持续降低，降幅在 0.07~0.17 g/kg。C1 与 C4 处理均表现为 0~60 cm 深度土壤含盐量增加（涨幅

0.11～0.55 g/kg)，这表明吐絮期减少灌水与施肥量会显著增加根际土壤含盐量。

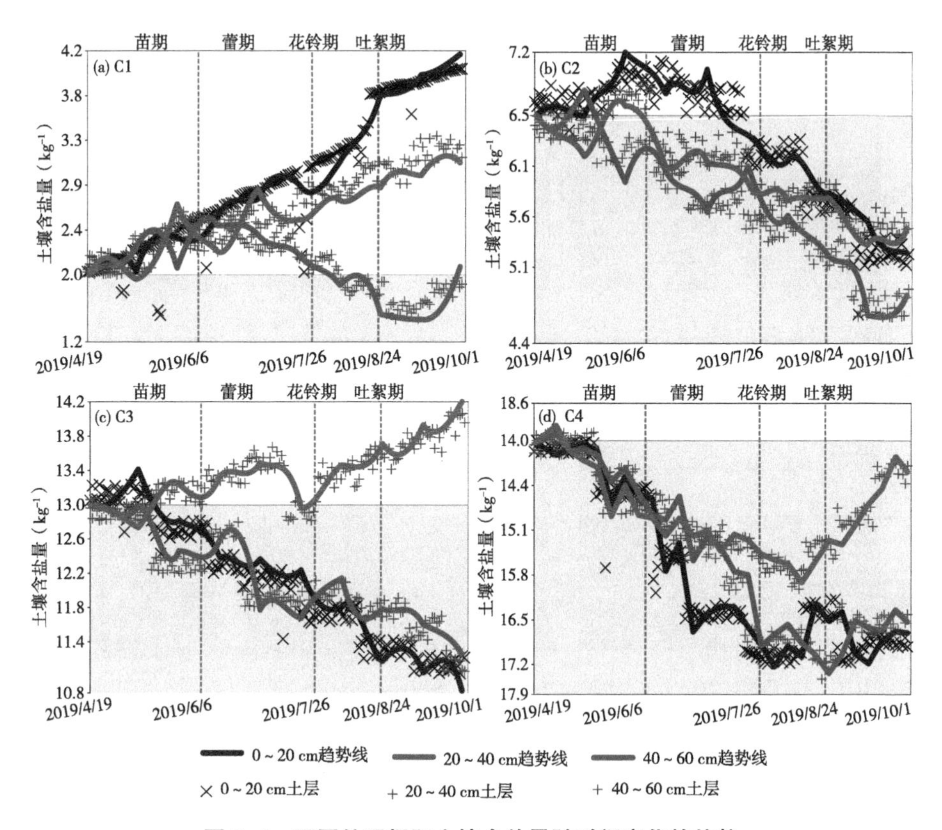

图 5-4　不同处理根际土壤含盐量随时间变化的趋势

不同盐渍化处理在棉花播种前（4 月 19 日）、进入蕾期（6 月 6 日）、进入花铃期（7 月 25 日）、进入吐絮期（8 月 24 日）以及秋耕时（10 月 1 日）的土壤含盐量空间分布规律见图 5-5。自播种至棉花蕾期阶段内，C1 与 C4 处理在表层（0～20 cm）膜间位置的土壤含盐量显著增加（涨幅 0.8～1.8 g/kg)，而 C2 处理在表层膜内两滴灌带中线位置土壤含盐量增加趋势大于膜间位置。

自棉花蕾期至花铃期阶段内，C1 处理土壤含盐量增加的位置分别在 0～40 cm 深度膜内滴灌带中线位置、40～60 cm 土层膜间与窄行间位置。C2 处理表层土壤含盐量由 6.7 g/kg 降低至 6.1 g/kg。C3 与 C4 处理膜内土壤含盐量与膜间位置之间的差异进一步增加，其中 C4 处理膜间位置土壤含盐量已达到盐土水平（>20 g/kg）。

自棉花吐絮期至秋耕时，各处理在 0~40 cm 深度土壤含盐量越靠近棉花窄行位置越低。C2、C3 与 C4 处理在 0~20 cm 土层土壤含盐量表现为窄行位置大于膜间与滴灌带间位置。

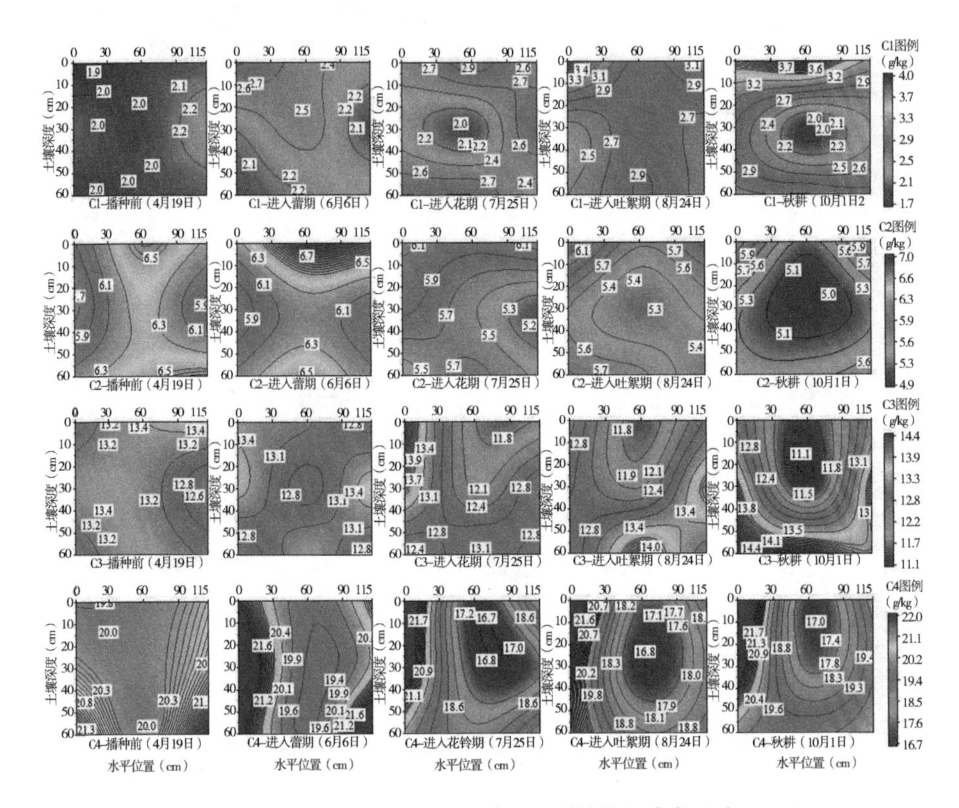

图 5-5　不同处理根际土壤含盐量的空间变化分布

各处理在棉花生育期内根际土壤脱盐率变化规律见表 5-1。C1、C2、C3 与 C4 处理土壤脱盐率最大值分别在 20~40 cm 土层棉花蕾期（22.7%）、0~20 cm 土层棉花蕾期（12.8%）、0~20 cm 土层棉花蕾期（10.3%）、0~20 cm 土层棉花蕾期（13.3%），最小值分别在 40~60 cm 土层棉花蕾期（-31.5%）、0~20 cm 土层棉花苗期（-4.8%）、40~60 cm 土层棉花花铃期（-7.5%）、40~60 cm 土层棉花吐絮期（-6.7%）。综上，根际土壤脱盐主要集中在棉花苗期，而积盐主要发生在棉花生育期后期。

各处理在棉花苗期灌水开始时的俯看视角见图 5-6。通过直观观察，我们发现除 C1 处理外，其余处理地表土壤均发生不同程度板结、板浆结块情况。C3 与 C4 处理膜间与滴灌带间土壤积盐严重，并且 C4 处理在灌溉开始时，棉花窄行间出现积水，这表明土壤盐渍化程度越高，灌溉时输入水源由表层向深层浸润的难度越大。此外，我们发现在中度盐渍化与重度盐渍化土壤条件下棉花可以存活，但生长发育均不同程度受到盐分抑制。

表 5-1　盐胁迫下根际土壤脱盐率变化趋势

处理	0~20cm 土层				20~40 cm 土层				40~60 cm 土层			
	苗期	蕾期	花铃期	吐絮期	苗期	蕾期	花铃期	吐絮期	苗期	蕾期	花铃期	吐絮期
C1	-27.0%b	-20.9%	-25.0%c	-6.4%b	-28.5%b	22.7%c	11.6%b	-6.8%a	-9.8%b	-31.5%c	-0.4%a	-8.3%a
C2	-4.8%a	12.8%	6.7%b	6.9%a	2.6%a	10.9%b	5.3%a	6.1%b	-1.0%a	11.5%b	2.7%a	2.9%a
C3	2.0%a	10.3%	2.0%ab	2.0%a	5.7%a	4.2%a	-0.2%a	7.6%b	0.2%a	1.9%a	-7.5%b	-2.2%a
C4	2.8%a	13.3%	-4.4%a	3.3%a	4.4%a	10.8%b	2.1%a	-4.4%a	3.9%a	3.8%a	-0.4%a	-6.7%a

注：土壤脱盐率,%。

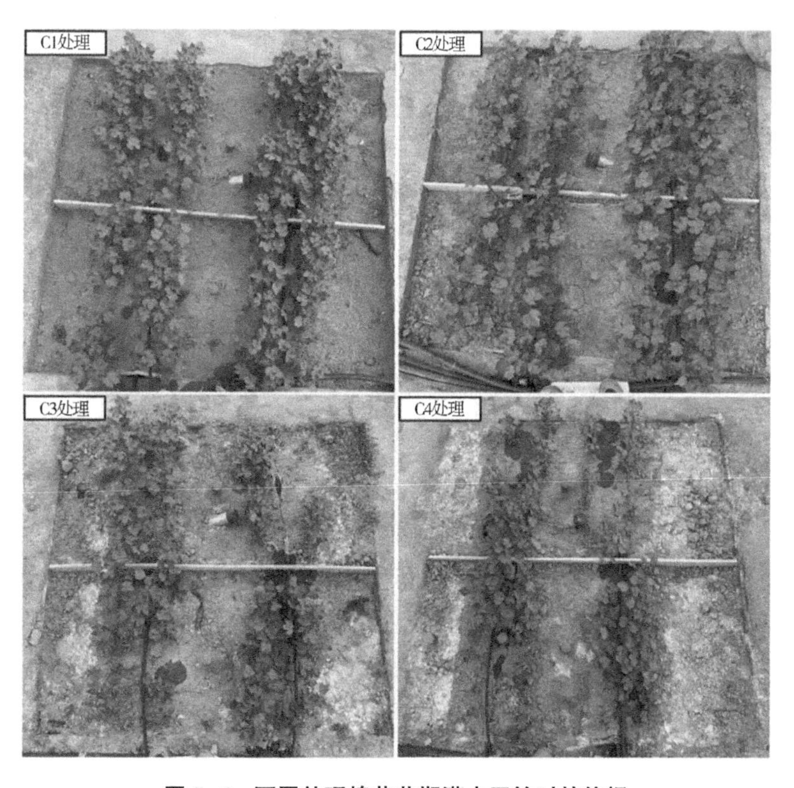

图 5-6　不同处理棉花苗期灌水开始时的俯视

5.1.3 根际土壤总氮含量的累积规律

各处理在棉花生育期内根际土壤总氮含量的变化规律见表 5-2。在 0~20 cm 土层，苗期各处理总氮含量差异小于 0.1 g/kg。进入蕾期后，C3 与 C4 处理土壤总氮含量显著大于 C1 与 C2 处理。进入花铃期后，C4 处理土壤总氮含量显著大于 C1、C2 与 C3 处理，为 1.826 g/kg，而在吐絮期后，各处理土壤总氮含量无显著差异；C1、C2、C3 与 C4 处理土壤总氮含量最大值分别在 20~40 cm 土层棉花花铃期（1.598 g/kg）、0~20 cm 土层棉花花铃期（1.523 g/kg）、0~20 cm 土层棉花花铃期（1.461 g/kg）、0~20 cm 土层棉花花铃期（1.826 g/kg）。综上所述，根际土壤总氮含量累积的最大值主要集中在棉花花铃期，棉花苗期总氮含量最低。

表 5-2　盐胁迫下棉花生育期根际土壤总氮含量变化趋势

处理	0~20cm 土层				20~40 cm 土层				40~60 cm 土层			
	苗期	蕾期	花铃期	吐絮期	苗期	蕾期	花铃期	吐絮期	苗期	蕾期	花铃期	吐絮期
C1	0.782a	0.903a	1.595a	1.383a	0.543a	0.856a	1.598b	1.444b	0.404a	0.680a	1.264a	1.136c
C2	0.844a	1.063a	1.523a	1.328a	0.640a	0.912a	1.228a	1.276b	0.544a	0.871a	0.991 ab	1.193b
C3	0.898a	1.367b	1.461a	1.247a	0.756a	1.354b	1.068a	1.160b	0.666a	1.231b	1.297b	1.160b
C4	0.881a	1.466b	1.826b	1.273a	0.731a	1.496b	0.867a	0.423a	0.644a	1.334b	0.661a	0.794a

棉花各生育期之间的根际土壤总氮含量累积趋势见表 5-3。C1 处理在 0~20 cm 土层土壤总氮含量累积量与累积率显著大于其他处理，其中土壤总氮含量累积量与累积率最大的阶段是棉花苗期至花铃期，最小的阶段在花铃期至吐絮期内，分别为-0.212 g/kg 和-13.3%，这表明 C1 处理在棉花花铃期至吐絮阶段 0~20 cm 土层土壤总氮含量总体呈现减少的趋势。C2、C3 与 C4 处理在 40~60 cm 土层土壤总氮含量累积量与累积率显著大于其余土层，分别为 0.649 g/kg 和 119.3%、0.631 g/kg 和 94.7%、0.690 g/kg 和 107.1%，其中 C2 与 C3 处理土壤总氮含量的累积主要发生在棉花苗期至吐絮期内，C4 处理土壤总氮含量的累积主要发生在棉花苗期至花铃期内。

表 5-3　棉花各生育期根际土壤总氮含量的累积趋势

生育期阶段	土层	0~20cm 土层				20~40 cm 土层				40~60 cm 土层			
	处理	C1	C2	C3	C4	C1	C2	C3	C4	C1	C2	C3	C4
苗期至蕾期	累积量	0.421	0.219	0.469	0.585	0.313	0.272	0.598	0.765	0.276	0.327	0.565	0.69
	累积率	87.3	25.9	52.2	66.4	57.6	42.5	79.1	104.7	68.3	60.1	84.8	107.1
苗期至花铃期	累积量	1.113	0.679	0.563	0.945	1.055	0.588	0.312	0.136	0.86	0.447	0.631	0.017
	累积率	230.9	80.5	62.7	107.3	194.3	91.9	41.3	18.6	212.9	82.2	94.7	2.6
苗期至吐絮期	累积量	0.901	0.484	0.349	0.392	0.901	0.636	0.404	-0.308	0.732	0.649	0.494	0.15
	累积率	186.9	57.3	38.9	44.5	165.9	99.4	53.4	-42.1	181.2	119.3	74.2	23.3
蕾期至花铃期	累积量	0.692	0.46	0.094	0.36	0.742	0.316	-0.286	-0.629	0.584	0.12	0.066	-0.673
	累积率	76.6	43.3	6.9	24.6	86.7	34.6	-21.1	-42.0	85.9	13.8	5.4	-50.4
蕾期至吐絮期	累积量	0.48	0.265	-0.12	-0.193	0.588	0.364	-0.194	-1.073	0.456	0.322	-0.071	-0.54
	累积率	53.2	24.9	-8.8	-13.2	68.7	39.9	-14.3	-71.7	67.1	37.0	-5.8	-40.5
花铃期至吐絮期	累积量	-0.212	-0.195	-0.214	-0.553	-0.154	0.048	0.092	-0.444	-0.128	0.202	-0.137	0.133
	累积率	-13.3	-12.8	-14.6	-30.3	-9.6	3.9	8.6	-51.2	-10.1	20.4	-10.6	20.1

注：累积率,%。

5.1.4　盐胁迫下根际土壤水盐与养分的交互效应

干旱区土壤盐分迁移主要受土壤温度、含水率的影响。由表 2-4 中显示的土壤颗粒分布可知，本试验 4 种不同处理地块的 0~100 cm 深度土壤均为砂质壤土，各处理土壤的理化性质具有较强的均一性，并且所有试验小区未设置施肥对照处理。因此，本研究忽略土壤质地等因素对水盐与养分迁移的影响，着重研究土壤水肥互作对盐分的影响机理（表 5-4）。

在 C1 与 C3 处理，土壤水分、盐分与养分之间的耦合模型决定系数分别在 0.421~0.568、0.161~0.525，并且均无显著相关关系（$P>0.05$）。说明在弱盐渍化（0~4.2 g/kg）、中度盐渍化（8.8~15.5 g/kg）土壤条件下，土壤水盐与养分三者之间的交互效应受外界环境的影响作用较大，三参数之间的密切相关程度较弱，回归模型描述的趋势并不能反映耦合效应。在 C2 与 C4 处理，土壤水分与盐分、土壤水分与养分之间无密切相关关系，并且 C2 处理的回归模型决定系数低于 C4 处理，这表明在轻度盐渍化（4.2~8.8 g/kg）与重度盐渍化（15.5~20.0 g/kg）土壤条件下，土壤水分与盐分、养分含量之间无显著的交互作用（$P>0.05$），在外界环境影响下的回归模型所描述的趋势并不能反映耦合效应。

表 5-4　盐胁迫下根际土壤水分与养分的回归分析

处理	交互方式	建模			回归均方误差	P 值
		回归模型	决定系数	标准误差		
C1	水分(x)-盐分(y)	$y=0.996x-0.061x^2-1.827$	0.568	0.656	0.751	0.215
	水分(x)-养分(y)	$y=0.713x-0.041x^2-2.471$	0.547	0.425	0.315	0.216
	养分(x)-盐分(y)	$y=0.998x+1.354x^2-0.958x^3+1.544$	0.502	0.689	0.586	0.344
	水分(x1)-盐分(y)-养分(x2)	$y=0.010x1+0.633x2+1.803$	0.421	0.692	0.619	0.310
C2	水分(x)-盐分(y)	$y=-0.612x+0.030x^2+10.016$	0.303	0.649	0.156	0.776
	水分(x)-养分(y)	$y=0.504x-0.024x^2-2.320$	0.347	0.353	0.063	0.688
	养分(x)-盐分(y)	$y=14.214x-17.494x^2+6.093x^3-2.977$	0.821	0.388	1.148	0.005
	水分(x1)-盐分(y)-养分(x2)	$y=-0.015x1-1.373x2+7.552$	0.789	0.401	1.588	0.003
C3	水分(x)-盐分(y)	$y=-0.187x+0.004x^2+14.524$	0.161	1.091	0.190	0.854
	水分(x)-养分(y)	$y=0.216x-0.004x^2-1.483$	0.525	0.321	0.235	0.145
	养分(x)-盐分(y)	$y=-11.221x+12.501x^2-4.779x^3+16.366$	0.454	1.029	1.008	0.449
	水分(x1)-盐分(y)-养分(x2)	$y=0.034x1-1.517x2+13.404$	0.495	0.961	1.795	0.186
C4	水分(x)-盐分(y)	$y=-1.234x+0.049x^2+28.374$	0.480	1.235	1.677	0.390
	水分(x)-养分(y)	y=exp^(0.364-12.083x)	0.458	0.478	0.790	0.086
	养分(x)-盐分(y)	$y=-1.790x+20.140$	0.660	0.973	9.505	0.007
	水分(x1)-盐分(y)-养分(x2)	$y=-0.031x1-1.666x2+20.735$	0.677	0.992	4.994	0.025

在 C2 与 C4 处理，土壤养分与盐分之间的回归模型决定系数分别为 0.821、0.662，并且二参数之间存在极其显著的交互效应（$P<0.01$），表明在轻度盐渍化（4.2~8.8 g/kg）与重度盐渍化（15.5~20.0 g/kg）土壤条件下，土壤养分与盐分的变化趋势相对稳定，而且参数之间的交互效应受外界环境的干扰较小，具有显著的耦合作用。C2 处理中土壤养分与盐分之间的互作呈现三次函数模型，即土壤盐分在养分的不断累积过程中存在 2 个峰值；而 C4 处理呈现线性负相关函数模型，即土壤盐分随养分的累积呈现逐渐减少的趋势。此外，当考虑土壤水分与养分对盐分的共同作用时，C2 与 C4 处理的耦合模型能够用统一的回归方程表示，但由于受初始盐渍化程度的影响，C2 处理中土

壤水分、养分与盐分之间的交互效应（$P=0.003$）显著大于 C4 处理（$P=0.025$）。总体上，三参数之间的变化趋势相对稳定，并且它们的交互效应受外界环境干扰的可能较小，耦合作用明显。

5.2　盐胁迫下棉花-根际土壤养分吸收与累积特征

5.2.1　棉花全生育期内氮素吸收与分配规律

表 5-5 总结了各处理棉花（根、茎、叶和果）总氮含量与干物质量的分布情况。设置不同盐渍化土壤对棉花总氮含量与干物质量分布的影响差异显著。3 个土层中的棉花根系相比茎、叶和果干物质量小 9~12 倍。棉花果与叶的干物质量含量较高，其中 C2 处理果的干物质量最高（$P<0.05$），但是与 C1 处理相比根，茎和叶部分干物质量并不显著。C3 与 C4 处理受土壤高含盐量的影响，在棉花吐絮期 40~60 cm 土层未收集到根系样本。

土壤含盐量对棉花总氮含量分布的影响差异显著。当土壤从弱盐渍化程度（C1）增加至轻度盐渍化程度（C2）时，除 0~20 cm 土层棉花根系样本外，其余棉花各器官总氮含量将略微升高。当土壤从轻度盐渍化程度（C2）增加至中度（C3）或重度盐渍化程度（C4）时，棉花各器官总氮含量将显著降低。土壤总氮含量与棉花茎，叶和果相比不在同一数量级（表 5-2）。总体而言，C2 处理地上部棉花的总氮含量高于其余 3 个处理。

表 5-5　盐胁迫下棉花吐絮期各器官总氮含量与干物质量

处理	0~20cm 根		20~40cm 根		40~60cm 根		茎		叶		果	
	TN	DMM	TN	DMM	TN	DMM	TN	DMM	TN	DMM	TN	DMM
C1	27.352b	10.1b	20.165b	11.8b	18.236a	7.6a	31.688b	120.7c	38.994b	88.1c	45.785b	100.7d
C2	24.612c	9.3b	22.474b	9.7b	20.486a	6.3a	32.573b	119.5c	40.815b	91.3c	49.483b	129.4c
C3	7.693a	8.2b	3.975a	7.4b	—	—	24.294a	89.4b	32.138a	54.6b	29.712a	63.8b
C4	6.786a	5.6a	3.471a	4.6a	—	—	26.899a	43.9a	29.057a	26.7a	18.943a	49.5a

注：TN，总氮含量，g/kg；DMM，干物质量，g/株。

不同处理下棉花吐絮期各器官与各土层^{15}N 丰度分布情况见表 5-6。C1、C2、C3、C4 处理根际土壤的^{15}N 丰度最大值均出现在 0~20 cm 土层，分别为

0.516%、0.484%、0.631%、0.669%，并且各处理根际土壤的^{15}N丰度差异不显著。C1与C3处理棉花根系的^{15}N丰度最大值均出现在20~40 cm土层，分别为0.514%、0.496%。而C2和C4处理棉花根系的^{15}N丰度最大值分别出现在40~60 cm与0~20 cm土层。C2处理棉花茎与果的^{15}N丰度大于其余3个处理，其中棉花果的^{15}N丰度与C3和C4处理差异显著。总体上，弱盐渍化土壤C1处理相比轻度盐渍化土壤C2处理，除40~60 cm根系、茎与果略小以外，棉花0~40 cm根系、叶的^{15}N丰度均大于轻度盐渍化处理。

表5-6　盐胁迫下棉花吐絮期各器官与根际土壤^{15}N丰度（%）分布情况

处理	0~20 cm土层		20~40 cm土层		40~60 cm土层		茎	叶	果
	土壤	棉花根	土壤	棉花根	土壤	棉花根			
C1	0.516a	0.483a	0.480a	0.514a	0.415a	0.448a	0.466a	0.542a	0.605b
C2	0.484a	0.474a	0.438a	0.496a	0.436a	0.522b	0.537a	0.526a	0.645b
C3	0.631a	0.469a	0.502a	0.516a	0.441a	—	0.469a	0.449b	0.426a
C4	0.669a	0.494a	0.461a	0.438b	0.412a	—	0.516a	0.507a	0.465a

不同处理下棉花吐絮期各器官肥料氮的百分率（Ndff）分布情况见表5-7。Ndff通常被理解作物吸收的氮素来源于^{15}N标记肥料中的比例，或者理解为作物各器官从肥料中吸收分配到的^{15}N标记肥料的量对该器官总氮含量的贡献率，通过分辨^{15}N的去向，从而反映作物各器官对^{15}N标记肥料的吸收征调能力。各处理在0~20 cm土层棉花根系的Ndff无显著差异，介于2.151~2.675，而在20~40 cm土层重度盐渍化（C4）处理棉花根系的Ndff显著小于其余3个处理。土壤弱盐渍化（C1）处理棉花叶、果与轻度盐渍化（C2）处理相差较小，分别为0.336%和0.838%，而棉花果与轻度盐渍化处理Ndff相差1.493%，这表明当土壤从弱盐渍化程度增加至轻度盐渍化程度，棉花茎与果对氮素的吸收征调能力将增强，而叶片的氮素吸收能力将略微减弱。

表5-7　盐胁迫下棉花吐絮期各器官Ndff分布情况

处理	0~20 cm 棉花根	20~40 cm 棉花根	40~60 cm 棉花根	茎	叶	果
C1	2.445a	3.094a	1.711a	2.089a	3.681a	5.000b
C2	2.256a	2.717a	3.262b	3.576b	3.345a	5.838a

（续表）

处理	0~20 cm 棉花根	20~40 cm 棉花根	40~60 cm 棉花根	茎	叶	果
C3	2.151a	3.099a	/	2.151a	1.732b	1.251d
C4	2.675a	1.502b	/	3.136b	2.947ab	2.068c

C3 处理的地上部棉花 Ndff 显著小于其余 3 个处理，说明在中度盐渍化条件下种植棉花，棉花茎、叶与果直接吸收征调氮素的能力较强，或者说明了肥料对中度盐渍化条件下的棉花直接贡献率最小。

不同处理下棉花吐絮期各器官^{15}N 吸收量与分配率见表 5-8。C1、C2、C3、C4 处理在棉花各器官^{15}N 吸收量最大值分别为 230.54 mg/株、373.83 mg/株、46.73 mg/株、37.03 mg/株，并且各自占棉花^{15}N 总吸收量的 50.85%、57.25%、46.73%、37.03%。其中 C1 与 C2 处理^{15}N 的吸收集中在棉花果，C3 与 C4 处理集中在棉花茎，这表明当土壤含盐量小于 8.8 g/kg 时，棉花直接从肥料中吸收的氮素主要分配的去向为果；当土壤含盐量大于 8.8 g/kg，即为中度盐渍化土壤或更高程度时，棉花直接从肥料中吸收的氮素主要分配的去向为茎，通过棉花茎进一步向叶和果转运的氮素含量受到来自土壤盐渍化的限制。

各处理棉花根系在 0~60 cm 深度土壤中的^{15}N 分配率均不超过 1.7%，其中弱盐渍化（C1）土壤在 20~40 cm 土层棉花根系的^{15}N 吸收量最大，为 7.36 mg/株，略大于轻度盐渍化（C1）土壤。在实际棉花根系的筛检过程中普遍存在不同程度的遗漏误差，因此棉花各层根系的^{15}N 吸收量与分配率略小于实际数值。

表 5-8　盐胁迫下棉花吐絮期各器官^{15}N 吸收与分配情况

处理	0~20 cm 根		20~40 cm 根		40~60 cm 根		茎		叶		果	
	吸收量	分配率	吸收量	分配率	吸收量	分配率	吸收量	分配率	吸收量	分配率	吸收量	分配率
C1	6.75a	1.49b	7.36a	1.62b	2.37b	0.52a	79.88b	17.62a	126.44a	27.89a	230.54b	50.85a
C2	5.16a	0.79a	5.92a	0.91a	4.21a	0.65a	139.19a	21.32a	124.66a	19.09b	373.83a	57.25a
C3	1.36b	1.32b	0.91b	0.88a	/	/	46.73c	45.32b	30.40b	29.49a	23.71c	22.99b
C4	1.02b	1.26b	0.24b	0.30a	/	/	37.03c	45.98b	22.87b	28.39a	19.39c	24.07b

注：吸收量，mg/株，分配率,%。

5.2.2 基于^{15}N示踪法的棉花氮素利用效率

表5-9为土壤盐渍化对棉花^{15}N肥料中氮素利用效率的影响，通过^{15}N示踪法计算得到的氮素利用效率仅考虑来源于肥料氮的利用效率，不考虑棉花吸收土壤中矿质氮的比例，因此，相比传统氮素利用效率计算方法结果更为精确。C1、C2、C3、C4处理中棉花氮素利用效率分别为33.188%、47.802%、7.547%、5.896%。C1与C2处理中棉花果的氮素利用效率最高，分别占16.887%和27.367%，其次是棉花叶与茎，分别占9.256%和10.190%，而棉花根系的氮素利用效率均不到0.6%，这表明当土壤含盐量小于8.8 g/kg时，棉花氮素利用效率主要集中于果，而当土壤含盐量大于8.8 g/kg时棉花茎的氮素利用效率最高。

表5-9 盐胁迫下棉花吐絮期各器官的氮素利用效率 单位：%

处理	0~20 cm 棉花根	20~40 cm 棉花根	40~60 cm 棉花根	茎	叶	果	合计
C1	0.494a	0.539a	0.174a	5.848a	9.256a	16.877a	33.188
C2	0.378a	0.434a	0.308b	10.190b	9.126a	27.367b	47.802
C3	0.099b	0.067b	/	3.421a	2.225b	1.735c	7.547
C4	0.074b	0.018b	/	2.711a	1.674b	1.419c	5.896

5.2.3 根际土壤中来源于^{15}N肥料的氮素累积与损失规律

不同处理下棉花吐絮期根际土壤中^{15}N累积量、累积率与损失率见表5-10。C1、C2、C3、C4处理土壤中^{15}N累积量主要分布在0~20 cm土层，分别为1.501 mg/cm^2、1.127 mg/cm^2、2.430 mg/cm^2、3.474 mg/cm^2，各自的累积率分别为28.598%、21.470%、46.319%、66.202%。这表明当土壤含盐量大于4.2 g/kg时，土壤盐渍化程度越高，浅层土壤中氮素累积的风险越大。各处理在40~60 cm土层土壤^{15}N累积量最低，其中C4处理^{15}N累积量仅为0.190 mg/cm^2，累积率为3.618%，其次是C1处理，为0.387 mg/cm^2。

C1、C2、C3、C4处理在0~60 cm深度土壤中^{15}N总累积率分别为57.773%、40.289%、75.281%、79.653%，总损失率分别为9.079%、11.909%、17.172%、14.451%。总体上，肥料在土壤中的累积比例均超过

40%，损失率在 9%以上，并且主要集中在中度盐渍化（C3）与重度盐渍化（C4）处理。

表 5-10　各处理棉花吐絮期根际土壤中^{15}N累积量与损失比例

处理	0~20 cm 土层		20~40 cm 土层		40~60 cm 土层		*Total Soil* N_S	*Soil* N_{loss}
	N_S	*Soil* N_S	N_S	*Soil* N_S	N_S	*Soil* N_S		
C1	1. 501a	28. 598a	1. 142a	21. 762a	0. 387a	7. 373a	57. 733ab	9. 079a
C2	1. 127a	21. 470a	0. 553b	10. 546b	0. 434ab	8. 273ab	40. 289a	11. 909a
C3	2. 430b	46. 319b	0. 911a	17. 358a	0. 609b	11. 604b	75. 281b	17. 172b
C4	3. 474c	66. 202c	0. 516b	9. 834b	0. 190a	3. 618a	79. 653b	14. 451ab

5.2.4　根际土壤中来源于^{15}N肥料的转运规律

不同土层的棉花茎、叶、果实和根系对氮的吸收有两种来源。一种是直接来自土壤中的矿物氮，另一种是来自氮肥。在本研究中，我们通过使用^{15}N同位素示踪技术，可以很好地区分棉花根、茎、叶和果各部分中的氮素吸收是来自于土壤中的矿物质氮或是来自于肥料。肥料通过棉花根系吸收进入各个器官可以概况为 2 个转运过程，一是肥料进入各土壤层，在这期间肥料的损失伴随着 2 种途径，即氨气分子的挥发、氮素的深层渗漏；二是各土壤层中的棉花根系吸收肥料中的养分，随后转运至棉花茎组织，并集中分配给其他组织，例如棉花果和叶部分。

通过前文（5. 2. 1、5. 2. 2、5. 2. 3）中描述的结论，我们可以理解棉花各器官吸收的肥料氮所占的比例、棉花各器官氮素分配与吸收的比例、棉花各器官的氮素利用效率以及土壤中肥料的累积规律，但是这些规律均跳过了肥料氮首先进入土壤这一重要转运过程，而是直接考虑肥料与棉花各器官的直接转运过程。本节基于上述考虑，主要探讨肥料进入各土壤层的比例（转运过程 1）、以及各土壤层中肥料氮向棉花各器官分配的比例以及去向（转运过程 2），从而阐明根际土壤中肥料氮的转运规律。

根际土壤中肥料氮向棉花各器官的转运过程见图 5-7，其中红色箭头表示转运过程 1，绿色箭头表示转运过程 2。转运过程 1 主要发生的时间是灌水开始直至灌后 1~2 d，这期间肥料氮进入各土壤层并按照一定的比例进行分配。

在灌水 1~2 d 后，转运过程 1 停止，各土壤层中仅存在转运过程 2，此时假设忽略灌水开始至灌后 2 d 内棉花对肥料氮的吸收比例，忽略氮淋失的比例（干旱地区），那么转运过程 1 结束时各土壤层中肥料氮的新增比例、转运过程 2 结束时土壤中肥料氮的残留比例（表 5-10），二者差值即为各土壤层肥料氮的吸收比例。

为使该假设成立，我们将转运过程 1 设置为棉花苗期首次灌水（2019 年 4 月 21 日），此时棉花地下部无生物量，即可根据各土壤层灌前与灌后 2 d 土壤总氮含量、各土壤层肥料氮残余比例，计算得出各土壤层中肥料氮被棉花吸收比例。进一步的，根据棉花各器官的肥料氮利用比例（表 5-9），计算得到各土壤层中肥料氮进入棉花茎、叶、果的比例。

在转运过程 1 中，肥料氮进入各土壤层后通过氮气或深层渗漏产生的总损失比例见表 5-10，由于我们未收集到深度超过 60 cm 土层中的棉花根系，因此土壤中氮素累积仅考虑 0~60 cm 深度。

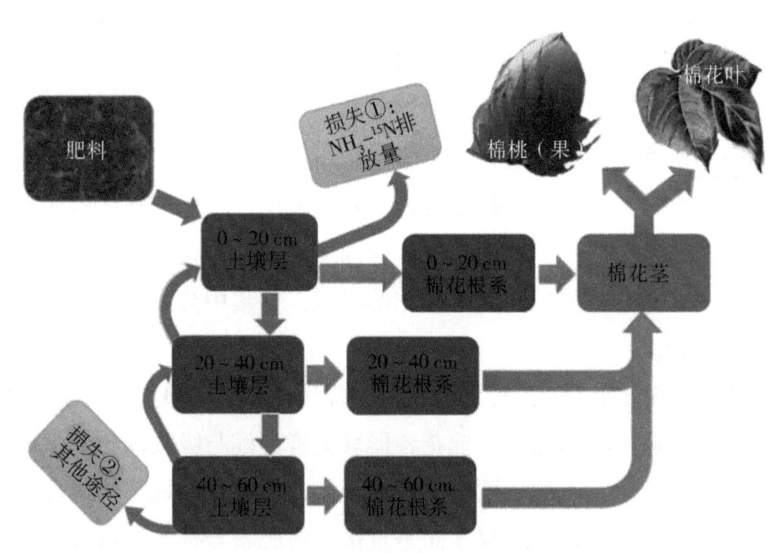

图 5-7　根际土壤中养分向棉花各器官的转运规律示意

不同处理下根际土壤向棉花各器官转运的结果见表 5-11。C1 与 C2 处理在 0~20 cm 土层中肥料氮被棉花吸收的比例最大，分别为 16.86%和 19.01%。C3 和 C4 处理在 20~40 cm 土层中肥料氮被棉花吸收的比例最大，但均显著小于 C1 与 C2 处理；C1 处理在各土壤层中棉花各器官吸收肥料氮的比例呈现果>叶>茎>根的趋势，而 C2 处理则呈现果>茎>叶>根的趋势。在 C2 处理中，

0~20 cm、20~40 cm、40~60 cm 土层中肥料氮向棉花果分配的比例分别为 10. 92%、10. 31%、6. 14%，显著高于其余 3 个处理，这表明轻度盐渍化土壤下棉花果的氮素利用效率高于弱盐渍化土壤，并且主要集中在 0~40 cm 深度土壤中。

表 5-11　盐胁迫下根际土壤向棉花各器官转运氮素的比例　　单位:%

处理	0~20cm					20~40cm					40~60cm				
	总计	根	茎	叶	果	总计	根	茎	叶	果	总计	根	茎	叶	果
C1	16. 86	0. 49	2. 99	4. 74	8. 64	6. 65	0. 54	1. 12	1. 77	3. 26	9. 68	0. 17	1. 74	2. 75	5. 01
C2	19. 01	0. 38	4. 07	3. 64	10. 92	18. 02	0. 43	3. 84	3. 44	10. 31	10. 77	0. 31	2. 29	2. 05	6. 14
C3	2. 99	0. 10	1. 34	0. 87	0. 68	4. 56	0. 08	2. 08	1. 35	1. 06	0	0	0	0	0
C4	0. 83	0. 07	0. 36	0. 22	0. 19	5. 06	0. 02	2. 36	1. 46	1. 23	0	0	0	0	0

注：P1、P2 与 P3 分别表示 0~20 cm，20~40 cm，40~60 cm 土壤中^{15}N 肥料被棉花各器官吸收的比例,%。

5. 3　盐胁迫下棉花根际土壤水肥协同机制

棉花生育期内灌水与施肥是控制土壤含盐量增长的重要措施，在特定时期不合理的灌水量或施肥量会起到促进盐分增加的作用。因此，我们可以理解为在一个灌水周期内土壤含盐量降低，则存在水肥协同，反正则不存在水肥协同机制。

不同处理下棉花 11 次灌水施肥期间根际土壤含盐量变化情况见表 5-12，自棉花播种（4 月 20 日）至最后一次灌水（8 月 28 日），C2 与 C4 处理在 0~20 cm、20~40 cm、40~60 cm 土层中土壤含盐量均呈现降低趋势，其中 C2 处理在 20~40 cm 土层土壤含盐量降低了 1. 21 g/kg，C4 处理在 20~40 cm 土层含盐量降低了 3. 05 g/kg。C1 处理 0~20 cm 与 40~60 cm 土层土壤含盐量分别增加 1. 86 g/kg、1. 07 g/kg，仅 20~40 cm 土层土壤含盐量降低了 0. 41 g/kg。C3 处理中土壤含盐量增加的趋势发生在 40~60 cm 土层，为 0. 68 g/kg。上述结果表明，合理的灌水与施肥措施能够有效控制不同程度盐渍化土壤的含盐量，并且水肥协同主要发生在 20~40 cm 土层。

表 5-12　棉花生育期灌水期间土壤含盐量的变化情况

生育期:			初始		苗期				蕾期			花铃期		吐絮期
灌水日期 (月/日)			4/20	4/21	5/20	6/1	6/13	6/22	7/1	7/10	7/19	7/31	8/14	8/28
灌水量 (m^3/hm^2)			/	375	375	375	450	450	450	450	450	375	375	375
施尿素 (kg/hm^2)			/	30	30	15	60	60	75	60	60	60	30	15
土壤含盐量 (g/kg)	C1	0~20 cm	1.98	2.00	1.59	2.45	2.57	2.68	2.80	2.89	3.00	3.11	3.30	3.84
		20~40 cm	1.98	2.14	2.32	2.52	2.43	2.57	2.36	2.34	2.23	2.14	1.79	1.57
		40~60 cm	2.00	2.14	2.29	2.29	2.39	2.39	2.61	2.55	2.50	2.77	2.86	3.07
	C2	0~20 cm	6.62	6.71	6.76	6.94	6.99	6.78	6.67	6.60	6.53	6.14	6.19	5.71
		20~40 cm	6.42	6.30	6.10	6.12	5.91	5.98	5.66	5.69	5.62	5.48	5.55	5.21
		40~60 cm	6.51	6.44	6.78	6.58	6.07	6.30	6.28	6.12	6.12	5.71	5.78	5.85
	C3	0~20 cm	13.38	13.41	12.68	12.93	12.52	12.47	12.34	12.34	12.38	11.86	11.99	11.38
		20~40 cm	13.29	13.34	12.61	12.56	13.02	12.93	12.11	12.20	12.04	12.15	12.11	11.93
		40~60 cm	13.41	13.32	13.36	13.52	13.68	13.77	13.98	14.04	13.38	13.61	13.59	14.09
	C4	0~20 cm	18.05	18.53	18.23	19.39	18.48	18.48	17.48	17.62	17.46	16.94	16.94	17.53
		20~40 cm	19.83	19.76	19.69	19.69	19.35	18.39	18.55	18.55	18.01	17.12	17.30	16.78
		40~60 cm	19.41	19.84	19.37	19.10	18.89	18.69	18.67	18.89	18.69	18.17	18.19	18.37
土壤含盐量变化值 (g/kg)	C1	0~20 cm	/	0.02	-0.41	0.87	0.11	0.11	0.11	0.09	0.11	0.11	0.18	0.55
		20~40 cm	/	0.16	0.18	0.20	-0.09	0.14	-0.20	-0.02	-0.11	-0.09	-0.34	-0.23
		40~60 cm	/	0.14	0.16	0.01	0.09	0.01	0.23	-0.07	-0.05	0.27	0.09	0.20
	C2	0~20 cm	/	0.09	0.05	0.18	0.05	-0.20	-0.11	-0.07	-0.07	-0.39	0.05	-0.48
		20~40 cm	/	-0.11	-0.20	0.02	-0.20	0.07	-0.32	0.02	-0.07	-0.14	0.07	-0.34
		40~60 cm	/	-0.07	0.34	-0.20	-0.50	0.23	-0.02	-0.16	0.01	-0.41	0.07	0.07
	C3	0~20 cm	/	0.02	-0.73	0.25	-0.41	-0.05	-0.14	0.00	0.05	-0.52	0.14	-0.61
		20~40 cm	/	0.05	-0.73	-0.05	0.46	-0.09	-0.82	0.09	-0.16	0.11	-0.05	-0.18
		40~60 cm	/	-0.09	0.05	0.16	0.16	0.09	0.20	0.07	-0.66	0.23	-0.02	0.50
	C4	0~20 cm	/	0.48	-0.30	1.16	-0.91	0.01	-1.00	0.14	-0.16	-0.52	0.01	0.59
		20~40 cm	/	-0.07	-0.07	0.01	-0.34	-0.96	0.16	0.01	-0.55	-0.89	0.18	-0.52
		40~60 cm	/	0.43	-0.47	-0.27	-0.20	-0.20	-0.02	0.23	-0.20	-0.52	0.02	0.18

（续表）

	生育期：	初始	苗期			蕾期					花铃期		吐絮期
方差分析	土层（df 1）	/	0.03*	0.15	0.02*	0.04*	0.26	0.03*	0.01*	0.001**	0.34	0.11	0.001**
	C1 至 C4（df 2）	/	0.96	0.02*	0.03*	0.16	0.23	0.01*	0.13	0.60	0.08	0.36	0.001**
	df 1× df 2	/	0.53	0.04*	0.01*	0.08	1.21	0.06	0.30	0.001**	0.21	0.09	0.001**

各次灌水间隔期内 C1、C2、C3、C4 处理土壤含盐量波动的最大值分别为 0.87 g/kg、-0.50 g/kg、-0.82 g/kg、-1.00 g/kg，其中 C1 处理土壤含盐量波动最大值出现在苗期第 3 次灌水（6 月 1 日）的 0~20 cm 土层中，C2 处理出现在蕾期第 1 次灌水（6 月 13 日）的 40~60 cm 土层中，C3 与 C4 处理均出现在蕾期第 3 次灌水（7 月 1 日）的 0~20 cm 以及 20~40 cm 土层中。这表明棉花生育期内土壤含盐量受水肥协同影响而产生波动最大的时期是 6—7 月，此时棉花灌水处于整个生育期内最短的周期（10 d），并且灌水量与施氮量亦处于 11 次灌水中的峰值阶段。此外，在棉花蕾期第 5 次灌水（7 月 19 日）以及吐絮期灌水（8 月 28 日），各处理在不同土壤层之间的含盐量变化值差异显著（$P<0.01$），这表明在棉花生育期中后段各土层土壤含盐量变化表现为非一致性，并且主要发生在施肥量减少之后的 1~2 次灌水后。

各次灌水间隔期内土壤水肥协同出现的概率见图 5-8，假如在一次灌水周期内，C1、C2、C3、C4 处理在 0~20 cm、20~40 cm、40~60 cm 土层含盐量均降低，则出现水肥协同的概率记为 100%。其中 C1 在处理 0~20 cm 与 40~60 cm 土层灌水与施肥协同下土壤含盐量出现降低的概率最低，均低于 20%，C3 处理在 40~60 cm 土层水肥协同的概率仅为 27%，其余各处理在 0~60 cm 深度土壤水肥协同的概率均超过 50%。这表明弱盐渍化土壤含盐量增加的分析高于轻度、中度与重度盐渍化土壤。

我们发现在棉花蕾期第 5 次灌水（7 月 19 日）后，灌水与施肥协同下土壤含盐量出现降低的概率最高，为 75%（图 5-9），其次是蕾期第 3 次灌水（7 月 1 日）与花铃期第 1 此灌水（7 月 31 日）后，概率均为 66.7%，而棉花苗期第 3 次灌水水肥协同出现的概率最低，仅为 25%。上述结果表明，在现有灌水定额的基础上，棉花苗期中后阶段适当增加灌水量约 125 m^3/hm^2，蕾期中后段适当减少灌水量 125 m^3/hm^2、施氮量（尿素）约 15 kg/hm^2，将有助于增加棉花水肥协同出现的概率，即控制土壤含盐量的增加。

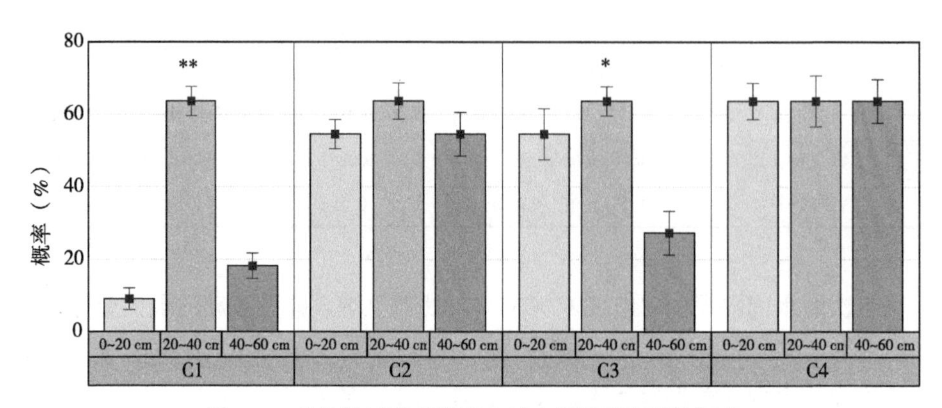

图 5-8　盐胁迫下棉花根际土壤水肥协同出现的概率

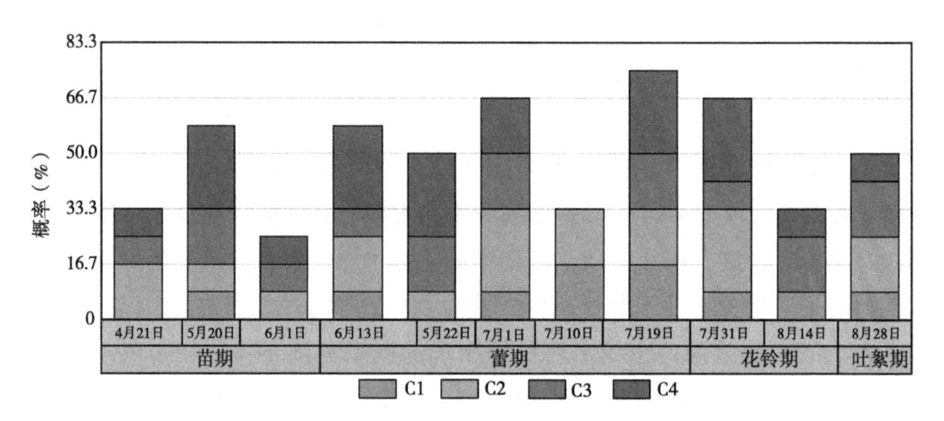

图 5-9　棉花灌水间隔期内各处理水肥协同出现的概率

5.4　盐胁迫对棉花生长的影响

5.4.1　盐胁迫下棉花根系分布特征

不同处理下棉花花铃期 0~40 cm 深度根系分布见图 5-10、图 5-11，扫描视角与棉花主茎的角度为 55°~60°。棉花属于直根系植物，根系分布广且深，主要由主根、侧根、毛根组成，主根一般生长至 10 cm 产生侧根，因此，CI-600 电子窥镜仅能扫描到侧根与毛根。C1 处理的棉花侧根长度大于其余 3 个处理，主要分布在 20~40 cm 土层，包括水平、侧向垂直 3 种生长方向，但毛根分布面积显著低于 C2 处理。C2 处理的棉花侧根主要以垂直方向生长为主，

10~20 cm 土层毛根主要呈侧向或近乎水平方向生长，而 20~40 cm 土层毛根较为均匀的呈侧向生长。C3 处理棉花毛根较少，主要以侧根为主，但是侧根呈现白色或深黄色弯曲状，这表明中度盐渍化（8. 8~15. 5 g/kg）土壤中棉花侧根进一步分生出毛根的能力收到限制，并且由于盐渍化土壤传递至侧根的病害，导致棉花根系大概率存在枯黄萎病。C4 处理在 0~40 cm 深度土壤中根系生物量较少，部分侧根发生断开，侧根主要存在于 10~20 cm 土层。

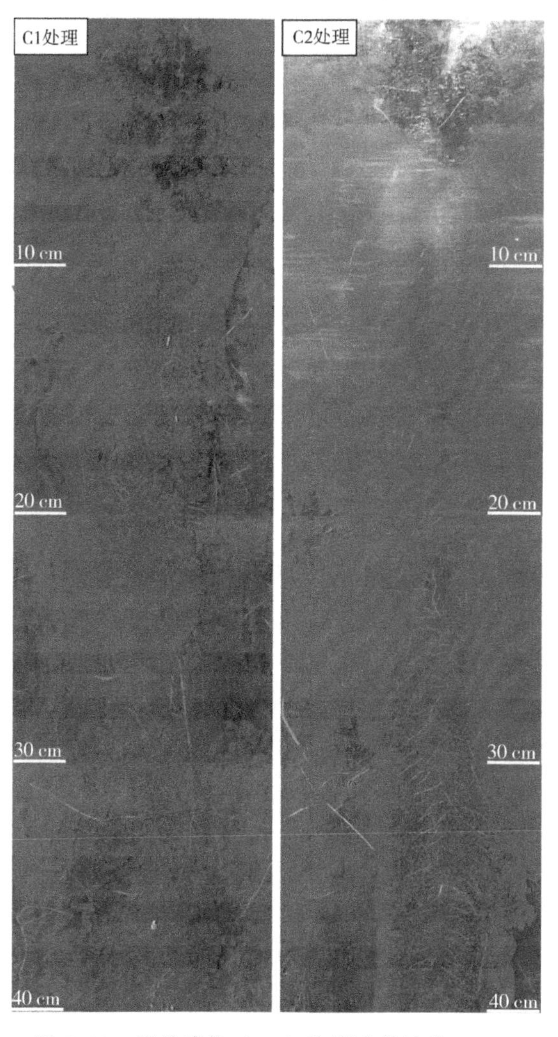

图 5-10　弱盐渍化（C1）和轻度盐渍化（C2）处理棉花根系分布

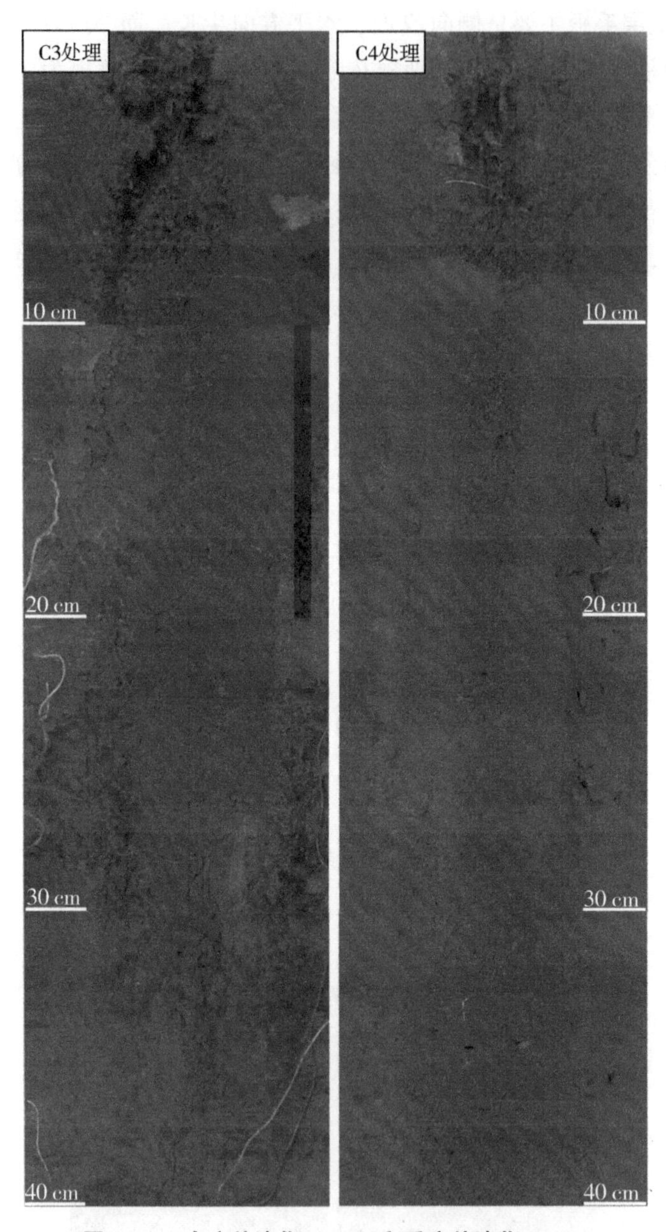

图 5-11　中度盐渍化（C3）和重度盐渍化（C4）处理棉花根系分布

5.4.2　盐胁迫下棉花地上部生物量

不同处理下棉花地上部生长指标见表 5-13，包括棉花出苗率、存活率、株高、叶面积指数、叶绿素、籽棉产量与皮棉产量。棉花在出苗阶段，C1、C2、C3 和 C4 处理的出苗率分别为 75. 5%、71. 8%、48. 6%和 36. 4%，存活率分别为 75. 5%、71. 0%、40. 2%和 33. 4%。在棉花吐絮阶段，C1 处理的株高、叶绿素含量显著高于其余 3 个处理，而 C2 处理的叶面积指数、籽棉、皮棉产量最高。上述结果表明当土壤盐分从 2. 0 g/kg 增长至 8. 8 g/kg 左右时，棉花除株高和叶绿素含量略微受到抑制外，叶面积指数与产量将出现增涨，但是涨幅并不显著（$P>0.05$）。

表 5-13　盐胁迫下棉花地上部生物量指标

处理	出苗率	存活率	株高	叶面积指数	叶绿素	籽棉产量	皮棉产量
C1	75. 5±6. 2a	75. 5±5. 9a	133. 6±8. 9a	7. 6±0. 9a	55. 3±8. 4a	5 997. 0±48. 2ab	2 518. 7±39. 6ab
C2	71. 8±13. 4a	71. 0±12. 6a	132. 3±43. 6a	8. 2±1. 3a	50. 2±5. 3a	6 296. 9±96. 3a	2 896. 6±96. 4a
C3	48. 6±11. 0b	40. 2±10. 4b	88. 4±41. 92b	4. 3±0. 6b	42. 1±6. 8ab	4 497. 8±42. 6b	1 619. 2±38. 6b
C4	36. 4±13. 3b	33. 4±13. 9b	54. 7±13. 8c	3. 7±0. 4b	40. 3±4. 2b	2 998. 5±69. 3c	1 139. 4±23. 7b

5.4.3　盐胁迫对棉花生长进程的影响

根区土壤盐分不同导致棉花各生育期的天数产生显著差异（图 5-12）。棉花生育期天数呈现 C2>C1>C3>C4 的趋势。各处理棉花生育期天数差异首先在苗期（S），C1 与 C2 一致，而 C3 和 C4 处理进入初蕾期（B^i）的天数分别缩短 5 d 和 11 d。各处理棉花生育期天数最大差异出现于盛絮期，C2 与 C4 处理相差 20 d，整个生育期天数相差 40 d。总体上，当土壤含盐量大于 6. 5～15. 5 g/kg 某一临界值时，棉花生育期天数将会从 150 d 减少至 110 d，并且主要集中于蕾期和吐絮期。

5. 5　讨论

5.5.1　不同盐渍化土壤对棉花产量、生物量和氮素吸收的影响

在干旱盐碱地区，棉花是公认相对耐盐的农作物（Maas，1977）。Zhang

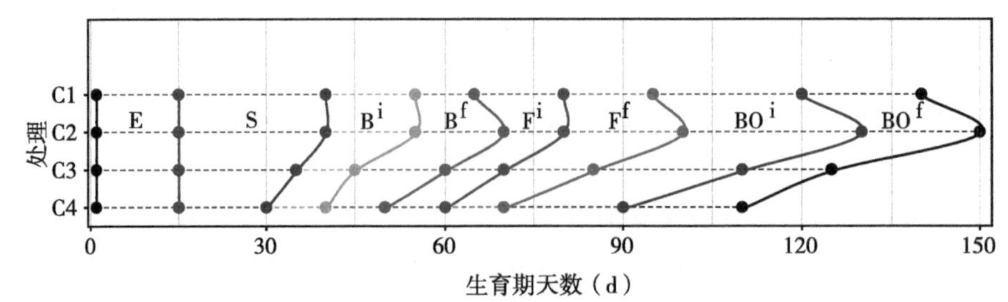

E: 出苗期，S: 苗期，B^i:初蕾期，B^f:盛蕾期，F^i:初花期，
F^f:盛花期，BO^i: 初絮期，BO^f:盛絮期。

图 5-12　中度盐渍化（C3）和重度盐渍化（C4）处理棉花根系分布

等（2011）研究表明，棉花种子能在电导率 9.0 g/kg 以下土壤中正常萌发，在中度盐渍土壤中（9.0~17.9 g/kg）仍可以正常生长。这个结果与 Akhtar 等（2010）的结果相似，该结果表明棉花种子萌发受影响的临界值为 17.9 g/kg。以上结果符合本研究观测的棉花出苗情况，其中 C4 处理（土壤初始含盐量约为 17.9 g/kg）出苗率为 36%，仅为 C1 和 C2 处理出苗率的 50%左右。Qayyum 和 Malik 的研究表明，轻度盐渍土壤（4.2~8.8 g/kg）相比正常土壤（0~4.2 g/kg）籽棉产量低 41%。这个结果与本研究结果相反，轻度盐渍土壤（4.2~8.8 kg）相比弱盐渍化土壤（0~4.2 g/kg）籽棉产量高 5%。产生这个结果的第一个原因是：我们将野外原状土运送至研究区的水泥试验侧坑内，改变了土壤的地下部环境。当地下水位由 2~3 m 变为 7~10 m 时，耕作层土壤受到地下水携带盐分补给的影响将大幅减弱。第二个原因是：棉花育种工作者在标记始终考虑其耐盐亲本基因型。因此，本研究所观察到的 C2 产量高于 C1 处理可以归因于地下水位和棉花的耐盐亲本基因型。Dong 等（2012）证实，当土壤含盐量大于 8.8 g/kg 时，棉花的单株干重降低了 75%。这个结果与本研究观测较为接近。中度盐渍土壤（8.8~15.5 g/kg）相比轻度盐渍土壤（4.2~8.8 g/kg）单株干重降低了 60 %。Pessarakli 和 Tucker（1985）研究表明，中度盐胁迫下（8.8~15.5 g/kg）棉花氮素吸收量仅为弱盐渍化土壤（0~4.2 g/kg）的 50%~70%，并且氮素吸收的趋势与干物质量高度相关（2005）。这些结果与本研究结果相吻合，中度盐渍土壤（8.8~15.5 g/kg）氮素吸收量仅为弱盐渍化土壤（0~4.2 g/kg）的 65.5%，干物质量降低了 61.6%。

试验中发现，中度与重度盐渍土壤（C3、C4）在 40~60 cm 土层未收集到棉花根系样品（表 5-5），而 C1 和 C2 处理则存在。这一现象不能排除 40~

60 cm 土层土壤盐分在花铃期迅速增加而造成的。另一个可能的解释是棉花花铃期结束灌水对根系生长产生了干扰。由此推测，若保证充足的灌溉水，棉花根系可以在中度盐渍土壤的 40~60 cm 土层生长。然而实践中若延缓果实的发育，吐絮期将被延长至霜期，造成严重的后果。

5.5.2　不同盐渍化土壤对棉花氮素利用效率的影响

干旱盐碱地区适量施氮对植物生长有积极的调节作用。前期研究表明，干旱环境下适量施氮能缓解棉花根系的盐胁迫（Jampeetong，2009；Gorai，2010），从而提高棉花根系吸收水分的能力（Lv，2007；Karlberg，2004）。Hou 等（2009）研究发现土壤盐分对棉花^{15}N 肥料利用效率有显著影响。当土壤盐分为 6.3 g/kg 时，^{15}N 肥料利用效率的平均值为 42.4%，显著高于土壤盐分为弱盐渍化与中度盐渍化处理（分别为 37.9%、35.5%），并且棉花^{15}N 肥料利用效率介于 28%~49%。这些结果与 Rochester（1994）的调查结果一致。Torbert 和 Reeves（1994）、Karlen 等（1996）在美国东南部进行的棉花^{15}N 利用效率试验结果表明，棉花^{15}N 肥料的总利用效率在 25%~35%，精度范围在 Hou 等的基础上进一步缩小。Fritschi（2004）等在加利福尼亚进行的试验结果表明^{15}N 肥料利用效率介于 43%~49%，精度范围较为具体。

结果表明，棉花^{15}N 肥料利用效率介于 5.9%~47.8%，该结果印证了以往许多研究工作者的结论，但是低氮素利用率现象普遍存在（Gardenas，2005；Hanson，2006）。本研究 C3、C4 处理棉花氮素利用效率分别为 7.5%和 5.9%，而弱盐渍化土壤 C1 处理为 33.2%，轻度盐渍化土壤 C2 处理为 47.8%（表 5-9）。这说明当土壤电导率由 4.2~8.8 g/kg 增加至 8.8~15.5 g/kg 范围内时，土壤盐胁迫对棉花氮素利用的影响将大幅增加。

最近的一项研究结果表明，地膜覆盖条件下土壤水热条件良好，不仅能促进棉花生长，而且增加了盐胁迫下棉花根系对外源氮的吸收，氮素利用效率显著高于未覆膜处理（Guo，2019）。另一项在德克萨斯进行的一项为期 3 年的研究表明，滴灌条件下适量施氮能提高棉花的产量，并且棉花的^{15}N 肥料利用效率在 19%~38%（Chua，2003）。本研究是在地膜覆盖和滴灌条件下同时进行的，这进一步提高了棉花在盐胁迫下的逆境生存能力。

土壤中^{15}N 肥料累积率随深度的增加而减少，其中上部 0~20 cm 占土壤^{15}N肥料总累积率的 21.4%~66.2%。Hou 等（2007）的研究结果表明，棉花生育期0~60 cm深度土壤^{15}N肥料总累积率介于12%~21%，这一结果与Allen等（2004）研究的结果相似，为12%~35%。本研究与上述研究结果相比^{15}N肥料总累积率偏低，介于9.1%~14.5%。研究中^{15}N肥料配合滴灌灌水时施用，^{15}N随输入水源在土壤中的迁移范围有限，这是土壤中^{15}N肥料累积率偏小的主要原因。此外，不同处理下^{15}N肥料的总利用效率介于20.3%~59.7%（棉花的^{15}N肥料利用效率与土壤的^{15}N肥料累积率之和），这一结果处在Freney（1985）、Rochester等（1994）、Torbert与Reeves（1994），Karlen（1996）等研究结果中^{15}N肥料的总利用效率的范围内，但是略低于Chua（2003）和Fritschi（2004）等的研究结果。

5.6 本章小结

（1）棉花灌后1 d，土壤盐渍化程度越高，体积含水率越大，并且越靠近表层、膜间位置土壤体积含水率越小，C2处理土壤体积含水率的空间差异最大，介于24.1~32.7%；棉花在吐絮期阶段内，仅C2处理土壤含盐量持续降低，降幅在0.07~0.17 g/kg。C1与C4处理均表现为0~60 cm深度土壤含盐量增加（涨幅0.11~0.55 g/kg），这表明吐絮期减少灌水与施肥量会显著增加根际土壤含盐量；自棉花吐絮期至秋耕时，各处理在0~40 cm深度越靠近棉花窄行位置土壤含盐量越低；C2、C3与C4处理在0~20 cm土层土壤含盐量表现为窄行位置土壤含盐量大于膜间与滴灌带间位置；根际土壤脱盐阶段主要集中在棉花苗期，而积盐阶段主要发生在棉花生育期后期。

（2）根际土壤总氮含量累积的最大值主要集中在棉花花铃期，而在棉花苗期总氮含量最低。C1处理在棉花花铃期至吐絮阶段0~20 cm土层土壤总氮含量总体呈现减少的趋势，而C2与C3处理土壤总氮含量的累积主要发生在棉花苗期至吐絮期内，C4处理土壤总氮含量的累积主要发生在棉花苗期至花铃期内。在轻度盐渍化（4.2~8.8 g/kg）与重度盐渍化（15.5~20.0 g/kg）土壤条件下，土壤养分与盐分之间存在极其显著的交互效应（$P<0.01$），二者之间的交互效应受外界环境的干扰较小，具有显著的耦合作用。

（3）棉花根系的干物质量相比茎、叶和果小9~12倍，C3与C4处理受土壤高含盐量的影响，在棉花吐絮期40~60 cm土层未收集到根系样本，C2处理地上部棉花的总氮含量高于其余3个处理；各处理根际土壤的^{15}N丰度最大值均出现在 0~20 cm 土层，但是各处理根际土壤的 ^{15}N 丰度差异并不显著；当土壤从弱盐渍化程度（C1）增加至轻度盐渍化程度（C2），棉花茎与果对氮素的吸收征调能力将增强，而叶片的氮素吸收能力将略微减弱。C3 处理的地上部棉花 Ndff 显著小于其余 3 个处理，这表明肥料对中度盐渍化（C3）条件下的棉花直接贡献率最小。

（4）当土壤含盐量小于 8.8 g/kg 时，棉花直接从肥料中吸收的氮素主要分配的去向为果；当土壤含盐量大于 8.8 g/kg，即为中度盐渍化土壤或更高程度时，棉花直接从肥料中吸收的氮素主要分配的去向为茎，通过棉花茎进一步向叶和果转运的氮素含量受到来自土壤盐胁迫的限制；肥料在土壤中的累积比例均超过 40%，损失率在 9%以上，并且主要集中在中度盐渍化（C3）与高度盐渍化（C4）处理。

（5）C1 处理在各土壤层中棉花各器官吸收肥料氮的比例呈现果>叶>茎>根的趋势，而 C2 处理则呈现果>茎>叶>根的趋势。在 C2 处理中，0~20 cm、20~40 cm、40~60 cm 土层中肥料氮向棉花果分配的比例分别为 10.92%、10.31%、6.14%，显著高于其余 3 个处理，这表明轻度盐渍化土壤下棉花果的氮素利用效率高于弱盐渍化土壤，并且主要集中在 0~40 cm 深度土壤中。

（6）各处理水肥协同机制主要发生在 20~40 cm 土层。棉花生育期内土壤含盐量受水肥协同影响而产生波动最大的时期是 6—7 月，此时棉花灌水处于整个生育期内最短的周期（10 d），并且灌水量与施氮量亦处于 11 次灌水中的峰值阶段。此外，在棉花蕾期第 5 次灌水（7 月 19 日）以及吐絮期灌水（8 月 28 日），各处理在不同土壤层之间的含盐量变化值差异显著（$P<0.01$），这表明在棉花生育期中后段各土层土壤含盐量变化表现为非一致性，并且主要发生在施肥量减少之后的 1~2 次灌水后；在现有灌水定额的基础上，棉花苗期中后阶段适当增加灌水量约 125 m^3/hm^2，蕾期中后段适当减少灌水量 200 m^3/hm^2、施氮量（尿素）约 15 kg/hm^2，将有助于增加棉花水肥协同出现的概率，即控制土壤含盐量的增加。

（7）当土壤盐分从 2.0 g/kg 增长至 8.8 g/kg 左右时，棉花除株高和叶绿素含量略微受到抑制外，叶面积指数与产量将出现增涨，但是涨幅并不显著（$P>0.05$）；当土壤含盐量大于 6.5~15.5 g/kg 某一临界值时，棉花生育期天数将会从 150 d 减少至 110 d，并且主要集中在蕾期和吐絮期。

第6章

棉花田间尺度盐渍化改良模式下的土壤盐平衡研究

基于流域尺度的现状调查与根际尺度的原位研究，不仅获得了流域内多年膜下滴灌土壤盐渍化与化肥残留所带来的现状问题，亦能从微观尺度解释土壤盐分与氮素累积的内在规律。为了解决土壤盐渍化问题，本章设置水利改良措施与灌溉淋洗试验，探索滴灌淋洗下的农田排水与土壤脱盐效果，揭示水利改良措施对土壤根际生态系统的影响，以及田间尺度下的土壤盐平衡问题。

6.1 竖井与暗管协同滴灌淋洗下的排水效果评价

6.1.1 2016—2017 年暗管排水与滴灌淋洗动态

土壤盐分在淋洗过程中的含盐量输出被定量转换为排水流量、排水矿化度、排水总量与排盐总量。在 2016 年 6 月 8 日（L1-P_a）、2016 年 9 月 8 日（L2-P_a）、和 2017 年 4 月 18 日（L3-P_a），暗管排水时间分别为 77 h、72 h 和 79 h（图 6-1）。

$$Y = 0.301 X_1 - 0.802 X_2 + 55.259 X_3 + 142.222 (R^2 = 0.891) \quad (6-1)$$

排水过程中，暗管未发生临时断流，排水期间暗管未发生临时断流，水样污泥浓度（MLSS）约为 5.0 g/L，总硬度趋近于 400~500 C mg/L。不同时段排水动态持续发生变化，对于排水流量，L1-P_a、L2-P_a、L3-P_a的平均排水流量分别为 1.16 m^3/h、1.94 m^3/h 和 1.22 m^3/h；对于排水矿化度，L1-P_a、L2-P_a、L3-P_a的平均排水矿化度分别为 164.58 g/L、142.51 g/L 和 122.56 g/L；对于排水量，L1-P_a、L2-P_a、L3-P_a的总排水量分别为 195.08 m^3、291.7 m^3和 222.44 m^3；对于排盐量，L1-P_a、L2-P_a、L3-P_a的总排盐量分别为 33.01 t、42.87 t 和 27.52 t。总体上，排水矿化度（Y）与排水流量（X_1）、排盐量（X_3）呈现线性正相关，与排水量（X_2）呈线性负相关，并且随排水

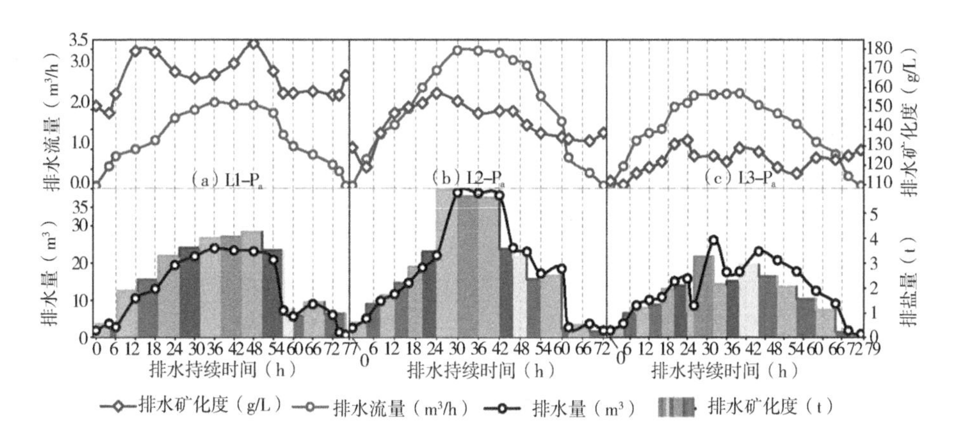

图 6-1 2016—2017 年暗管排水与滴灌淋洗动态

次数的增加不断减小。

6.1.2 2020 年竖井与暗管系协同滴灌淋洗动态

采用暗管和竖井排水（P_a-S_a）在 2020 年 5 月 15 日（L4-P_a-S_a）、2020 年 10 月 15 日（L5-P_a-S_a）分别进行了 2 次淋洗，具体排水流量、排水量、排盐量、排水矿化度见图 6-2。L4-P_a-S_a、L5-P_a-S_a在滴灌淋洗过程中的排水时间分别为 90 h 和 84 h，排水流量分别在 30 h（4.5 m³/h）、36 h（5.3 m³/h）达到峰值，2 次淋洗期间排水矿化度均呈现缓慢升高的趋势。

L4-P_a-S_a和 L5-P_a-S_a的排水矿化度平均值分别为 110 g/L、75 g/L，并且相比前 3 次淋洗单独采用暗管排水呈现逐渐降低的趋势；总排水量分别为 760 m³、800 m³，相比前 3 次淋洗单独采用暗管排水增长了 231%，总排盐量分别为 62 t、43 t，相比前 3 次淋洗增长了 54%（图 6-3）。

6.1.3 浅层地下水位动态变化

试验地块所处的安集海灌区位于玛纳斯河流域中下游，目前安集海灌区 95%以上各级渠系均采用了防渗措施。灌溉水源由农渠引入试验地块首部灌溉过滤系统，再由埋藏地下的主干管道输送至田块内部的出水桩，因此可以忽略灌溉水源深层渗漏对于地下水的补给。

采用暗管与竖井排水配合滴灌淋洗后，地下水位出现过 3 次较大幅度的连续下降（图 6-4），日期分别为 2017 年 3 月至 2017 年 9 月、2018 年 3 月至

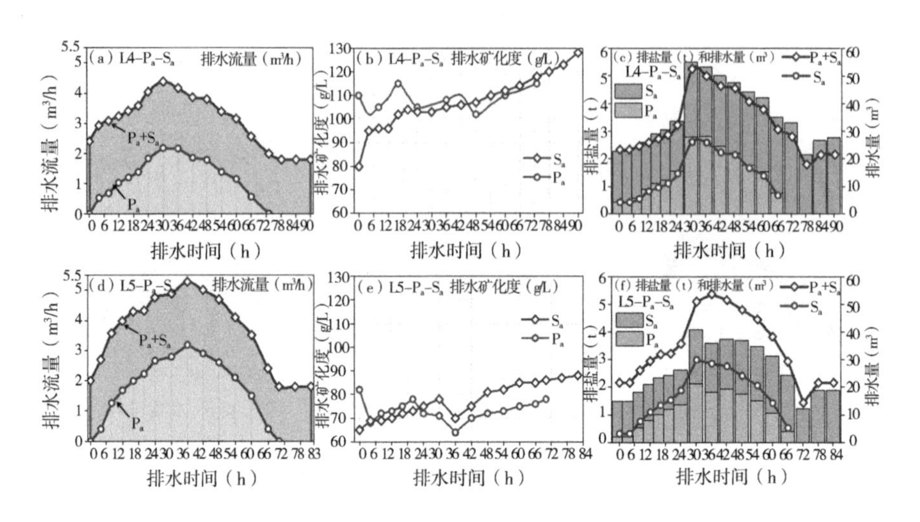

图 6-2　2020 年竖井与暗管排水协同滴灌淋洗动态

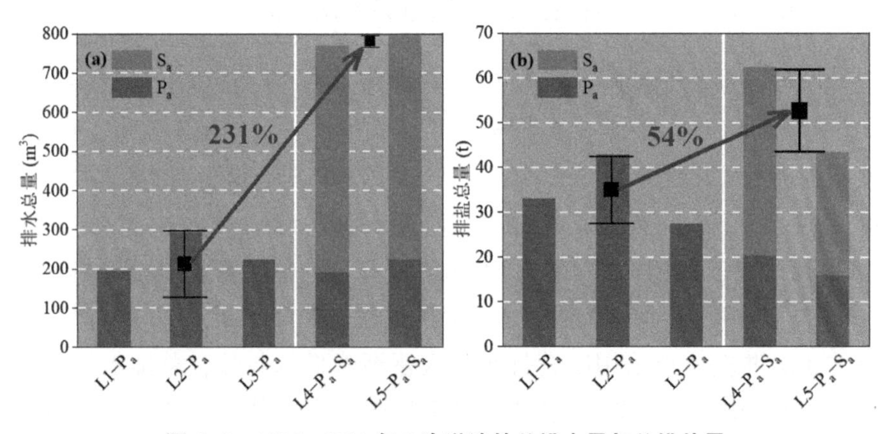

图 6-3　2016—2020 年 5 次淋洗的总排水量与总排盐量

2018 年 8 月、2020 年 4 月至 2020 年 10 月期间，并且地下水降幅分别为 2. 2 m、2. 3 m 与 2. 8 m。平均地下水位已从 2016 年的 2. 5 m 降低至 2020 年的 7. 0 m。可以发现单独应用暗管排水期间地下水整体降幅为 3. 2 m，平均每次淋洗地下水降幅为 1. 06 m。进行 3 次淋洗后，地下水的下降趋势仅能维持 11 个月（2017 年 9 月至 2018 年 8 月期间），而在 2018 年 8 月至 2020 年 3 月期间地下水位整体呈现缓慢上升的趋势，涨幅 1. 1 m。应用暗管和竖井排水期间地下水整体降幅为 2. 5 m，平均每次淋洗地下水降幅为 1. 25 m。显然，采用暗管与竖井联合排水相比单独应用暗管排水，更能有效降低和控制地下水位。

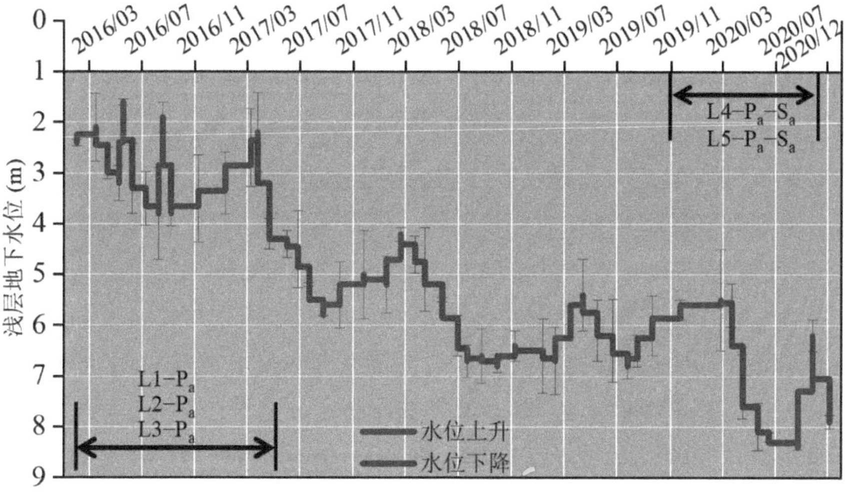

图 6-4　2016—2020 年浅层地下水位动态变化

6.1.4　协同改良对土壤盐分的影响

膜下滴灌技术是通过在滴灌带上覆盖一层地膜结合以色列滴灌技术的方法，进行均匀定时定量的局部灌溉，进而利用低成本少人工的优势达到了高效节水增产的效果。而在长期使用膜下滴灌的过程中发现，局部的灌溉会在滴头附近形成一个局部脱盐的区域，其余盐分则堆积在脱盐区下方，随着水分蒸发而再次迁移至上方，出现地表聚盐现象，深层盐分无法排出土体，进而影响土壤水盐运移规律。

6.1.4.1　土壤盐分空间分布特征

试验区在 2016—2017 年进行过单一暗管排水试验，在 2018—2019 年内未进行淋洗灌溉和排水试验，土壤处于逐渐积盐状态，直至 2020 年苗期土壤电导率范围介于 4.24～22.5 dS/m，将淋洗前后（蕾期和花铃期）不同处理下 0～700 cm 土壤电导率绘制等值线图如图 6-5 所示。

经过滴灌淋洗配合暗管与竖井排水后各层土壤电导率相比较淋洗前明显降低，整体上土壤盐分随水向深度迁移。以暗管处理为横切面，对比 2020 年蕾期（未淋洗）土壤各层土壤电导率变化特征发现，在距离暗管 0 m、5 m、7.5 m 处的土壤电导率最大值均分布在 S3 处理 0～200 cm 土层范围内，与其他土层土壤电导率相比有显著差异，且 0~200 cm 土壤电导率表现为 P1>P2>P3。同时可以看到 S2 处理 0~700 cm 土层范围内的土壤电导率普遍低于其他处理，说明在未进行淋洗前试验区内 S2 处理 300 cm 以下土壤范围内对于水盐滞留效果均较差，其原因是该区域为砂质土壤，在后面的分析中应适当考虑这方面因素。

对比 2020 年花期（淋洗后）土壤各层土壤电导率变化特征等值线分布图发现，土壤电导率较淋洗前有明显下降，但深层土壤也存在轻微积盐，基本表现在 S3 处理 300 cm 以下土层范围内。淋洗后在距离暗管 0 m 的横切面上 0~200 cm 土层范围内土壤电导率均表现为 S1<S4<S2<S3，200 cm 以下均表现为 S2<S1<S4<S3，相比淋洗前，淋洗后的土壤电导率最大值从 9.91 dS/cm 降至 5.61 dS/cm，下降幅度达 43.4%；在距离暗管 5 m 的横切面上 0~300 cm 土层范围内土壤电导率均表现为 S1<S2<S4<S3，特别的是，在 S4 处理下 100~140 cm 土层范围内产生了一个土壤电导率值显著高点，相比淋洗前蕾期的土壤电导率分布，淋洗后的土壤电导率最大值从 10.02 dS/cm 降至 6.05 dS/cm，下降幅度达 39.6%；在距离暗管 7.5 m 的横切面上 0~100 cm 土层范围内土壤电导率低于 100 cm 以下，相对于淋洗前蕾期的土壤电导率分布，淋洗后的土壤电导率最大值从 6.71 dS/cm 降至 5.99 dS/cm，下降幅度达 11%，土壤电导率由散落“斑块”状分布转变成均匀“条带”状分布。由最大值降幅可以看出，距暗管越远各处理下土壤电导率最大值降幅越小。

以竖井处理为横切面，对比淋洗前后（蕾期和花期）0~700 cm 土壤电导率（图 6-5）。在滴灌水动力驱动下，不同竖井处理下淋洗前后差异较大，淋洗前结蕾期土壤 0~700 cm 土层范围内各层土壤电导率的变化特征表现为 P2 处理下小于 P1 和 P3 处理，但在 P1 处理 20~40 cm 土层存在土壤电导率最大值为 9.91 dS/m。整体上看淋洗后花期 S1、S2、S4 剖面水平上各层土壤电导率的分布模式相似，0~300 cm 土层范围内的电导率降幅显著，尤其 P2 处理下 200~400 cm 土壤电导率最低，呈斑条状分布。

在距离竖井 5 m 的剖面水平上 0~100 cm 土层范围内土壤电导率表现为 P1<P2<P3，相比淋洗前蕾期的土壤电导率分布，淋洗后的土壤电导率分布表现为距暗管 5 m 以内逐渐降低，并且在 0~500 cm 土层范围内电导率表现为 P2<P1<P3，500~700 cm 土层范围内土壤电导率表现为 P2<P3<P1；距离竖井 15 m 剖面水平上 0~200 cm 表现为 P3<P2<P1，200~400 cm 则表现为 P2<P1<

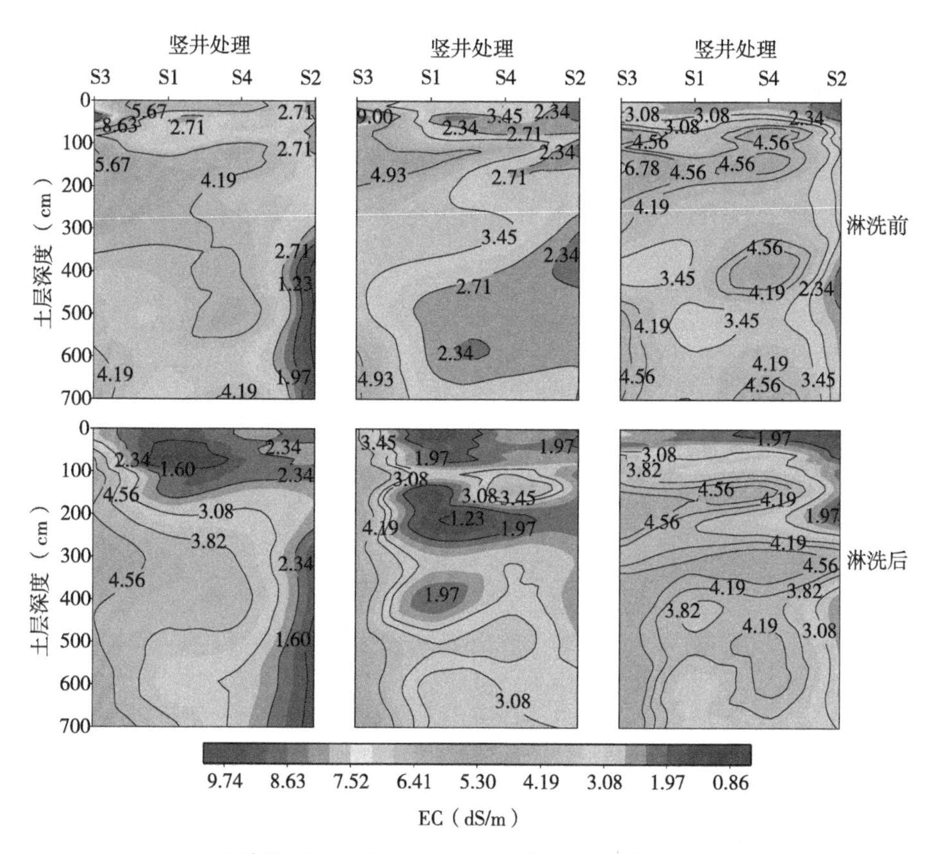

图 6-5　淋洗前后 0~700 cm 土壤电导率分布等值线图（P 水平上）

P3，400 cm 以下表现为 P1<P2<P3，特别的是，在以 S2 处理剖面上 P3 处理下 300 cm 土层深度处有一个较其他处理显著高的区域；在距离竖井 30 m 的横切面上 0~700 cm 土层范围内土壤电导率并无明显差异，P1、P2、P3 各处理的平均土壤电导率分别为 4. 65 dS/m、5. 11 dS/m、4. 44 dS/m，较蕾期平均降低了 16. 2%、4. 3%、1%；在距离竖井 60 m 的剖面水平上 0~200 cm 以及 400 cm 以下土层范围内土壤电导率均表现为 P1<P2<P3，200~400 cm 则表现为 P2<P1<P3。

整体对比土壤电导率在距暗管不同距离下的分布情况（图 6-6），可以看到，S3 处理的整体土壤电导率显著高于其他处理，其原因可能是 S3 处理位于试验区地势最低的西北角，靠近交通道路且土层土壤孔隙紧密，深层土壤水无法从竖井排出，且由于气候干燥，蒸发强烈，造成 S3 处理土壤浅层盐分比其他处理高，盐分暂时滞留在土体中，这与 Zhang 等（2014）的研究结论相符合，当黏粒或粉粒含量较高时，土壤盐渍化倾向更加严重，土壤盐分会在相对不透水层上方积累。而 S4 位于两口排水竖井的影响范围交界处，土壤浅层盐分随重力水通过孔隙迅速向下运移，并在竖井的影响下向左右扩散运移排出土体。从淋洗后 0~700 cm 土层范围内土壤电导率分布来看，整体上呈现 S2<S1<S4<S3。

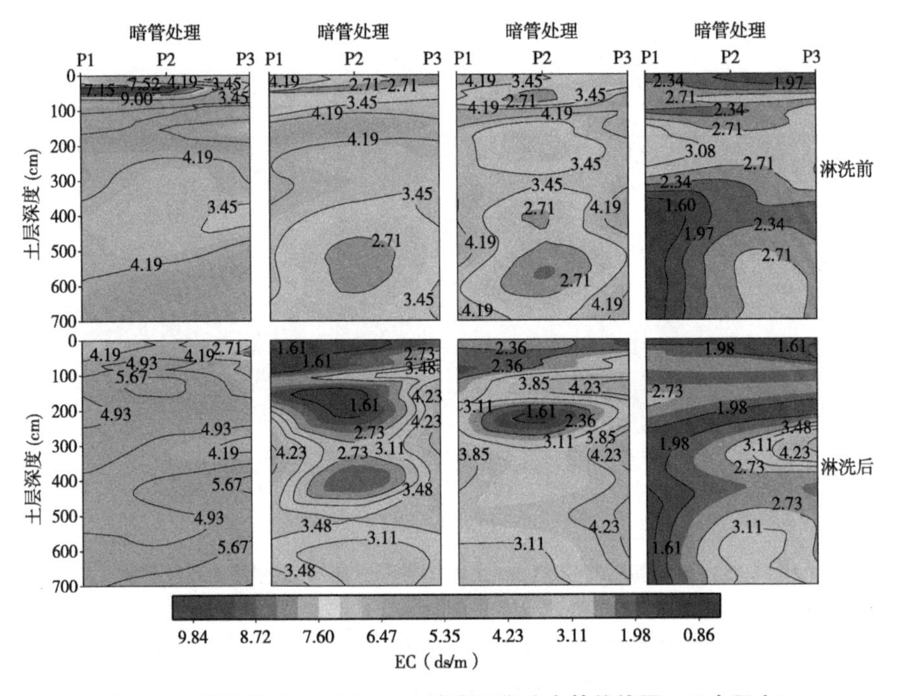

图 6-6　淋洗前后 0~700 cm 土壤电导率分布等值线图（S 水平上）

对比淋洗前后的不同处理下土壤脱盐情况，由图 6-7 可知，棉田土壤在不同土层下的脱盐效果各异。在距离暗管 0 m、5 m、7.5 m 水平上 S 各处理下的浅层土壤（0~200 cm）基本处于脱盐状态，且脱盐率最大值均分布在 0~200cm 土层范围内。在距离暗管 0 m 和 5 m 剖面水平上 0~200 cm 土层范围内土壤脱盐率均表现为 S1>S3>S4>S2，且脱盐率均达到 70%以上，特别的是，距暗管 0 m 剖面上 S4 处理下 200~700 cm 土层范围内的土壤脱盐状态表现为完全脱盐，在 S1、S2、S3 处理下存在轻微积盐，积盐程度在 4%~27%，其原因是在暗管竖井排水期间，部分盐分随水迁移流向暗管和竖井并被排出，但也仍有部分土壤盐分因为土壤质地的影响较其他区域盐分运移速率较慢或者盐分在重力水作用下向下迁移到不透水层表面开始堆积，因此深层土壤有轻微积盐的现象；在距离暗管 5 m 剖面水平上 200 cm 以下土层范围内土壤脱盐率存在轻微积盐，积盐程度在 10%~38%；在距离暗管 7.5 m 剖面水平上 0~200 cm 土层范围内土壤脱盐率均表现为 S4>S3>S2>S1，脱盐率最大达到 42%，200 cm 以下土层范围内土壤积盐程度在 7%~81%。整体来看，距离暗管 5 m 以外土壤脱盐率下降；各处理淋洗后土壤脱盐率均表现为浅层土壤（0~200 cm）>深层土壤（200~700 cm），整体上呈现随土层深度增加而减少。

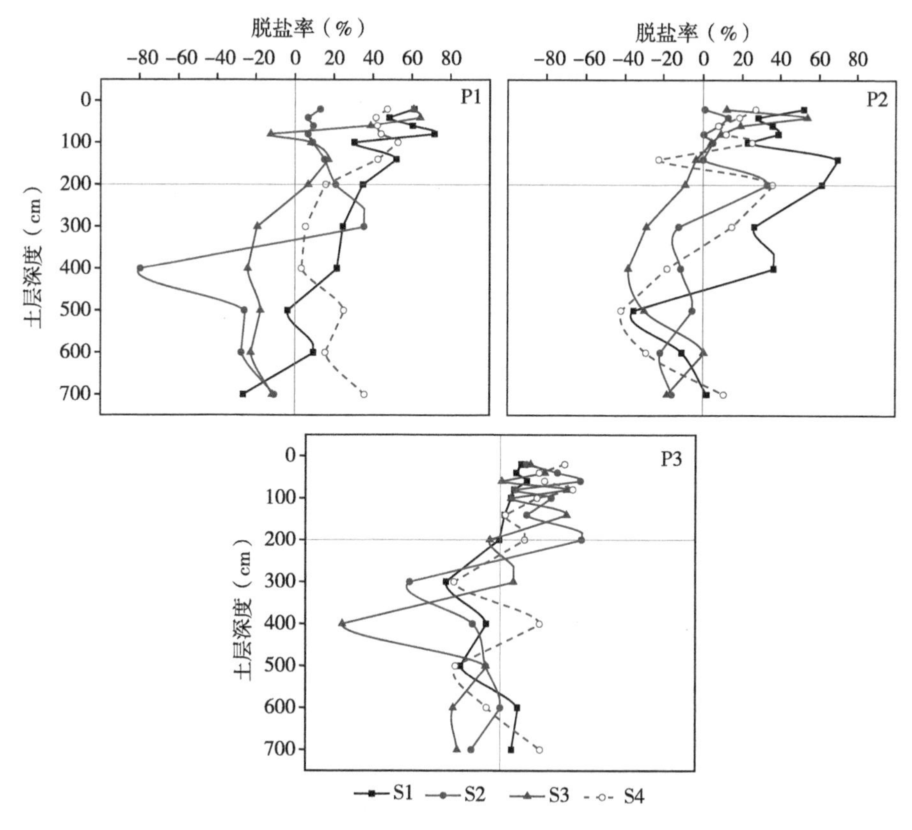

图 6-7　淋洗前后土壤脱盐率对比

6.1.4.2　土壤盐分随时间分布特征

经过两次暗管与竖井排水试验后，两年内生育期首尾阶段的土壤电导率降幅十分显著，将其绘制成图 6-8。可以看到图中（a）、（b）、（c）为 2020 年 4 月出苗期土壤不同竖井位置的各土层初始土壤电导率分布，2016—2017 年进行单一暗管排水试验后降低了 0~140 cm 土层范围以内的土壤电导率，但随着时间推移土壤电导率逐渐上升，在 S4 处理下 200~400 cm 存在土壤电导率值显著高点，且该土层范围内的土壤电导率最大值已经达到 23.5 dS/m，此时整体上看土壤平均电导率在 11.3 dS/m 以上。

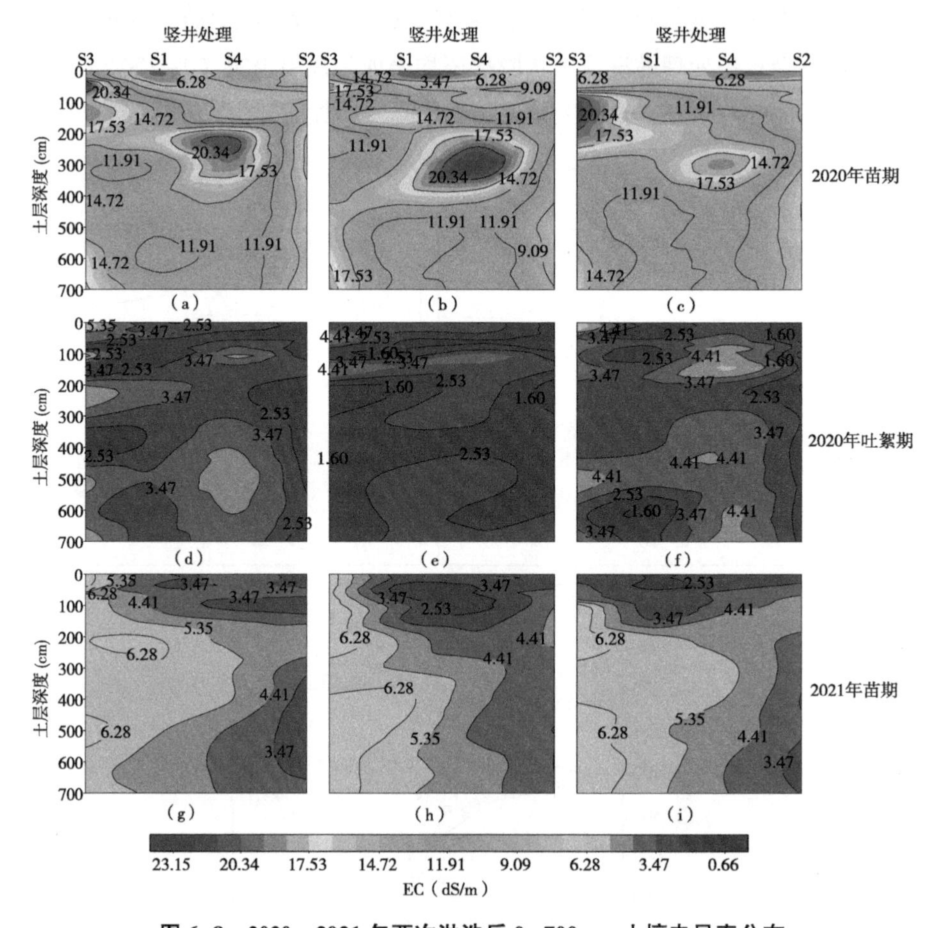

图 6-8　2020—2021 年两次淋洗后 0~700 cm 土壤电导率分布

图中（d）、（e）、（f）为 2020 年 9 月经过第一次淋洗后在吐絮期各层土壤电导率分布图，可以看到较苗期显著降低（$P<0.01$），0~700 cm 土层范围内的土壤电导率最大值由 22.5 dS/m 降低至 6.01 dS/m，就位于竖井影响范围交界处的 S4 处理来看，在距离暗管 0m 的剖面水平上 200~400 cm 土层范围土壤电导率值显著高点已经降至 3.22 dS/m，降低了 3.7 倍；在距离暗管 5 m 的剖面水平上 S4 处理 200~400 cm 土壤电导率值显著高点已经降至 2.81 dS/m，

降低了 4. 9 倍；在距离暗管 7. 5 m 的剖面水平上 S4 处理 200~400 cm 土壤电导率值显著高点已经降至 4. 1 dS/m，降低了 2. 77 倍。由此可以看出，在距离暗管 5 m 剖面水平上的排盐效果最好，整体上脱盐明显。

图中（g）、（h）、（i）为 2021 年 5 月经过第二次淋洗后在苗期各层土壤电导率分布图，可以看到较 2020 年吐絮期土壤电导率整体上有所上升，各处理下涨幅有所不同，并且随土壤深度有不同程度上的波动，0~700 cm 土层范围内的土壤电导率最大值上升 1. 64 dS/m，且增幅最大的区域均分布在 S3 处理 100 cm 以下土层范围内，考虑是正常季节性反盐且受地势影响，但整体上仍远低于未进行暗管与竖井排水时的土壤电导率。

综合分析发现采用滴灌淋洗配合暗管与竖井协同排水后，盐分受到地表及地下水共同影响，以及植物根系的吸收和暗管竖井排水输出，增加了盐分出路，加大了土壤电导率降幅，进一步提升了土壤脱盐效率。淋洗配合暗管与竖井排水将试验区 0~200 cm 土壤电导率平均降低 73. 1%，较 2016—2017 年单一使用暗管排水脱盐效果高 8. 3%，除此之外试验区 200~700 cm 土层土壤电导率也平均降低 75. 5%，已经达到从单一暗管排水压盐转变为联合排水排盐的效果，虽在初春融雪后土壤电导率有回升趋势，但整体土壤电导率平均增值仅在 1. 78 dS/m，若要维持土壤盐分在较低水平后续需要定期进行淋洗配合暗管与竖井排水排盐。

6. 1. 4. 3　暗管竖井协同改良下地下水位的变化特征

区域盐渍化与荒漠化的控制因素与地下水有密不可分的关系（邓宝山 等，2015），有研究表明地下水位的变化会改变土壤条件（Liu et al.，2017）。人类活动改变地下水的水文状况，导致地下水补给量增加，进而盐碱地下水量增加，造成土壤盐渍化（Jolly，2010）。

将 2016—2021 年在本试验棉田所在地下水位变化趋势绘制成图，从 2016 年 3 月到 2017 年 9 月进行三次单一暗管排水，由图可知在此阶段试验区所在地下水位呈现剧烈波动，最后由 2016 年 8 月的 1. 25 m 迅速降至 2017 年 5 月的 3. 68 m，随后逐渐降低至 4. 71 m，地下水位整体降低了 3. 45 m。随后在 2018—2019 年未进行任何排水试验，棉田按照当地习惯自行管理灌溉种植，地下水位开始在一定程度上波动，波动振幅平均为 0. 24 m，随后在 2019 年地下水位开始有上升趋势，直至 2020 年 6 月淋洗前地下水位较 2017 年采用单一暗管排水抬高了 10. 6%，随后进行暗管与竖井联合排水试验，地下水位开始逐渐降低，如图 6-9 所示。

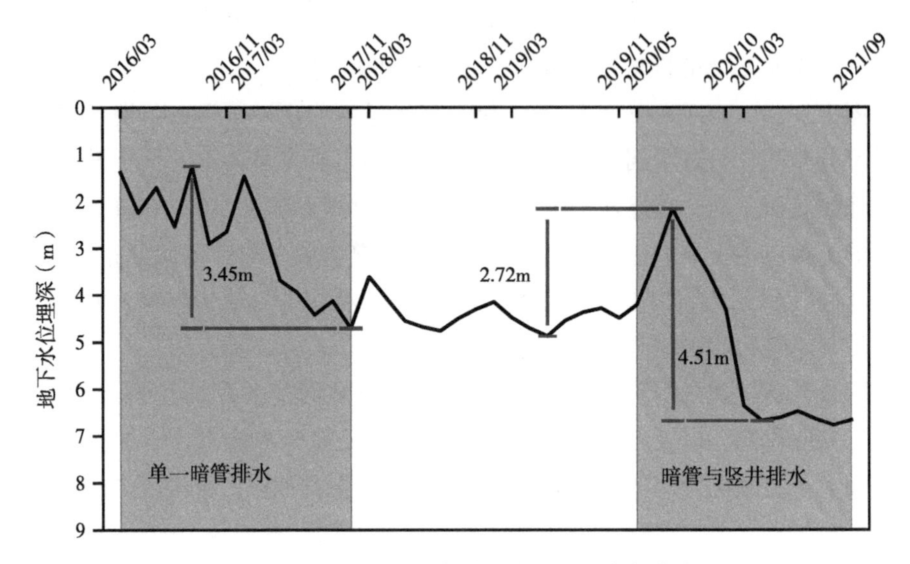

图 6-9　2016—2021 年地下水位埋深变化曲线

淋洗阶段地下水位最高达到 2. 2 m，进行滴灌淋洗配合暗管与竖井联合排水后，随着生育期推进，灌水次数减少，地下水位开始出现持续降低的趋势，从整体上看 2020 年全生育期地下水位呈现先抬升后降低的趋势。在同年进行第二次淋洗排水试验（非生育期淋洗）后，地下水位开始呈持续下降趋势，此时地下水位达到 4. 32 m。继续监测 2020 年 10 月淋洗后至 2021 年生育期结束时的地下水位发现，第二次淋洗后的地下水位逐渐下降至 6. 67 m，降幅达到 4. 51 m，比单一使用暗管排水措施下地下水位降幅要高 30%，随后开始波动且无明显增大，地下水位波动<0. 2 m，整体上比单一使用暗管排水措施后的地下水位增加了 1. 95 m。因此，在降低和控制地下水位方面，暗管与竖井联合排水措施比单独使用暗管排水的效果更好。

6.1.5　暗管与竖井协同改良对棉田土壤理化性质的影响

土壤理化性质是反映土壤改良效果的指标之一，并且作物与土壤理化性质，土壤养分及土壤微生物群落有着密不可分的关系（刘珊廷，2020），因此采取合理的农田技术改良土壤，从而改善土壤理化性质，土壤微生物群落结构，是提高土地的生产力、促进作物生长发育和增产的有效措施。本章通过采用膜下滴灌配合暗管与竖井排水协同改良盐碱地，仅分析了对土壤盐分较为敏感的化学生物指标（包括土壤全氮、土壤离子、土壤酶活性及土壤微生物群落结构）的影响，旨在为解决盐渍化土壤环境问题提供理论依据。

6.1.5.1　协同改良对棉田土壤离子的影响

土壤离子是反映土壤化学环境的一个重要因子，同时土壤离子含量的变化也可以体现出土壤的盐渍化程度。在干旱盐渍化土壤中，Na^+和 Cl^-作为体现土壤盐分含量的主要离子，其含量过高通常表现为对作物根系吸收其他离子产生拮抗反应，增加土壤中的渗透压，导致作物根部失水，进而抑制作物生长发育（郭赋涵，2020），而 Ca^{2+}、Mg^{2+}和 SO_4^{2-}可以通过置换出 Na^+从而降低土壤碱性（董莉丽，2020）。本节分析滴灌淋洗配合暗管与竖井排水协同改良下，土壤中水溶性离子 Na^+、Cl^-、Ca^{2+}、K^+的浓度的分布和变化规律。

从图 6-10 可以看到淋洗前 Na^+含量基本表现为 P3>P1>P2，随土壤深度的增加而下降，最大值分布在 S1P1、S2P3 和 S3P1 处理下，分别为 0.39 mol/L、0.206 mol/L 和 0.42 mol/L。在淋洗后的 Na^+含量在不同土层深度无明显差异，整体较淋洗前有所降低，但在 S1、S3 处理 400 cm 以下土层范围相对淋洗前有所增加，最大值仍分布在 S3P1 和 S1P1 处理，分别为 0.19 mol/L 和 0.22 mol/L。在 S1 水平上 P1 处理下 0~100 cm 土层范围内降幅达到 15%~44%，并且随土层深度增加降幅逐渐减小，在 100 cm 以下 Na^+含量逐渐升高；在 P2、P3 处理下均呈现显著下降，降幅达到 6%~60.9%，此外在 S1P2 处理下的 100~200 cm 土层较淋洗前增加 7%~15%；在 S2 水平上较淋洗前均呈现显著降低，整体降幅达到 2.4%~68.7%。在 S3 水平上 P1 处理下 0~200 cm 土层范围内，降幅在 13%~55%，并且随着土层加深降幅逐渐减小，而在 300 cm 以下土层范围内 Na^+含量逐渐增大，在 600~700 cm 土层达到最大值 25.7 mol/L；P2 处理下 0~100 cm 土层范围内 Na^+含量降幅达到 2%~40%，在 100 cm 以下土层范围内降幅逐渐增大，但整体仍呈现随深度增加而减小的趋势；P3 处理下在 60~80 cm 土层范围内降低了 27%，其余土层均较淋洗前增加了 7%~63.8%。

由图 6-11 中淋洗前土壤 Cl^-含量的变化趋势可知，基本表现为随土壤深度增加而增加的趋势，Cl^-含量最大值分别为 23.8mol/L、25.2 mol/L 和 11.4mol/L。淋洗后 Cl^-含量整体上较淋洗前有所降低，整体上的分布趋势与淋洗前分布相似，此时 Cl^-含量最大值均分布在 P3 处理下，分别为 11.6mol/L、

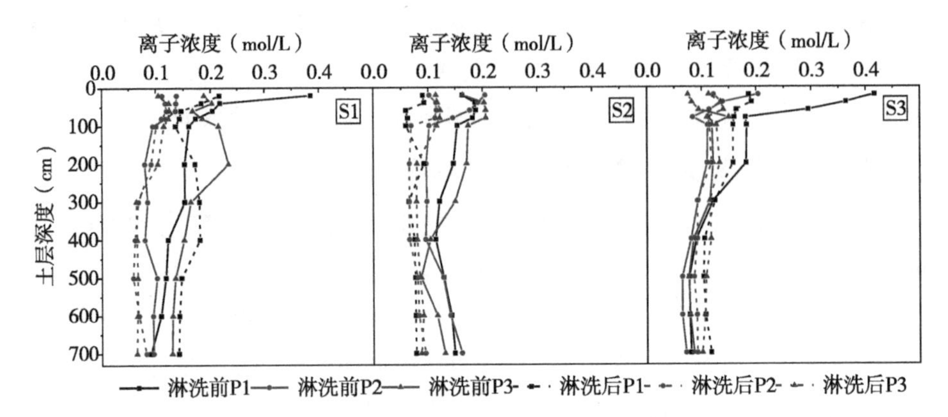

图 6-10　淋洗前后 Na^{+}含量变化趋势

11.0mol/L 和 10.4mol/L。在 S1、S2 水平上土壤 Cl^{-}含量在 P1、P2、P3 处理下均呈现显著降低，整体降幅达到 3.4%～68.2%、5.2%～66.8%，但在 S2P1 处理 0～40 cm 土层范围内仍有 4.3%～15.3%的增幅。在 S3 水平上土壤 Cl^{-}含量在 P1 处理下均呈现增加的趋势，相对增幅最高达到了 1.46 倍，在 600～700 cm 土层范围内下降 11%；P2 处理下 0～40 cm 和 200～300 cm 土层范围内土壤 Cl^{-}含量增加了 9%～15.2%，其余土层范围均较淋洗前下降 8.3%～38.6%；P3 处理下 0～40 cm 土层范围内降低明显，降幅达到 25.1%～33.1%，40 cm 以下土壤 Cl^{-}分布均较淋洗前有所增加，增幅最大在 60～80 cm 土层范围内达到了 1.15 倍。

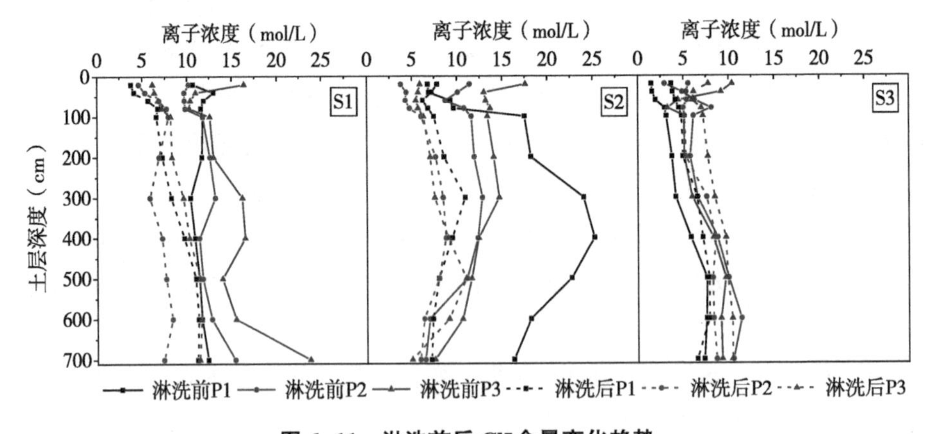

图 6-11　淋洗前后 Cl^{-}含量变化趋势

通过图 6-12 可以看到淋洗前 Ca^{2+}含量的变化趋势基本表现为随土层深度

增加而减少，各处理之间差异不明显，Ca^{2+}含量最大值分布在 S3P2、S1P1 和 S2P3 处理下，分别为 3.7 cmol/L、2.1 cmol/L 和 1.7 cmol/L。在进行淋洗后的 Ca^{2+}含量整体较淋洗前有所增加，在 0~400 cm 土层范围内 Ca^{2+}含量高于 400 cm 以下土层，并且整体上土层深度增加呈先减小后增大的趋势，此时 Ca^{2+}含量最大值分布在 S3P3、S1P1、S2P3，分别为 2.7 cmol/L、4.7 cmol/L 和 5.1cmol/L。在 S1、S2 水平上土壤 Ca^{2+}含量在 P1、P2、P3 处理下均有显著提高，增幅最小为 35%，最大提高了 4.5 倍，而在 S1P2 处理的 100~200 cm 土层范围内存在特殊降低点，由 0.7 cmol/L 降低到 0.3 cmol/L，降幅达到 49.2%，在 S2P2 处理的 20~60 cm 土层范围内降低了 5.7%~42.8%。在 S3 水平上土壤 Ca^{2+}含量在 P1 处理下 0~60 cm 和 200~400 cm 土层范围内较淋洗前有所降低，降幅最大表现在 20~40 cm 土层范围内，为 43.8%，其余土层较淋洗前呈增加趋势，并且增幅随着土层深度的增加而增加，在 600~700 cm 达到最大，较淋洗前提高了 1.1 倍；在 P2 处理下表层土壤 Ca^{2+}含量由 3.7 cmol/L 降低到 1.3 cmol/L，降幅达到 65.1%；P3 处理下 200 ~ 300 cm 土层由 0.9 cmol/L 降低到 0.6 cmol/L，降幅达到 41%；P2、P3 处理下的 Ca^{2+}含量增加幅度较 P1 处理更大，并且随着深度增加而增加。

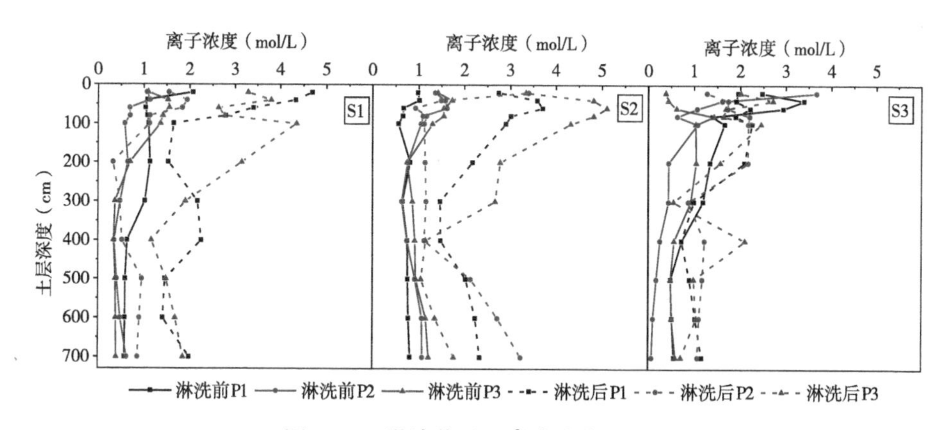

图 6-12 淋洗前后 Ca^{2+}含量变化趋势

由图 6-13 中土壤 K^+的含量变化趋势可以看出，淋洗前 S2 水平上各处理在 200 cm 以下的 K^+分布差异并不明显，最大值均分布在 0~200 cm 土层内，分别为 0.43mol/L、0.32 mol/L 和 0.13 mol/L。淋洗后土壤 K^+含量分布更加均匀，此时 K^+含量最大值分布在 S3P1、S1P1 和 S2P3，分别为 0.20 mol/L、

0.22 mol/L 和 0.20 mol/L。在 S1 水平上土壤 K^+ 含量在 P1、P2 处理下 0～200 cm 土层范围较淋洗前有所降低，最大值从 0.32 mol/L 降至 0.22 mol/L，整体降幅在 4%～28.9%，300 cm 以下土层范围内 K^+ 含量较淋洗前增加了 3.7%～81.8%；在 P3 处理下整体增幅至淋洗前的 0.3～1.5 倍。在 S2 水平上 P1、P2、P3 处理下的土壤 K^+ 含量均呈增加趋势，并且增幅最大值分布在 P1 处理 40～60 cm 土层，平均增幅达到 50%～107%。在 S3 水平上 P1 处理下 K^+ 含量较淋洗后显著降低，表现在 0～300 cm 和 500～700 cm 土层范围内降低 7.9%～57.6%，在 P2、P3 处理上 0～100 cm 土层范围以内也在一定程度上有所降低，200 cm 以下土层范围 K^+ 含量分布随土层深度逐渐减小，但较淋洗前均增幅 0.1%～46%。

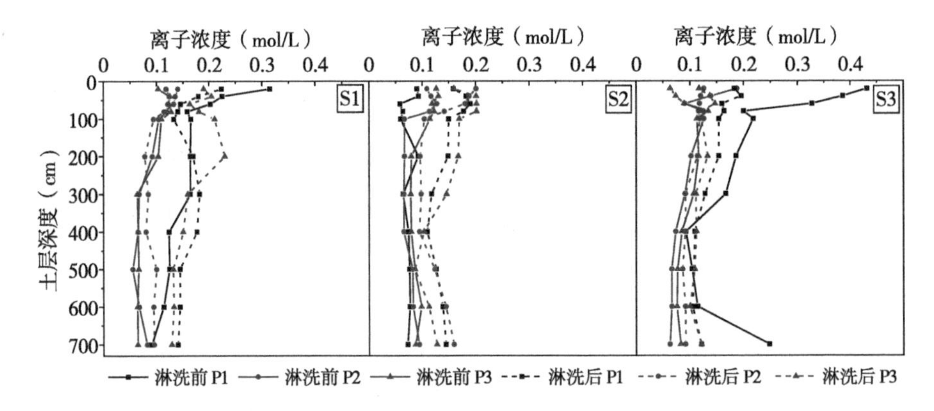

图 6-13 淋洗前后 K^+ 含量变化趋势

综合上述结论来看，滴灌淋洗配合暗管与竖井排水试验使土壤中各离子含量在空间上的分布较淋洗前更加均匀，整体来看土壤中 Cl^- 和 Na^+ 含量平均降低了 17.2%和 15.8%，Ca^{2+} 和 K^+ 含量平均增加了 165.6%和 38.8%，同时滴灌淋洗对土壤离子的影响效果随距竖井距离的增加而减小。

6.1.5.2 协同改良对棉田土壤全氮的影响

土壤盐渍化对于农田养分的迁移和转化吸收过程有着显著影响。朱海等（2019）研究表明，盐渍化农田施用化肥的氮素利用率低于常规农田，最高利用效率只有 29%，而植物生长和根系发育与土壤养分（Li et al.，2020）密切相关。土壤总氮含量作为衡量土壤氮素水平的指标，施用氮肥过少会导致作物养分吸收不足，施用过量就会导致农业污染，对土壤造成负面影响。因此本节分析滴灌淋洗配合暗管与竖井排水协同改良下，土壤全氮的分布及变化规律。

2020 年采集各处理下土壤 0~700 cm 的生育期内全氮含量绘制剖面分布，见图 6-14。可以看到，各生育期内全氮含量均呈现下降趋势，在苗期 0~100 cm 土层范围内全氮含量在 P 水平上均表现为 S1>S2>S3。对比第一次淋洗前后各处理在不同水平上 0~100 cm 土层以内土壤含氮量的变化，呈现随土层深度增加而迅速减小的趋势，S1 和 S3 处理在 100~300 cm 土层深度上均有轻微增加的趋势，但仍然小于浅层含氮量。淋洗后花期各处理在深层土壤的全氮含量有所波动，但整体仍呈现下降趋势。在吐絮期仍表现为随深度增加而迅速减小，但在 400~500 cm 土层处又有轻微上升趋势。整体上 S1 和 S3 处理在各生育期内的全氮含量变化趋势相似，特别的是，S2 处理在各生育期较其他处理有显著差异，均体现在 200 cm 土层以下土壤全氮含量有明显降低，各生育期内较其他处理降幅达到 6.67%~93.55%，原因在于 S2 处理 300 cm 土层以下均为砂质土壤，由于砂土的高渗透性，养分很容易被水分带走，因此在深层根本不会积累。此外，观察淋洗前后 100 cm 以下土层范围内 S1、S3 处理下的全氮含量变化趋势发现，淋洗前土壤全氮含量下降临界点在 140 cm 土层以下，而淋洗后降至 200 cm 土层以下，说明淋洗将深层土壤氮素含量提升至浅层土壤，使土壤全氮含量较高的土层范围增大，有利于为浅层根系区供给养分。

2021 年采集各处理在 0~100 cm 土层深度测定土壤全氮含量，分析各土层全氮含量的分布情况，见图 6-15。棉花从蕾期到花铃期的生长迅速，对养分需求增大，此时需要不断增加施肥次数和施肥量，从图中可以看出，花铃期土壤全氮含量较蕾期有所降低，原因可能是协同改良降低了土壤盐分，进而促使棉花根部吸收养分的速率增加，进而使土壤中的氮素迅速减少。随后追加了氮肥，为棉花进入絮期吐絮提供养分。

苗期土壤 0~20 cm 土层全氮含量较其他 4 个土层分别增加了 15.33%、29.14%、42.20%、29.40%，各土层全氮含量较 2020 年絮期提高了 0.90~1.22 倍。经过第二次淋洗（非生育期淋洗）后土壤全氮随水分在土壤中进行横向和纵向迁移，吐絮期棉花根部吸收浅层养分，土壤浅层全氮含量呈下降趋势，有部分氮素最终在重力水的作用下堆积在土壤深层，翌年气温回升时，蒸发增大，再随着深层土壤水分向上迁移至浅层耕作区域，导致棉花出苗期浅层土壤养分升高，增加了棉花出苗效率。

蕾期土壤全氮含量在 0~40 cm 土层范围内最大值分布在 S3P1 和 S1P1 处

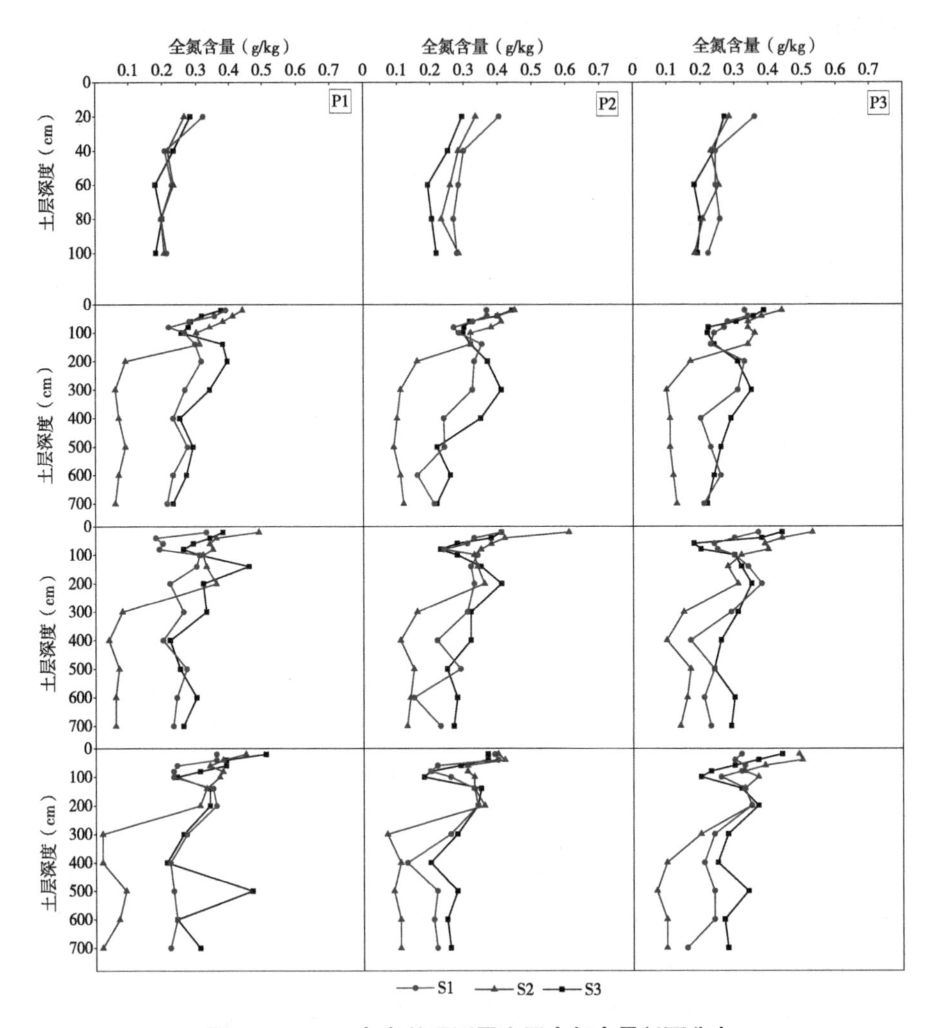

图 6-14　2020 年各处理不同土层全氮含量剖面分布

理，分别为 1.2g/kg 和 0.99g/kg，40～100 cm 土层范围内最大值均分布在 S2P1 处理，分别为 0.78g/kg、0.71g/kg、0.76g/kg，地表土层（0～20 cm）较其他土层分别增加了 12.33%、39.12%、57.21%、44.25%，各土层较 2020 年同期提高了 0.91～1.15 倍。

花期土壤全氮含量在 0～40 cm 土层范围内最大值均分布在 S2 处理，均值为 0.76g/kg，40～100 cm 土层范围内最大值均分布在 S3 处理，均值为 0.69g/kg，各土层较 2020 年同期提高了 0.63～1.12 倍。

吐絮期土壤全氮含量在 0～100 cm 土层范围内均分布在 S2 处理，分别为

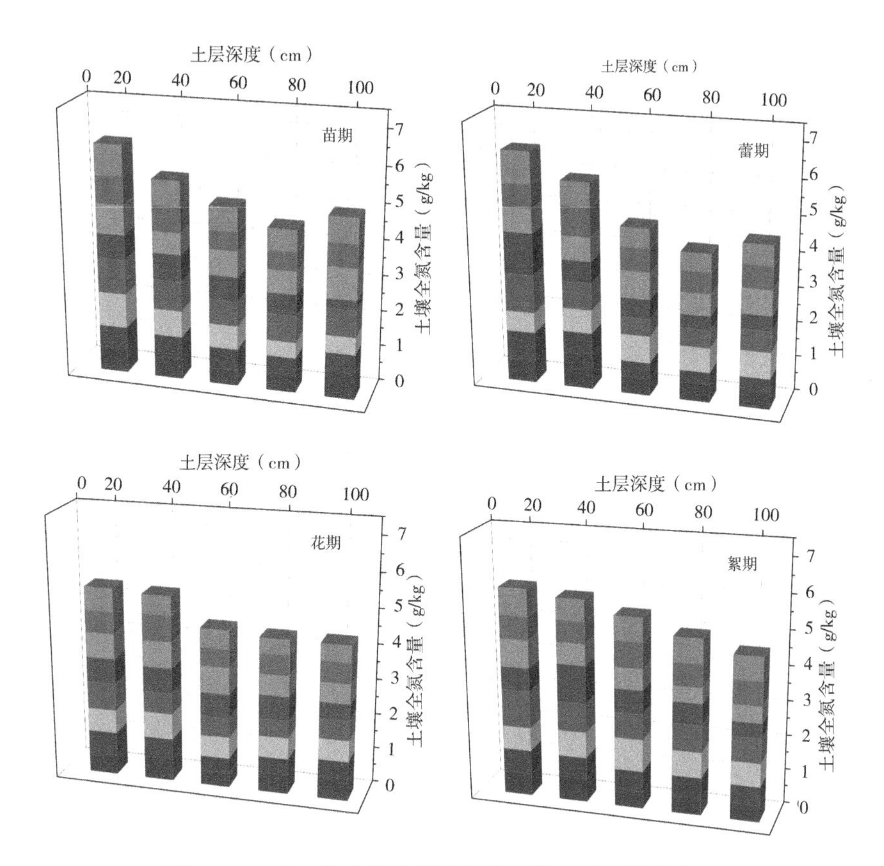

图 6-15　2021 年土壤全氮含量在不同土层中的分布

1. 07g/kg、1. 09g/kg、0. 93g/kg、0. 79g/kg、0. 71g/kg，各土层较 2020 年同期提高了 0. 98～1. 10 倍。对比全生育期各土层全氮总量分布，可以看到各生育期不同土层全氮总量基本呈现随土层深度增加而逐渐减少的趋势，但从棉花出苗期到吐絮期各处理 20～40 cm 土层全氮总量较 0～20 cm 逐渐增加，而 80～100 cm 土层全氮总量逐渐减少，图中 0～100 cm 土层范围内土壤全氮总量随着深度增加的变化趋势，从先减少后增加转变成逐渐减少，说明第二次淋洗将土壤养分保存在土壤深层，在随着生育期推进，土壤浅层全氮含量将逐渐增加，并整体上高于 2020 年，有利于棉花生长发育吸收养分。

6. 1. 5. 3　协同改良对棉田土壤微生物的影响

土壤微生物群落是土壤环境的组成部分之一，其参与各种土壤中的生化过程，并且微生物相对丰度是用于体现土壤养分循环活跃程度的指标之一（鲁凯珩，2019）。国内也有学者围绕盐渍化土壤中的微生物群落多样性分布特征、微生物与盐渍化土壤改良过程中的互相反馈机制等方面开展了大量研究（汪顺义 等，2019；周宁一，2012）。此外，部分微生物还具有通过刺激植物激素和根系伸长（包括根毛和侧根的形成）来促进植物生长的能力。本节仅对 S1、S2、S3 处理下 20~40 cm 土层（棉花根部区域）范围内的土壤微生物（细菌）群落多样性分布特征进行分析。

试验区淋洗期间处理下 20~40 cm 土壤中与氮素循环功能相关的细菌前 20 门水平细菌群落组成见图 6-16。变形菌门（Proteobacteria）、放线菌门（Actinobacteria）、厚壁菌门（Firmicutes）、拟杆菌门（Bacteroidetes）、绿湾菌门（Chloroflexi）和芽单细胞菌门（Gemmatimonadetes）在淋洗期间一直都是优势菌门，占所测物种总数的 85.5%~88.8%。

蕾期（未进行淋洗）各处理下变形菌门（Proteobacteria）、厚壁菌门（Firmicutes）和放线菌门（Actinobacteria）为优势菌门，其相对丰度分别为 11.85%~92.49%、1.39%~69.02%和 1.08%~21.29%，见图 6-16（a）。

花期（第一次淋洗后）各处理下 20~40 cm 土壤中门水平的相对丰度有明显改变，并较淋洗前分布更加均匀。由图 6-16 可知，各处理的优势菌门 Proteobacteria 的相对丰度提高 7.3%~23.68%，但在 P1 水平上 S2、S3 处理分别下降 32.46% 和 47.05%；各处理 Actinobacteria 的相对丰度提高 0.34%~18.36%，但在 S1 水平上 P1、P2 处理下分别降低 9.61%和 1.74%；各处理 Firmicutes 的相对丰度下降 2.68%~46.29%，但在 S2 水平上 P1、P2 处理和 S3P1 处理下提高 0.57%~28.25%；各处理 Bacteroidetes 的相对丰度增加 0.31%~9.30%，但在 S2P2 和 S3P1 处理下分别降低 0.63%和 9.42%；各处理下 Chloroflexi 的相对丰度下降幅度较小在 0.17%~3.68%，但 S2 水平上 P1、P3 处理下和 S3 水平上 P1、P2 下相对丰度增加了 2.86%~7.15%。整体上与淋洗前相比，随着距暗管距离的增加，Proteobacteria 相对丰度呈降低趋势，而 Firmicutes 相对丰度呈增加趋势；随着距竖井距离的增加，Proteobacteria 和 Chloroflexi 相对丰度逐渐降低，Actinobacteria、Firmicutes 及 Gemmatimonadetes 相对丰度逐渐增加，见图 6-16（b）。

絮期（第二次淋洗前）20~40 cm 土壤中优势菌门的平均相对丰度较花期整体上提升了 0.37%~4.50%，且 Bacteroidetes 成为优势菌门。Actinobacteria 的相对丰度随水平距离的增加而增加，Bacteroidetes 的相对丰度在结蕾期和花

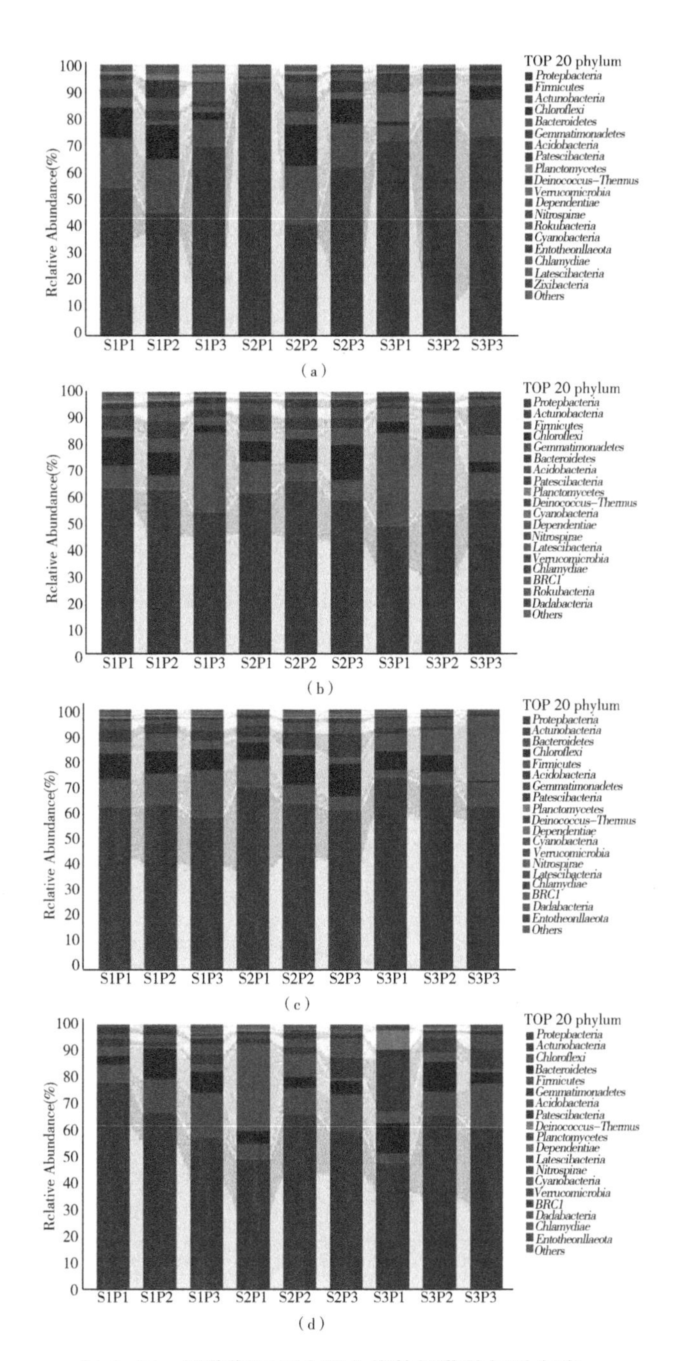

图 6-16　淋洗期间门水平上优势细菌的相对丰度

铃期显著低于其他优势菌门。整体上与第一次淋洗后相比，随着距暗管距离的增加，Proteobacteria 和 Actinobacteria 相对丰度呈降低趋势，Bacteroidetes 和 Chloroflexi 相对丰度的趋势完全相反；各优势菌门在该阶段的相对丰度随着距竖井距离的增加各有不同，见图 6-16（c）。

在试验区棉花收获期后进行第二次淋洗，随后监测 2021 年苗期 20~40 cm 土壤中优势菌门的平均相对丰度，见图 6-16（d）。整体上 Proteobacteria 的相对丰度在 P 水平上 S1、S2 均较第二次淋洗前有所增加，但 S3 处理下明显减少 23%~25.54%；随着距暗管距离的增加，Proteobacteria 相对丰度逐渐降低，与 Chloroflexi 相对丰度完全相反；随着距竖井的距离增加 Chloroflexi 相对丰度呈现减小，Bacteroidetes 相对丰度与其相反。

由稀疏曲线（图 6-17）可以看到，经过滴灌淋洗配合暗管与竖井排水试验后，棉花根际土壤细菌多样性表现为 S1>S2>S3，P2>P1>P3，随后曲线均逐渐平缓，说明随着抽平深度加深土壤中发现微生物物种总数及相对丰度减小。S2P1、S2P2 和 S2P3 处理在细菌群落的相对丰度及物种总量相似性最高。与其他处理相比，S1P2 处理的细菌多样性最高。S3P1、S3P2、S3P3 处理的土壤细菌多样性最低。结合基于门水平的各处理下土壤微生物的 Goods-coverage 指标均在 97%以上，说明在分析土壤微生物 alpha 多样性时基本将所有物种包含在内，较为真实地反映了试验区内土壤微生物群落组成。

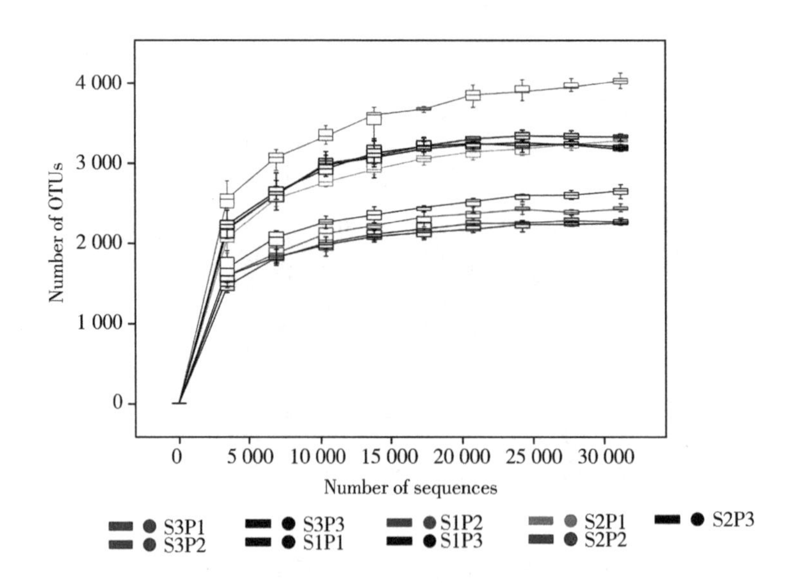

图 6-17　淋洗后棉花根际土壤细菌稀疏曲线

6.1.5.4　协同改良对棉田土壤酶活性的影响

土壤酶主要来源于土壤微生物分泌物和作物根系的共同作用（鲁凯珩 等，2019），与土壤微生物一同参与土壤中的生化过程，在养分转化中起着非常重要的中介作用（黄炳林 等，2019），同时也被用来反映土壤中生化过程强度以及土壤质量的变化（隋鹏祥 等，2016；陈闯 等，2014）。本节对 S1、S2、S3 处理下 20~40 cm 土层（棉花根部区域）范围内的土壤酶活性分布特征及变化规律进行分析。

各生育期内土壤过氧化氢酶（CAT）活性变化特征如图 6-18 所示，可以看到，苗期阶段 CAT 活性在 S3P2 处理下最高，为 9.08 U/mL；蕾期阶段 CAT 活性在 S1P2 处理下最高，为 8.86 U/mL；花期阶段 CAT 活性在 S1P1 处理下最高，为 8.69 U/mL；絮期阶段 CAT 活性在 S2P3 处理下最高，为 9.58 U/mL。淋洗前（蕾期阶段）在 S1、S2、S3 水平上 CAT 活性随着距暗管距离增加均表现为先增加后减少，并且最大值均分布在 P2 处理上，分别为 8.86 U/mL、8.52 U/mL、8.56 U/mL。在进行滴灌淋洗后（花期阶段），在 S1、S3 水平上 CAT 活性随着距暗管距离增加均表现为先减小后增加，并且最小值同样也分布在 P2 处理上，分别为 7.31 U/mL、7.14 U/mL，较淋洗前分别降低了 17.48%、16.56%；S2 水平上 CAT 活性随着距暗管距离增加均表现为先增加后减小，最大值分布在 P2 处理上为 7.57 U/mL，较淋洗前降低了 11.09%。

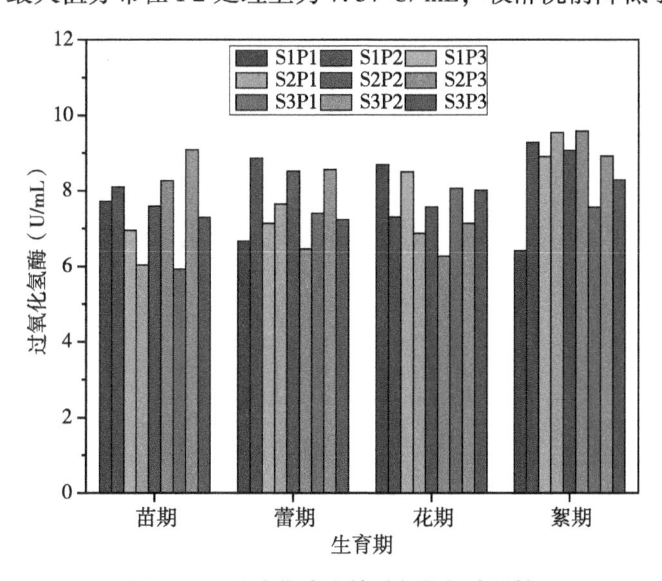

图 6-18　生育期内土壤过氧化氢酶活性

各生育期内土壤蛋白酶（S-NPT）活性变化特征如图 6-19 所示，可以看到，苗期阶段 S-NPT 活性在 S3P1 处理下最高，为 129.44 U/mL；蕾期阶段 S-NPT 活性在 S3P3 处理下最高，为 125.48 U/mL；花期阶段 S-NPT 活性在 S3P1 处理下最高，为 124.11 U/mL；絮期阶段 S-NPT 活性在 S1P3 处理下最高，为 130.24 U/mL。淋洗前（蕾期阶段）在 S1、S3 水平上 S-NPT 活性随着距暗管距离增加而增加，最大值均分布在 P3 处理下，分别为 122.40 U/mL、125.49 U/mL；S2 水平上 S-NPT 活性随着距暗管距离增加而减小，最大值分布在 P1 处理上，为 104.23 U/mL。在进行滴灌淋洗后（花期阶段），S1、S2 水平上 S-NPT 活性随着距暗管距离增加均表现为先增加后减小，最大值均分布在 P2 处理下，分别为 117.77 U/mL、103.54 U/mL，较淋洗前增加 5.84%、-4.13%；S3 水平上 S-NPT 活性最大值分布在 P1 处理下为 124.11 U/mL，较淋洗前增加 36.09%。

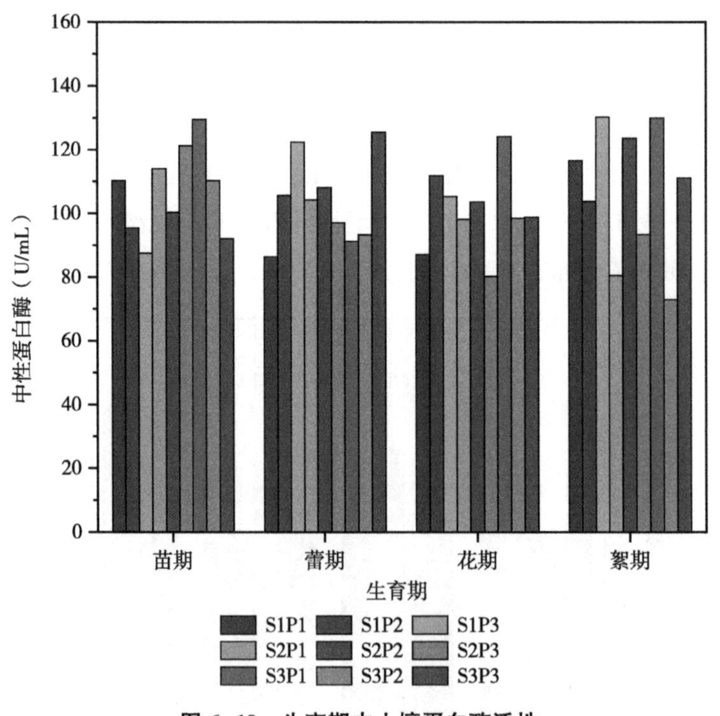

图 6-19　生育期内土壤蛋白酶活性

各生育期内土壤磷酸酶（NLP）活性变化特征如图 6-20 所示，可以看到，苗期阶段 NLP 活性在 S1P3 处理下最高，为 39.35 U/mL；蕾期阶段 NLP

活性在 S1P1 处理下最高，为 38. 10 U/mL；花期阶段 NLP 活性在 S1P1 处理下最高，为 37. 20 U/mL；絮期阶段 NLP 活性在 S3P3 处理下最高，为 38. 57 U/mL。淋洗前（蕾期阶段）在 S1、S2 水平上 NLP 活性随着距暗管距离增加表现为先减小后增加，最大值均分布在 P1 处理下，分别为 38. 1 U/mL、37. 3 U/mL；S3 水平上 NLP 活性随着距暗管距离增加表现为先增加后减小，最大值分布在 P2 处理下为 36. 7 U/mL。在进行滴灌淋洗后（花期阶段），S1 水平上 NLP 活性最大值均分布在 P1 处理下为 37. 20 U/mL，较淋洗前降低 2. 36%，随距暗管距离增加而减小；S2 水平上 NLP 活性最大值均分布在 P2 处理下为 30 U/mL，较淋洗前增加 13. 20%；S3 水平上 NLP 活性最大值均分布在 P3 处理下为 31. 50 U/mL，较淋洗前降低 0. 9%。

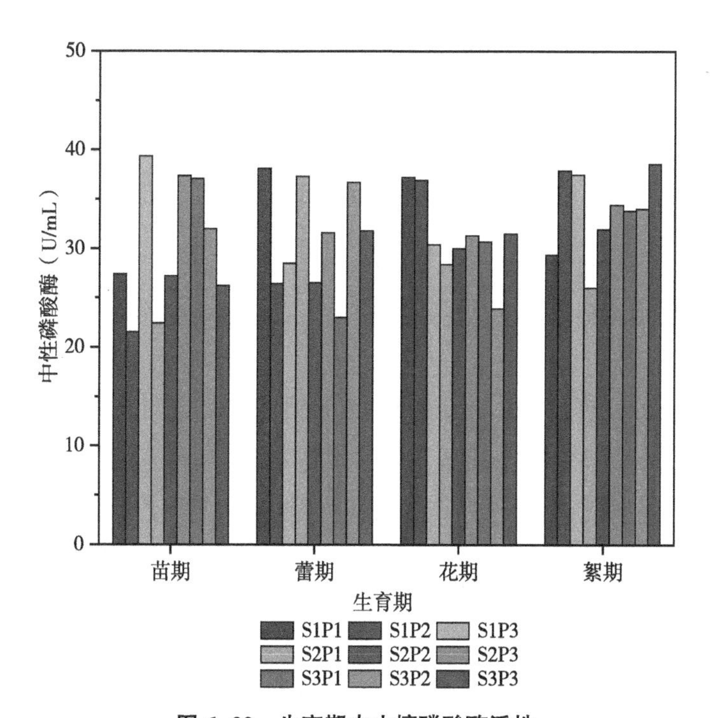

图 6-20　生育期内土壤磷酸酶活性

各生育期内土壤脲酶（urease）活性变化特征如图 6-21 所示，可以看到，苗期阶段 urease 活性在 S3P2 处理下最高，为 1 154. 20 U/mL；蕾期阶段 urease 活性在 S2P2 处理下最高，为 1 089. 66 U/mL；花期阶段 urease 活性在 S1P1 处理下最高，为 972. 41 U/mL；絮期阶段 urease 活性在 S1P3 处理下最高，为 943. 09 U/mL。淋洗前（蕾期阶段）在 S1、S2、S3 水平上 urease 活性随着距

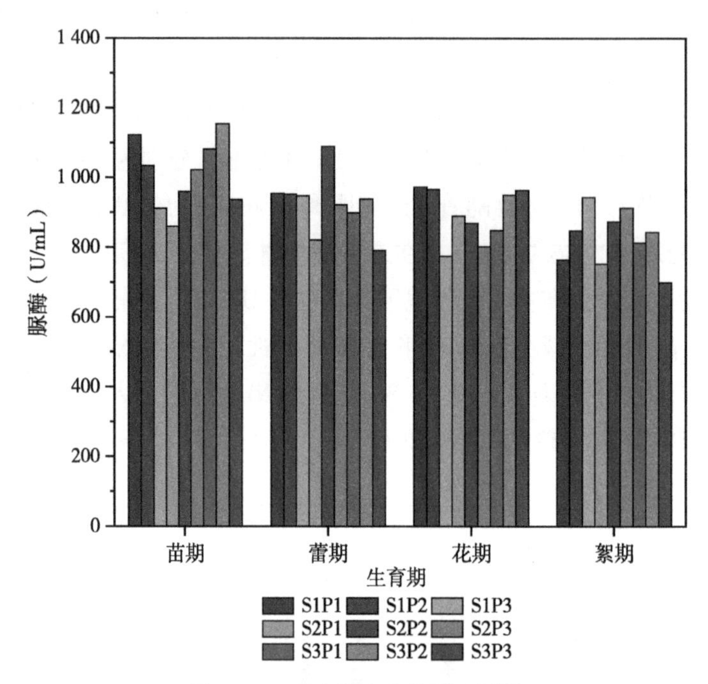

图 6-21　生育期内土壤脲酶活性

暗管距离增加均表现为先增加后减少，并且最大值均分布在 P2 处理上，分别为 951. 72 U/mL、1 089. 66 U/mL、937. 93 U/mL。在进行滴灌淋洗后（花期阶段），S1、S2 水平上 urease 活性随着距暗管距离增加均表现为逐渐减小，最小值均分布在 P3 处理，分别为 774. 71 U/mL、802. 30 U/mL，较淋洗前降低了 18. 20%、12. 97%；S3 水平上 urease 活性随距暗管距离增加而呈逐渐增大，最小值分布在 P1 处理，为 848. 28 U/mL，较淋洗前降低了 5. 63%。

各生育期内土壤蔗糖酶（sucrase）活性变化特征如图 6-22 所示，可以看到，苗期阶段 sucrase 活性在 S2P1 处理下最高，为 614. 73 U/mL；蕾期阶段 sucrase 活性在 S3P2 处理下最高，为 557. 69 U/mL；花期阶段 sucrase 活性在 S3P1 处理下最高，为 593. 59 U/mL；絮期阶段 sucrase 在 S3P3 处理下最高，为 587. 43 U/mL。淋洗前（蕾期阶段）在 S1 水平上 sucrase 活性随着距暗管距离增加而减小，S2 水平上 sucrase 活性随着距暗管距离增加表现为先增加后减小，S3 水平上 sucrase 活性随着距暗管距离增加而增加，并且最大值均分布在 S1P1、S2P2、S3P2 处理上，分别为 526. 92 U/mL、556. 41 U/mL、557. 69 U/mL。在进行滴灌淋洗后（花期阶段），S1、S2、S3 水平上 sucrase 活性随着

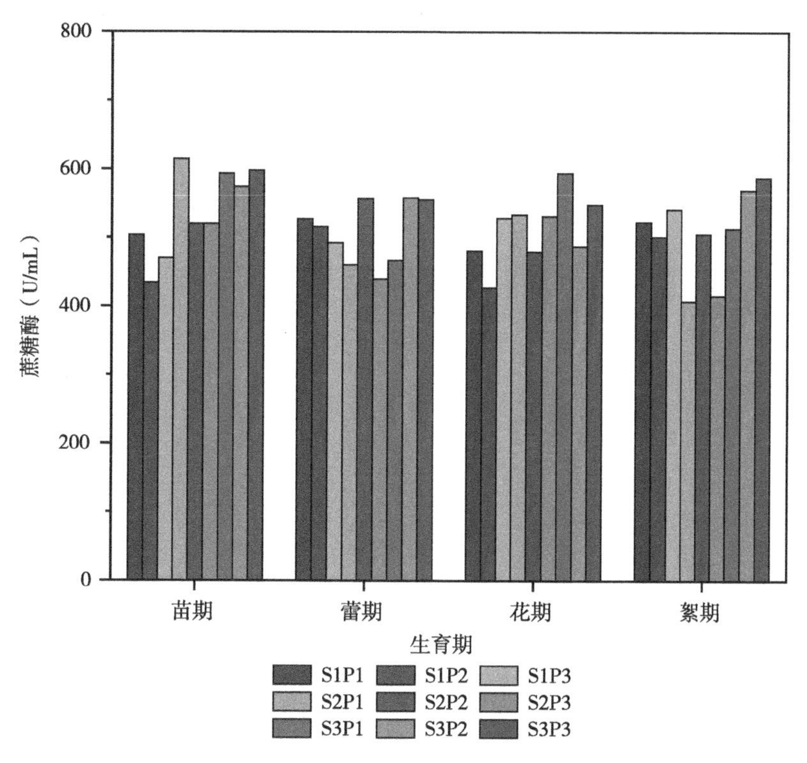

图 6-22　生育期内土壤蔗糖酶活性

距暗管距离增加均表现为先减小后增加，最小值均分布在 P2 处理，分别为 426.92 U/mL、479.49 U/mL、487.18 U/mL，较淋洗前降低了 17.16%、13.82%、12.64%。

综合来看，在滴灌淋滤配合暗管与竖井联合排水过程中，土壤酶活性随时间变化的趋势存在显著差异，总体上表现为过氧化氢酶（CAT）>脲酶（urease）>蔗糖酶（sucrase）>蛋白酶（S-NPT）>磷酸酶（NLP）。在淋洗排水后，CAT、NLP 和 S-NPT 性平均提高了 14.2%、6.4% 和 8.1%，urease 和 sucrase 活性平均降低了 3.7%和 2%。离竖井排水越近，CAT 和 S-NPT 性越高，离暗管排水越近，CAT 和 NLP 活性越高，间接影响了盐碱土壤中土壤微生物群落结构和植物根系生长。

6.1.5.5　土壤电导率与土壤因子相关性分析

如表 6-1 所示，试验区内土壤电导率（EC）与土壤 Cl^- 含量呈极显著正相关（P<0.01），与 Na^+、K^+、Ca^{2+} 含量呈极显著负相关（P<0.01）；与土壤

TN 呈负相关，但并没有达到显著水平（$P>0.05$）。土壤 TN 与 Cl^- 含量呈显著负相关（$P<0.05$），与 Na^+、K^+、Ca^{2+} 含量呈极显著正相关（$P<0.01$）。Cl^- 含量与 Na^+、K^+、Ca^{2+} 含量均呈极显著负相关（$P<0.01$），Na^+、K^+、Ca^{2+} 含量之间均互相呈极显著正相关（$P<0.01$）。

表 6-1　土壤离子与土壤 EC 相关性分析

指标	EC	TN	Cl^-	Na^+	K^+	Ca^{2+}
EC	1					
TN	-0.023	1				
Cl^-	0.183**	-0.131*	1			
Na^+	-0.226**	0.163**	-0.670**	1		
K^+	-0.232**	0.209**	-0.747**	0.804**	1	
Ca^{2+}	-0.265**	0.176**	-0.670**	0.599**	0.817**	1

注：* 表示显著差异（$P<0.05$）；** 表示极显著差异（$P<0.01$）。

如表 6-2 所示，试验区内土壤 EC 与土壤 urease 活性呈极显著正相关（$P<0.01$），与 sucrase 活性呈显著正相关（$P<0.05$）；与 CAT 活性和 NLP 活性呈负相关，与 S-NPT 活性呈正相关。CAT 活性与 sucrase 活性、S-NPT 活性呈负相关，与 urease 活性、NLP 活性呈正相关，均没有达到显著水平且相关性不大。

表 6-2　土壤酶活性与土壤 EC 相关性分析

指标	EC	CAT	urease	NLP	sucrase	S-NPT
EC	1					
CAT	-0.226	1				
urease	0.502**	0.023	1			
NLP	-0.020	0.141	-0.091	1		
sucrase	0.345*	-0.184	0.032	0.034	1	
S-NPT	0.144	-0.103	0.091	0.105	0.308	1

注：* 表示显著差异（$P<0.05$）；** 表示极显著差异（$P<0.01$）。

如表 6-3 所示，试验区内土壤 EC 与 Firmicutes 相对丰度呈显著正相关（$P<0.05$），与 Actinobacteria 相对丰度呈显著负相关（$P<0.05$），与 Chloroflexi

相对丰度呈极显著负相关（$P<0.01$），与 Proteobacteria 和 Bacteroidetes 相对丰度呈负相关关系，但相关性不大。Proteobacteria 与 Firmicutes 呈极显著负相关（$P<0.01$），与 Actinobacteria 呈显著负相关（$P<0.05$），与 Chloroflexi、Bacteroidetes 和 Gemmatimonadetes 有一定相关性，但均没有达到显著水平。此外，Chloroflexi 与 Actinobacteria 呈极显著正相关（$P<0.01$）。

表 6-3　土壤微生物优势菌种（门水平）与土壤 EC 相关性分析

指标	EC	Proteo-bacteria	Firmicutes	Actino-bacteria	Chloro-flexi	Bactero-idetes	Gemmati-monadetes
EC	1						
Proteo-bacteria	-0.045	1					
Firmicutes	0.441*	-0.655**	1				
Actino-bacteria	-0.443*	-0.395*	-0.338	1			
Chloro-flexi	-0.554**	-0.186	-.451*	0.556**	1		
Bactero-idetes	-0.098	0.235	-0.510**	0.220	-0.019	1	
Gemmati-monadetes	0.142	-0.217	-0.160	0.317	0.210	0.199	1

注：* 表示显著差异（$P<0.05$）；** 表示极显著差异（$P<0.01$）。

综上所述，试验区内棉田土壤的电导率降低，导致土壤 Cl^- 含量降低，土壤中 TN、K^+ 和 Ca^{2+} 含量增加，同时也降低了土壤中的 urease、sucrase 活性，使土壤微生物群落物种分布更加均匀，从而减少了土壤尿素污染，改善了作物根系区的土壤环境。

6.2　田间尺度盐渍化改良模式下土壤脱盐效果评价

6.2.1　土壤含盐量随时间的变化趋势

选取 0~20 cm（表层）、60~80 cm（埋管层）、120~140 cm（次深层）和 180~200 cm（深层）4 个典型土层。土壤含盐量在距离暗管 0.5 m（P_1）、5 m（P_2）和 7.5 m（P_3）位置随时间（2016—2020 年）变化差异显著（图 6-

23)。在 2016 年 3 月至 2017 年 9 月期间，埋设暗管（P_a）后，各处理在 4 个土层土壤含盐量随时间的推移均呈现阶梯式下降的趋势。在 2017 年 9 月至 2020 年 3 月，停止使用地面淋洗与暗管排水后，60~80 cm 土壤含盐量呈现大幅增长，P1、P2 和 P3 处理平均涨幅为 12.2 g/kg；180~200 cm 土壤含盐量呈现缓慢降低的趋势，而 0~20 cm、120~140 cm 土壤含盐量涨幅趋势不显著。在 2020 年 3 月至 2020 年 12 月，暗管与竖井（P_a-S_a）排水应用期间，0~20 cm、60~80 cm 土壤含盐量呈现阶梯式下降的趋势，并且 P_a-S_a在 2 次应用后，0~20 cm、60~80 cm 土壤含盐量已降低至 6.51 g/kg。总体上，在 2 条暗管中间位置（P3，7.5 m）土壤含盐量降幅最小，在水平距离暗管 0.5 m 位置（P_1）土壤含盐量降幅最大。60~80 cm 土层土壤含盐量降幅略高于 0~20 cm。

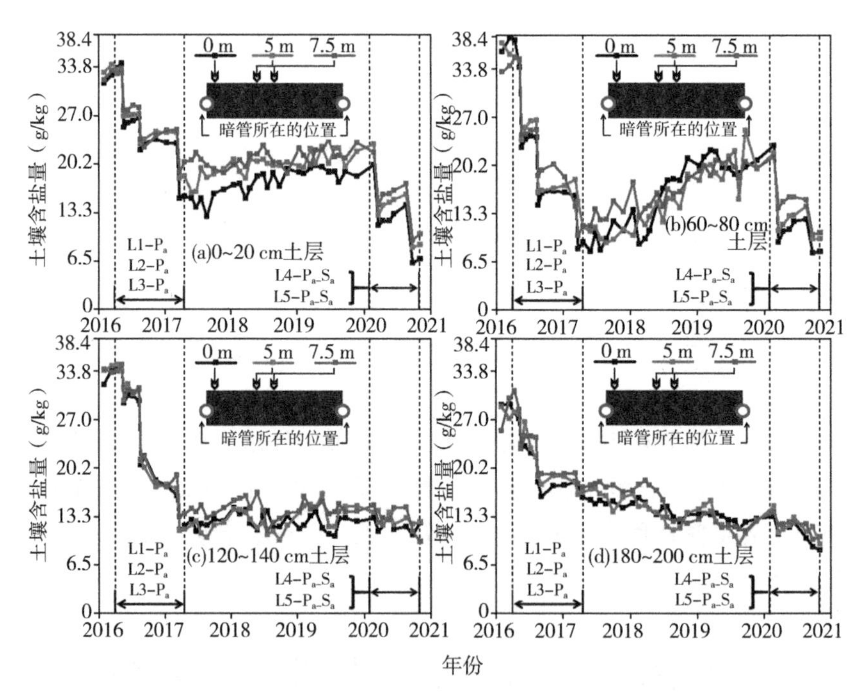

图 6-23　2016—2020 年土壤含盐量随时间的变化趋势

试验结束后 P1、P2 和 P3 处理 0~20 cm 和 60~80 cm 土壤含盐量均低于 8.78 g/kg，这意味着试验区 0~80 cm 深度土壤含盐量的 5 年总降幅达到 29.2 g/kg。

6.2.2　土壤含盐量的空间分布格局

滴灌条件下土壤含盐量随土壤水分渗透发生定向迁移，图 6-24 为 2020 年 0~7 m 土壤含盐量坡面分布图，可以反应 2 次滴灌淋洗与竖井、暗管排水后土壤含盐量在垂直方向的迁移特征及过程。L4 P_a-S_a淋洗前，土壤剖面时隔 3 年未经过冲刷，土壤含盐量介于 17~22.45 g/kg，其中，S_1（距离竖井 0.5 m）、S_2（距离竖井 30 m）和 S_3（距离竖井 60 m）位置在 0~7 m 土壤中含盐量整体大于 15.6 g/kg。但局部存在空间差异，例如，S2 在 5~6 m 深度土壤中含盐量介于 12.9~13.8 g/kg，而在 3 m 深度土壤含盐量则达到 22.45 g/kg。L4 P_a-S_a淋洗后，S_1和 S_2在 0~7 m 土壤含盐量差别不大，均在 9.2~12.9 g/kg，S_3在 0~7 m 土壤含盐量整体介于 5.6~10.2 g/kg，低于 S_1和 S_2。结果还表明浅层（0~1 m）土壤含盐量最低，深层（6~7 m）土壤含盐量最高，这表明在 0~7 m 深度范围内，土壤含盐量与土层深度呈正比。L5 P_a-S_a淋洗后，S_3在 0~7 m 土壤含盐量降幅最大，土壤含盐量介于 2.9~5.8 g/kg，其次是 S2（3.8~10.2 g/kg），S_1降幅最小，土壤含盐量介于 6.5~10.2 g/kg。

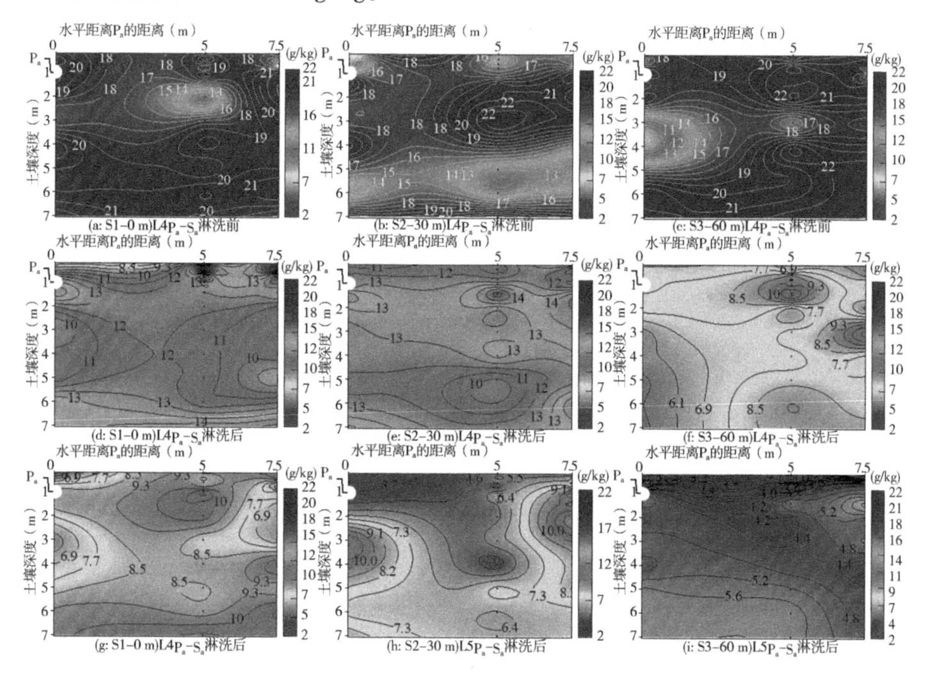

图 6-24　0~7 m 深度土壤盐分剖面分布

因此，经过 L4 P_a-S_a和 L5 P_a-S_a淋洗，我们发现在 0~60 m 范围内，距离竖井越远（60 m）土壤含盐量降幅最大，在水平距离竖井 0.5 m 位置（S_1）土壤含盐量降幅最小。

6.2.3 土壤脱盐率

表 6-4 为试验 3 个阶段仅采用暗管排水（P_a）在 0~200 cm 深度土壤脱盐率的分析结果。P1、P2 和 P3 在 60~80 cm 土层土壤脱盐率最高，这主要是因为暗管埋设于 60~80 cm 土层，其中 P1 土壤脱盐率介于 33.1~46.3 %，高于 P2 和 P3。随着淋洗次数的增加（L1-P_a至 L3-P_a），120~140 cm 深度土壤脱盐率逐渐增加，并且在 L3-P_a淋洗后土壤脱盐率达到 32.5%~36.4%。

表 6-4　前 3 次淋洗水平距离暗管不同距离下 0~200 cm 土壤脱盐率　单位:%

土壤深度（cm）	L1-P_a				L2-P_a				L3-P_a			
	0~20 cm	60~80 cm	120~140 cm	180~200 cm	0~20 cm	60~80 cm	120~140 cm	180~200 cm	0~20 cm	60~80 cm	120~140 cm	180~200 cm
P_1	26.1	33.1	15.5	15.3	17.4	39.4	30.2	15.5	33.2	46.3	36.4	2.2
P_2	18.3	32.1	6.8	13.6	15.5	38.2	31.7	12.8	25.7	17.0	33.7	9.0
P_3	17.0	30.2	14.7	19.1	15.9	25.9	31.6	11.5	24.0	29.7	32.5	7.6

注：P_a，暗管排水。

表 6-5、表 6-6 分别为试验两个阶段采用暗管和竖井排水（P_a-S_a）在 0~7 m 深度土壤脱盐率的分析结果。在 L4-P_a-S_a淋洗期间，土壤脱盐率可以达到 75%，并且土壤脱盐率 60%~75%的位置主要集中在 P3S1、P3S2 和 P3S3，例如，P3S1 位置在 4~7 m 深度土壤脱盐率分别为 67.7%（4~5 m）、74.7%（5~6 m）和 73.6 %（6~7 m）。然而，在 L5-P_a-S_a淋洗期间，P3S1 位置在 4~7 m 深度的土壤脱盐率为负值，分别为-10.6%（4~5 m）、-10.0%（5~6 m）和-14.0 %（6~7 m）。因此，水平距离暗管 7.5 m（P3）位置的 0~3 m 深度土壤脱盐效果最好，并且土壤脱盐率均在 32%以上。

表 6-5　L4-P_a-S_a 淋洗不同处理下 0~7 m 土壤脱盐率　单位:%

处理	0~1 m	1~2 m	2~3 m	3~4 m	4~5 m	5~6 m	6~7 m
P1S1	49.7 b	32.2d	43.6 a	50.4 b	47.3 b	29.3 c	38.6 c
P1S2	27.5 c	13.4f	35.7 b	43.0 b	36.6 c	45.3 b	24.9 d

（续表）

处理	0~1 m	1~2 m	2~3 m	3~4 m	4~5 m	5~6 m	6~7 m
P1S3	16.7 d	44.9 c	47.0 a	44.0 b	55.3 a	44.8 b	15.5 e
P2S1	17.3 d	27.0 e	27.5 b	38.1 b	28.9 c	7.2 d	30.8 d
P2S2	22.7 d	28.3 e	44.1 a	25.7 c	20.3 d	18.3 c	44.2 c
P2S3	31.7 c	25.7 e	33.1 b	10.9 d	2.6 e	−1.2 d	30.5 d
P3S1	60.1 a	57.4 b	44.5 a	31.5 c	67.7 a	74.7 a	73.6 a
P3S2	57.3 a	56.6 a	45.1 a	66.1 a	58.7 a	53.6 a	58.4 b
P3S3	67.8 a	66.3 a	32.3 b	62.2 a	63.5 a	62.7 a	59.7 b
ANOVA (P-value)							
P_a (df 1)	<0.001	<0.001	0.014	0.026	0.003	<0.001	0.022
S_a (df 2)	0.041	0.034	0.032	0.042	0.040	0.038	0.032
$P_a \times S_a$ (df 2)	0.044	0.038	0.039	0.055	0.046	0.043	0.023

注：P_a，暗管排水；S_a，竖井排水。

表 6-6　L5-P_a-S_a 淋洗不同处理下 0~7 m 土壤脱盐率　单位：%

处理	0~1 m	1~2 m	2~3 m	3~4 m	4~5 m	5~6 m	6~7 m
P1S1	33.8 d	36.5 c	38.6 b	33.3 b	21.8 c	32.2 c	27.2 c
P1S2	31.5 d	13.2 e	28.6 c	21.4 c	26.4 c	20.0 d	23.7 c
P1S3	43.6 c	44.3 b	37.2 b	0.6 d	−2.0 d	6.2 e	33.0 b
P2S1	67.8 a	58.2 a	4.9 d	16.1 c	29.8 c	40.6 b	37.6 b
P2S2	52.4 b	61.1 a	51.6 a	67.5 a	24.0 c	37.1 b	44.8 a
P2S3	34.1 d	25.1 d	28.7 c	35.1 b	29.7 c	51.5 a	47.3 a
P3S1	50.3 b	40.1 c	11.6 d	20.7 c	−10.6 e	−10.0 e	−14.0 d
P3S2	59.2 a	49.1 b	44.4 b	37.2 b	35.2 b	37.2 b	35.4 b
P3S3	34.9 d	13.9 e	55.6 a	43.1 b	42.4 a	42.2 b	45.0 a
ANOVA (P-value)							
P_a (df 1)	0.024	0.019	0.014	0.011	0.028	0.015	0.010
S_a (df 2)	0.005	0.003	<0.001	0.002	0.022	0.025	0.031
$P_a \times S_a$ (df 2)	0.031	0.016	0.005	0.018	0.045	0.031	0.074

注：P_a：暗管排水；S_a：竖井排水。

6.2.4 2017—2020 年水利改良期间棉花生长及产量状况

2017 至 2020 年棉花生长参数见表 6-7，包括棉花出苗率、株高、干物质量、籽棉产量、皮棉产量。在所有年份中，棉花出苗率和株高在水平距离暗管 P1 位置最高，其中仅 2017 年 P1 与 P2 和 P3 差异显著（$P<0.05$）；棉花干物质量和籽棉产量、皮棉产量均逐年升高，其中 2017—2018 年 P1 位置的棉花干物质量比 P2 和 P3 位置低 4%～12%，籽棉产量比 P2 和 P3 位置低 8%～39%，2019—2020 年 P1、P2 和 P3 位置棉花各生长指标与产量均无显著差异。P1 位置埋设暗管，因此该位置土壤属于回填土，我们的结果发现在水利改良模式下未受扰动的土壤（P2、P3）相比回填土更有利于棉花生长。在干旱区土壤水分蒸发强烈，回填土壤相比未扰动的土壤更容易导致棉花低产，但在回填 2 年后棉花产量会达到未扰动土壤种植棉花的产量。

表 6-7 2017—2020 年棉花生长与产量指标

水平距暗管不同位置（m）		出苗率（%）	株高（cm）	干物质量（t/hm^2）	籽棉（t/hm^2）		皮棉（t/hm^2）	
					产量	平均值	产量	平均值
2017 年	P1	36.7b	62.7c	4.1b	2.3c		0.9c	
	P2	33.4c	58.2c	4.7c	3.8b	3.3	1.5b	1.3
	P3	33.8c	60.4c	5.2c	3.8b		1.5b	
2018 年	P1	40.2b	108.3a	5.8b	3.9b		1.7b	
	P2	37.1b	102.7b	6.3a	4.4a	4.2	1.9b	1.8
	P3	38.4b	103.4b	6.2a	4.3a		1.8b	
2019 年	P1	55.5a	114.8a	6.6a	4.8a		2.3a	
	P2	52.0a	113.8a	6.3a	4.4a	4.5	2.1a	2.2
	P3	48.8a	114.1a	6.1a	4.3a		2.0a	
2020 年	P1	68.6a	120.8a	7.9a	7.1a		3.4	
	P2	62.3a	115.6a	7.6a	7.0a	7.0	3.3	3.3
	P3	65.4a	123.9a	7.6a	7.1a		3.4	
ANOVA（P-value）								
T（df 1）		0.014	0.010	0.017	0.023	/	0.010	/
Y（df 2）		0.031	0.052	0.029	0.038	/	0.032	/

（续表）

水平距暗管不同位置（m）	出苗率（%）	株高（cm）	干物质量（t/hm²）	籽棉（t/hm²）		皮棉（t/hm²）	
				产量	平均值	产量	平均值
T × Y（df 2）	0.035	0.012	0.044	0.031	/	0.041	/

注：各组数据经过 LSD 检验，当 P ≤5%时代表组间差异显著；Y 组代表水平距离暗管 0 m、5 m 和 7.5 m 的距离，T 组代表 0~20 cm、60~80 cm 和 180~200 cm 深度。

在 2017 年，棉花株高仅为 58.2~62.7 cm，P1、P2 和 P3 位置棉花株高无显著差异（$P>0.05$），2018 年相比首年（2017 年）种植棉花出苗率、株高、干物质量、籽棉产量分别提高了 10%、42%、23%和 21%，P1 与 P2 和 P3 位置的棉花株高、干物质量、籽棉产量差异显著（$P<0.05$）。2020 年棉花出苗率、株高分别达到 62%、115.6 cm 以上，仍然低于根际尺度试验中的弱盐渍化（P1）与轻度盐渍化（P2）处理，但籽棉产量略高于根际尺度试验棉花的最高籽棉产量。这表明大田尺度棉花机械化管理相比测坑人工管理棉花增产更具优势。

6.3　盐渍化土壤水利改良措施对土壤根际生态系统的影响

6.3.1　水利改良措施对土壤微生物群落多样性的影响

为了探究土壤样本 alpha 多样性随抽平深度的变化趋势，采用 Observed species 指数来表征观测土壤样品中微生物物种的多样性指数（图 6-25）。各次淋洗之后，样本的测序深度均呈现降低趋势。这表明灌溉排水工程会减少土壤微生物的测序深度和群落物种丰富度（OTUs），但这一趋势并不随着淋洗次数的增加而加剧。

群落物种丰富度（OTUs）从 4 900 降低至 3 500 以下，这也说明灌溉排水工程对 OTUs 的影响在短期内是不可逆的。然而在非淋洗期间（2020 年 5—7 月），测序深度出现了较大反弹，甚至超越淋洗前（2020 年 3 月 25 日）的序列数。

综合以上特点，我们不难发现通过灌溉淋洗措施会显著降低土壤微生物群落的物种丰富度和数量，并且物种丰富度在 1 年内是不可恢复的，但是群落数量却可以在 2 个月内得到补充，并且超过原先物种群落数量。此外，通过 L4-

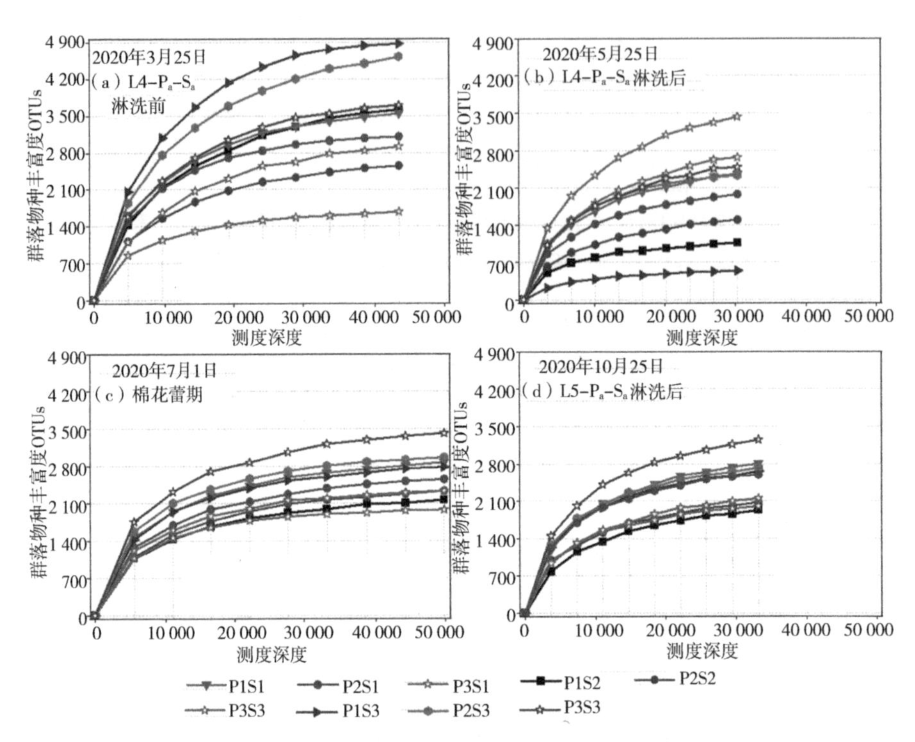

图 6-25　土壤样本 alpha 多样性的稀疏曲线

P_a-S_a和 L5-P_a-S_a淋洗，P3S3 位置在所有观测位置中微生物测序深度和群落物种丰富度（OTUs）均保持在前 3 水平。

土壤样品在 4 个时间段的门类水平细菌群落的相对丰度（Relative Abundance）见图6-26。其中，Proteobacteria，Actinobacteria、Firmicutes、Bacteroidetes 和 Chloroflexi 是 OUTs 聚类前 5 的菌群，它们的总量占 75%以上。L4-P_a-S_a淋洗前（图 6-8a），前 3 菌门分别为 Proteobacteria、Actinobacteria 和 Firmicutes，L4-P_a-S_a淋洗后，Actinobacteria 的相对丰度显著下降，而 Firmicutes 的相对丰度随着水平距离暗管位置的增加而逐渐上升。L5-P_a-S_a淋洗后，Proteobacteria、Actinobacteria 和 Bacteroidetes 是排列前 3 的主要菌门，并且 Actinobacteria 的相对丰度随着水平距离暗管位置的增加而逐渐上升。

为了进一步比较样本间的物种组成差异，实现对各样本物种丰度分布趋势的展示，本研究对平均丰度前 50 位的属类水平丰度数据进行相关性分析并绘制热图（图 6-27）。水平距离暗管和竖井的 9 个处理可聚类为 3 组，而细菌群落可聚类为 5 组。P3S2 位置的 Pelagibacterium、Aquabacterium、Ralstonia、

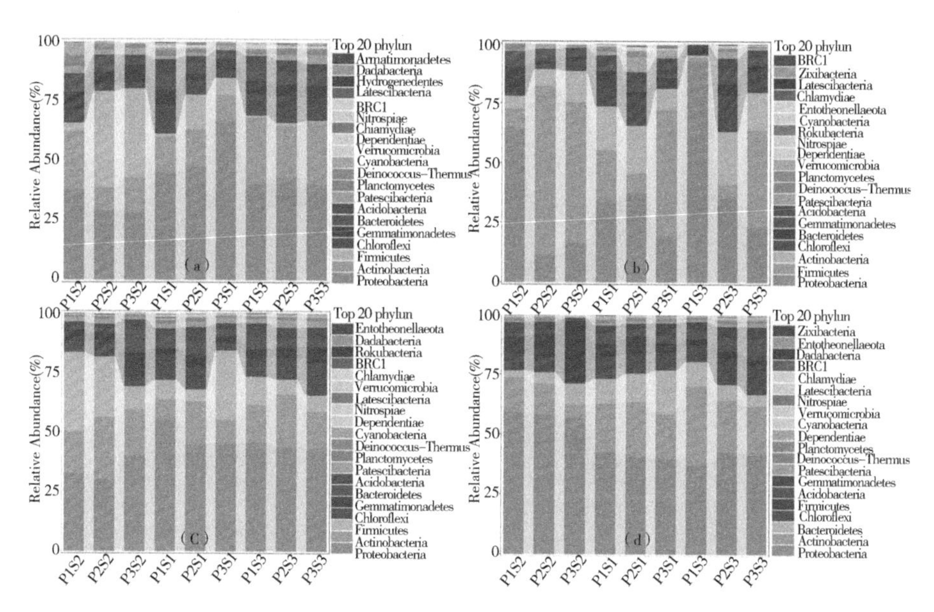

图 6-26　水平距离暗管与竖井不同位置处微生物门类水平物种组成柱状图

Bacteroides、Agathobacte 和 Ruminococcus 相对丰度显著高于其他 8 个处理的 44 个菌属，是 6 个优势菌属。P1S2 和 P2S2 位置的细菌群落平均丰度相似度最高，并且样本的重复性较好。P3S3 和 P2S3 位置相比其余 6 个处理物种优势菌属最为丰富。总体上，水平距离暗管和竖井越近（0~5 m 内），属水平上的群落构成相似性越小（即物种平均丰度组成的差异性越大），而水平距离暗管和竖井越远（5~7.5 m 内），属水平上的群落构成相似性越大。

土壤物种属水平的 PCA 载荷图和样本二维排序见图 6-28。载荷和样本二维排序图的主成分分析结果表明，前两个主成分（PCA1、PCA2）的方差贡献率分别为 59.7% 和 30.6%，累积贡献率的阈值为 76.3%。Nitriliruptoraceae、A4b、Ralstonia、Subgroup_ 6、Bacteroides、Agathobact 和 pelagibacte 属类水平间具有较强的相关性，它们对土壤微生物群落的贡献较大。Halomonas 和 Aquabacter 菌属间呈负相关关系。P1S3、P2S3、P3S3、P3S1、P2S1 和 P1S1 处理的物种丰度组成在二维排序图中较为相似，P1S2 和 P2S2 位置的物种丰度组成较为相似，而 P3S2 与其余 8 个位置的物种丰度组成差异性显著（$P<0.01$）。

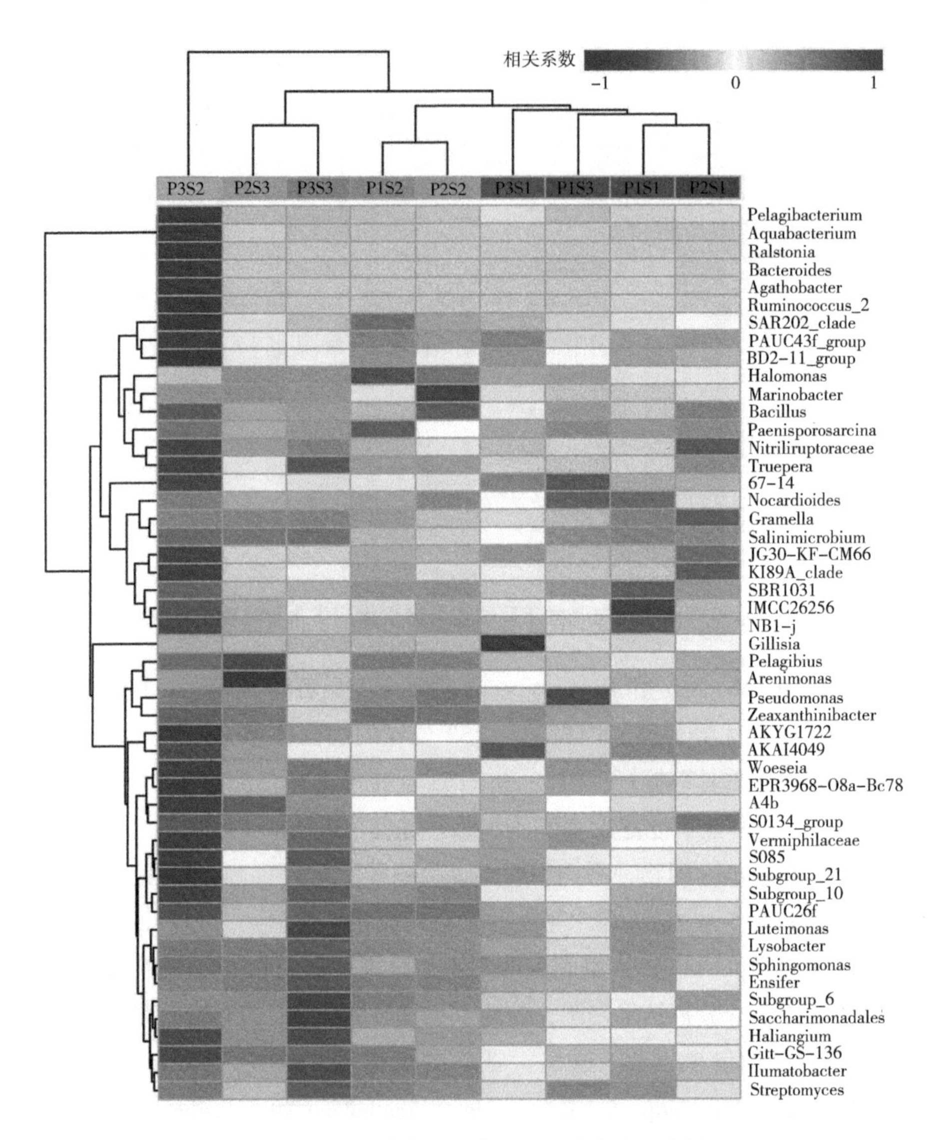

图 6-27 物种聚类的属类水平物种丰度组成热图

6.3.2 水利改良措施对土壤酶活性的影响

在 2 次淋洗期间，9 种土壤酶活性随时间变化的趋势和差异显著（图 6-29）。具体表现为 CAT（过氧化氢酶）>UR（脲酶）>SU（蔗糖酶）>AP1（碱性蛋白酶）>AP2（酸性蛋白酶）>NPT（中性蛋白酶）>ALP（碱性磷酸

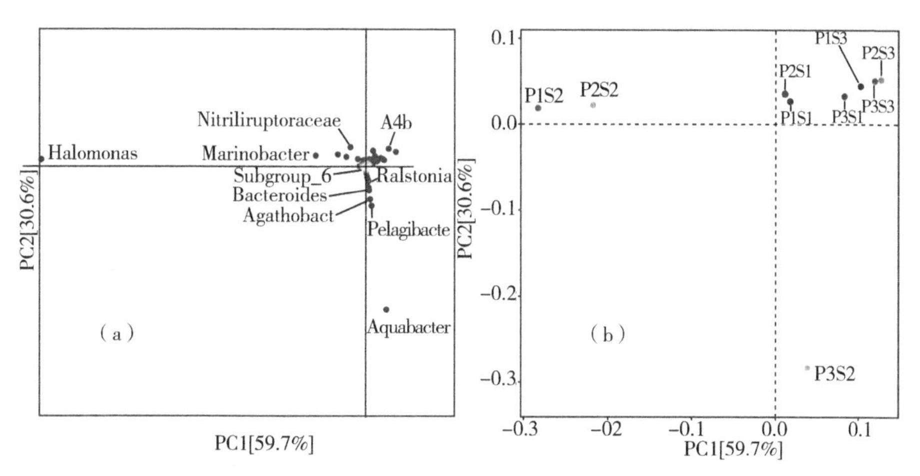

图 6-28　PCA 分析的物种属水平载荷图（a）和样本二维排序图（b）

酶）>ACP（酸性磷酸酶）≈ NLP（中性磷酸酶）。这表明长期采用灌溉与排水工程的农田过氧化氢酶、尿素酶和蔗糖酶活性最高，而酸性磷酸酶和中性磷酸酶活性最低。L5-P_a-S_a淋洗后，过氧化氢酶活性提高了 14%~58%，碱性磷酸酶活性提高了 0~36%，碱性蛋白酶提高了 1%~35%。这说明长期灌溉与排水工程可以增加蔗糖酶和碱性磷酸酶活性。所有处理中脲酶活性整体降低了 9%~32%，蔗糖酶活性降低了 13%~34%。这直接影响到土壤中高分子量蔗糖分子水解为葡萄糖和果糖的能力，以及土壤中各种有机和无机影响物种的转化速度。间接影响到土壤微生物群落数量和植物根系的生长。此外，L5-P_a-S_a淋洗后，P1S1 位置的过氧化氢酶、碱性蛋白酶、尿素酶和酸性蛋白酶活性降幅最大，分别为 17%、22%、32%和 25%。P1S3 位置的过氧化氢酶和碱性蛋白酶涨幅最高，分别为 58%与 36%。总体上，距离暗管和竖井越近，过氧化氢酶、酸性蛋白酶和中性磷酸酶活性越高，而碱性磷酸酶活性越低。

6.4　改良模式下的土壤盐平衡分析

为量化盐渍化土壤改良期间土壤含盐量的输入和输出，评估地面灌溉冲洗配合暗管与竖井的排盐性能，需要进一步探讨田间尺度土壤盐分平衡规律。Wilcox 和 Resch 在 1963 年最早提出土壤盐分平衡的评估方程，主要考虑了灌溉水中盐分向土壤的输入以及排水过程中土壤盐分的输出。本研究在此基础上

Group	Unit:	CAT (U/mL)	AP1 (U/L)	ALP (IU/L)	UR (IU/L)	AP2 (U/L)	ACP (IU/L)	SU (U/L)	NPT (IU/L)	NLP (UI/L)
L4-Pa-Sa淋洗后（2020年3月25日）	P1S1	7.7	276.6	33.6	1122.4	182.7	29.2	503.3	110.2	27.4
	P2S1	8.1	212.2	39.6	1034.0	168.6	34.2	434.2	95.5	21.5
	P3S1	7.0	293.1	30.2	911.6	155.7	32.5	470.0	87.6	39.4
	P1S2	5.9	251.4	35.6	1081.6	126.0	33.3	593.0	129.4	37.1
	P2S2	9.1	250.1	34.8	1154.2	183.5	35.9	573.7	110.2	32.0
	P3S2	7.3	226.1	37.3	936.5	126.7	29.8	598.1	92.0	26.2
	P1S3	6.0	228.0	34.5	859.4	163.5	35.6	614.7	114.0	22.4
	P2S3	7.6	269.7	35.1	959.2	161.6	28.7	520.0	100.3	27.2
	P3S3	8.3	265.9	36.4	1022.7	189.3	33.1	520.0	121.2	37.4
L4-Pa-Sa淋洗后（2020年5月25日）	P1S1	6.7	236.6	32.5	954.0	170.2	28.1	526.9	86.4	38.1
	P2S1	8.9	276.8	31.2	951.7	191.3	33.6	515.4	105.6	26.4
	P3S1	7.1	259.5	39.8	947.1	170.2	35.4	492.3	122.4	28.5
	P1S2	7.4	224.2	31.9	898.9	185.8	35.9	466.7	91.2	23.0
	P2S2	8.6	227.3	45.0	937.9	148.7	34.1	557.7	93.3	36.7
	P3S2	7.2	236.6	41.0	790.8	130.3	32.3	555.1	125.5	31.8
	P1S3	7.7	260.1	43.7	820.7	191.3	38.1	460.3	104.2	37.3
	P2S3	8.5	224.2	44.6	1089.7	187.0	39.5	556.4	108.0	26.5
	P3S3	6.5	271.8	39.3	921.8	181.9	39.3	439.7	97.0	31.6
棉花蕾期（2020年7月1日）	P1S1	8.7	226.1	35.3	972.4	171.3	34.8	480.8	87.1	37.2
	P2S1	7.3	238.5	34.4	965.5	165.1	36.8	426.9	111.8	36.0
	P3S1	8.5	283.6	45.8	774.7	124.4	30.8	528.2	105.3	30.4
	P1S2	8.1	261.9	42.2	848.3	175.6	33.6	593.6	123.1	30.7
	P2S2	7.1	276.8	38.9	949.4	169.0	32.4	487.2	98.4	23.9
	P3S2	8.0	211.3	45.7	963.2	140.4	37.5	547.4	98.7	31.5
	P1S3	6.9	274.9	46.5	889.7	164.3	30.3	533.3	98.1	28.4
	P2S3	7.6	213.7	31.3	869.0	160.4	33.0	479.5	103.5	30.0
	P3S3	6.3	223.0	37.7	802.3	173.7	33.7	530.8	80.2	31.3
L5-Pa-Sa淋洗后（2020年10月25日）	P1S1	6.4	216.0	40.6	764.2	136.8	41.0	522.6	116.5	29.4
	P2S1	9.3	287.4	43.2	847.9	161.4	27.0	501.4	103.7	37.9
	P3S1	8.9	237.6	31.1	913.1	183.2	27.6	541.1	130.2	37.5
	P1S2	7.6	290.4	36.8	813.0	124.5	36.1	513.3	129.9	33.8
	P2S2	8.9	253.2	34.8	843.2	138.0	30.2	568.9	72.8	34.0
	P3S2	8.3	265.2	32.8	699.2	169.4	31.2	587.4	111.1	38.6
	P1S3	9.5	210.0	47.1	752.6	186.4	29.2	407.5	80.6	26.0
	P2S3	9.1	272.3	47.1	873.4	197.5	35.5	505.4	123.5	31.9
	P3S3	9.6	238.0	42.7	912.9	189.9	36.6	548.6	93.3	34.4

变化率（%） −38 −20 −10 −5 5 10 20 40 67

图 6-29　土壤酶活性组成热图

还考虑土壤盐分在冲洗后发生的深层渗漏（输出）、地下水位上升或蒸腾作用下土壤盐分的输入，共包括 4 个部分。

（1）暗管与竖井排水所携带盐分的输出（D_{dw}）。即土壤淋洗后通过暗管与竖井排水排出土体的土壤盐分。

（2）地面灌溉冲洗土壤盐分的深层渗漏量（D_{dp}），即未通过暗管或竖井排水，进一步向更深土壤层渗漏或补给地下水而输出的盐分。本研究在考虑土壤盐分平衡时，定义土壤尺度边界为 0～200 cm，超出 0～200 cm 深度范围的盐分则视为深层渗漏。

（3）地表水补给土壤产生的盐分输入，包括降雨（G_{rn}）、灌溉（G_{ir}）、淋洗（G_{lh}）时携带的盐分。

（4）地下水补给（G_{ss}），受蒸腾作用或毛管水上升时所携带的盐分输入。

田间尺度土壤盐分平衡方程（ΔSS）由公式 6-1 计算得出，i 和 e 分别代表不同的起止日期（月份）。当 $\Delta SS>0$ 时，土壤处于脱盐状态，$\Delta SS<0$ 时，土壤呈现积盐状态。

$$\Delta SS = \sum_{i}^{e} (D_{dw} + D_{dp} - G_{ir} - G_{rn} - G_{ss}) \qquad (6-2)$$

田间作物在生育期末经过打杆、粉碎和翻耕处理后仍保留在土壤中，因此本文不考虑田间作物对土壤盐分的吸收转运。

干旱区土壤盐平衡主要通过水分携带盐分输出和输入（图 6-30）。试验中输出盐分包括暗管排盐（D_{dw}），深层渗漏的盐分（D_{dp}）和植物吸收的盐分（D_{pt}）。输入盐分以地表-地下水联合补给的形式，包括降雨（G_{rn}），灌溉（G_{ir}），淋洗（G_{lh}）和浅层地下水蒸发所携带的盐分（G_{ss}）。显然，在野外试验条件下仅 G_{ss} 值无法获得，即使在土壤内部埋设盐传感器探头，或是进行室内盐通量试验，仍然无法代替野外实际 G_{ss} 值。必须进行合理的假设。

干旱区土壤盐平衡与水量平衡的区别在水分通过蒸散发进入大气，而蒸散发量由地表-地下水补给量和土壤贮水量变化值组成，假设多年土壤贮水量变化值为 0，即可根据蒸发量和地表-地下水补给量得到实际 G_{ss} 的输入盐分。此外，浅层地下水蒸发所携带的盐分浓度（g/L）亦是未知数，因此依据率定后的土壤含盐量变化趋势，假设 G_{ss} 的矿化度分别为 0、5 g/L、10 g/L、15 g/L 和 20 g/L，最终依据盐平衡方程即可取适当值。

试验期间累积输入水量和盐量分别为 9 350.44 m^3 和 260.16 t（图 6-30 a，c）。当 G_{ss} 值为 0、5 g/L、10 g/L、15 g/L 和 20 g/L 时，累积输入盐量分别为 38.75 t，106.08 t，173.42 t，240.75 t 和 308.08 t（图 6-30b）。D_{dp} 值比 D_{dw} 值高 32.36 t，显然盐分的输出仍然以深层渗漏为主，暗管排盐占灌区盐输出总量的 39.74%。

从另一个角度来看（图 6-30 d），当 G_{ss} 值为 0、5 g/L、10 g/L 和 15 g/L 时，土壤盐分平衡表现为脱盐状态（$\Delta SS>0$）；当 G_{ss} 值为 20 g/L 时，土壤盐分平衡表现为积盐状态（$\Delta SS<0$）；当 G_{ss} 值为 0 g/L 时，ΔSS 趋于缓慢增加状

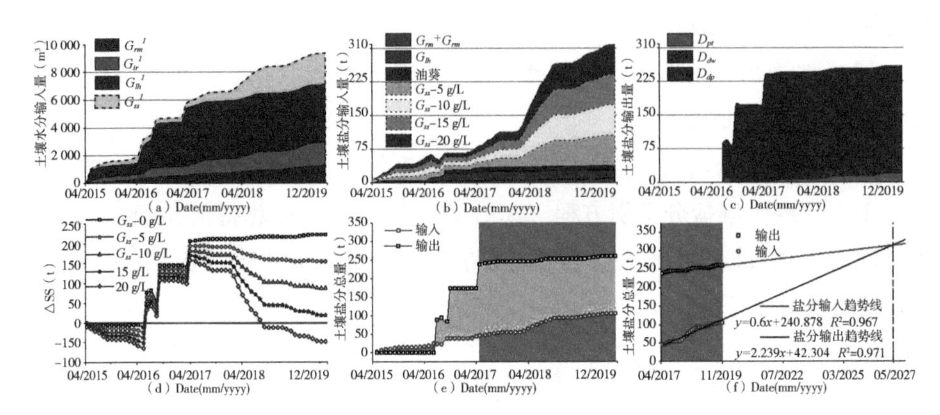

图 6-30　土壤盐平衡特征

态。当 G_{ss} 值为 15 g/L 时，土壤剖面即将达到盐分平衡状态（$\Delta SS=0$）。现阶段实际土壤含盐量整体处于缓慢积盐的状态，短期内无法累积至初始含盐量。因此仅考虑 G_{ss} 值为 5 g/L（假设 G_{ss} 值为 0 g/L、10 g/L、15 g/L 和 10 g/L 时不成立）。

在首次淋洗时（2016 年 6 月），土壤盐分平衡由积盐（$\Delta SS<0$）转为脱盐（$\Delta SS>0$），盐分输出呈现“阶梯式”上升（图 6-30 e），这与土壤含盐量动态表征一致。将土壤盐平衡进行回归分析的结果表明（图 6-30 f），在滴灌淋洗与暗管排水结束后，土壤盐分输入与输出预计在 2027 年 5 月达到平衡（$\Delta SS=0$），盐分年平均输入总量为 26. 88 t。此后若不进行淋洗，土壤盐平衡将持续表现为积盐（$\Delta SS<0$）。第 1 次、第 2 次和第 3 次淋洗暗管与渗漏总排盐量分别为 88. 47 t、88. 94 t 和 111. 02 t，是预测盐分年平均输入总量的 3～3. 5 倍。因此，在淋洗定额不变的情况下，为了维持田间土壤盐分平衡，我们建议每隔 3 年盐分淋溶 1 次比较合适。

6. 5　暗管与竖井协同改良对棉花生长及产量的影响

由第 3、第 4 章可知，滴灌淋洗配合暗管与竖井排水协同改良盐碱地对于土壤水盐运移、土壤理化性质及土壤微生物多样性均在一定程度具有影响，然而土壤环境的改变对棉花生长生理及作物产量具有直接影响，包括气候因素、土壤环境、水肥含量等多个方面的影响。土壤盐分过高、土壤理化性质改变等均会致使棉花生长受限，严重的会导致土壤环境及地下水污染，造成经济损失和作物产量降低，而通过合理的方式改良盐碱地，高效节水排盐，会促进棉花正常生理生长从而提高作物产量。因此本章主要从对比不同处理下棉花的株高（PH）、叶面积指数（LAI）、干物质量（DW）及产量的差异性，明确协同改良对棉花生理生长及产量的影响，从而确定协同改良较单一改良方式对于作物生长的优势，为提高膜下滴灌模式下干旱盐渍化地区的棉花生长发育水平提供理论依据。

6.5.1　协同改良对棉花株高、叶面积指标的影响

将滴灌淋洗配合暗管与竖井协同改良下两年间的棉花叶面积指数变化趋势，与未铺设暗管与竖井排水措施（CK）棉田的棉花叶面积指数进行对比，如图 6-31 和图 6-32 所示，总体来看，经过联合排水排盐后在一定程度上增加了棉花的叶面积指数，在播种后 120 天左右对棉花进行脱叶处理，导致棉花叶面积处于逐渐下降趋势。协同排水改良下各处理棉花叶面积生长趋势呈现“Ω”形，在棉花的花铃期达到顶峰最大值。2020 年距离竖井 0m 处（即 S1 处理）的叶面积指数较其他处理分别提高 3.81%（S2）、14.94%（S3）、-0.94%（S4）、24.93%（CK），2021 年 S1 处理下的叶面积指数较其他处理分别提高 4.12%（S2）、26.76%（S3）、-6.47%（S4）、22.27%（CK），在对比 2021 年协同排水改良模式下与 2017 年暗管排水模式下的花期叶面积指数，可以发现，在两竖井影响范围交汇区（即 S4 处理）棉花叶面积指数峰值相对于其他处理会更高，棉花全生育期叶面积指数基本表现为 S1>S4>S2>2017 年>CK>S3。综合两年的实验结果可以发现，在协同排水改良模式比单一暗管排水模式对于棉花叶面积指数的生长影响更大，叶面积指数最高达到单一暗管排水模式下的 1.2 倍。

将协同改良下的棉花株高变化趋势与 CK 处理进行对比，如图 6-33 和图 6-34 所示，可以从整体上看出，滴灌淋洗配合暗管与竖井协同改良下棉花生长变化曲线呈现“S”形，株高发育迅速生长时期出现在花铃期，出苗期及花期后的株高生长相对缓慢，株高曲线逐渐平缓。在播种后 110 d 左右对棉花进行打顶处理，通过限制棉花继续长高来促进棉铃的生长。2020 年距离竖井 0m 处（即 S1 处理）的株高较其他处理分别提高 4.81%（S2）、14.86%（S3）、4.36%（S4）、15.09%（CK）；2021 年 S1 处下的株高较其他处理分别提高 4.60%（S2）、22.84%（S3）、-2.14%（S4）、57.28%（CK），棉花全

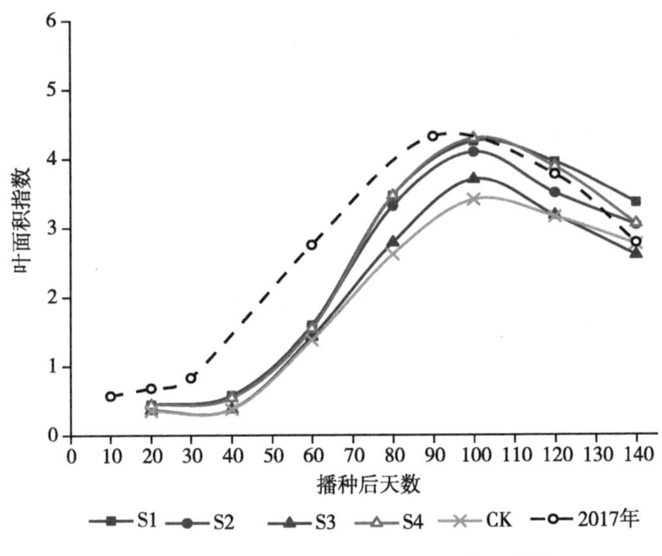

图 6-31　2020 年棉花叶面积指数变化趋势

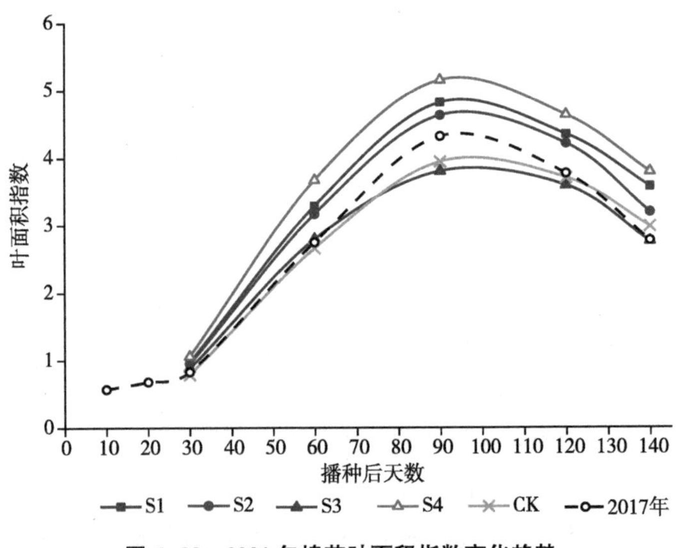

图 6-32　2021 年棉花叶面积指数变化趋势

生育期株高趋势基本表现为 S1>S4>S2>S3>2017 年>CK，其中 2021 年 S4 处理下的株高要高于 S1 处理，因为 S4 处理位于两口竖井交界处，经过滴灌淋洗配合暗管竖井排水协同改良其浅层盐分相对较低，棉花株高较其他处理更加旺盛。综合两年的实验结果来看，棉花株高在协同排水改良模式下比单一暗管排水模式下对株高生长的效果更明显，株高最高达到单一暗管排水模式下的1.6倍。

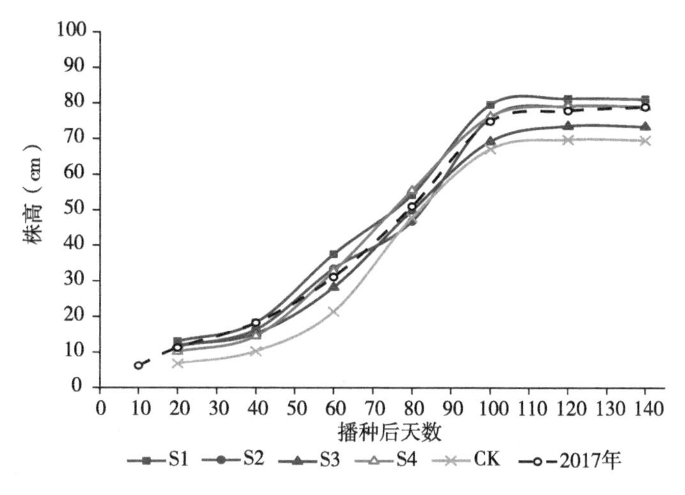

图6-33 2020年棉花株高变化趋势

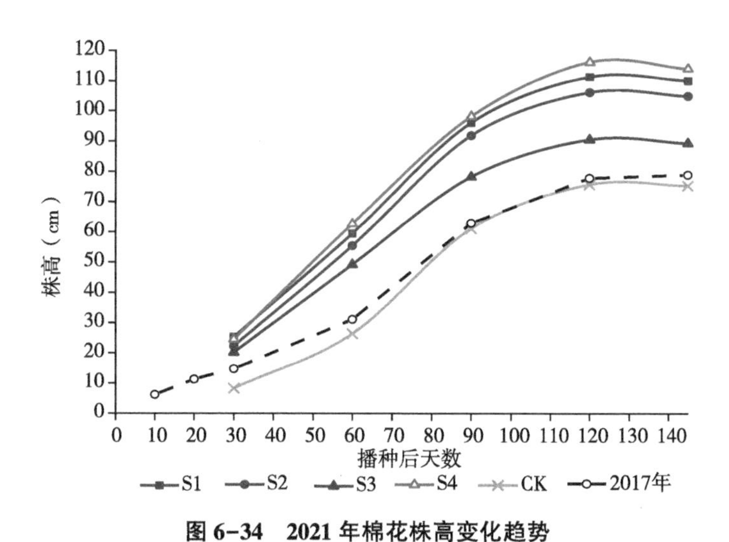

图6-34 2021年棉花株高变化趋势

2021年暗管与竖井排水协同改良不同处理对棉花株高及叶面积指数的影响见表6-8，暗管与竖井排水对棉花株高及叶面积指数均有显著影响。膜下滴灌配合暗管与竖井排水协同改良模式下，距离竖井0m处（S1）的叶面积指数显著高于距离竖井30m处（S3）、无暗管竖井排水处理（CK），但与距离竖井

15 m 处（S2）、距离竖井 60m 处（S4）的叶面积指数无显著性差异；S1、S2、S3、S4 处理下的棉花叶面积指数均值分别为 111. 32cm、106. 16cm、90. 58cm、116. 21cm，其中 S4 处理较 S1 处理下叶面积指数增加了 6. 47%。2017 年单一暗管排水改良模式下叶面积指数均值为 3. 77，较 S1、S2、S4 处理有显著性差异，各处理较其分别增加了 11. 63%、7. 21%、19. 35%，但与 S3 和 CK 处理无显著性差异。

距离竖井 0m 处（S1）的株高显著高于距离竖井 30m 处（S3）、无暗管竖井排水处理（CK），但与距离竖井 15 m 处（S2）、距离竖井 60m 处（S4）的株高无显著性差异（$P>0.05$）；S1、S2、S3、S4 处理下棉花株高均值分别为 111. 32cm、106. 16cm、90. 58cm、116. 21cm，株高随着距竖井距离的增加呈下降的变化趋势，但 S4 处理较 S1 处理下株高增加了 2. 14%，2017 年单一暗管排水改良模式下株高均值为 77. 85cm，较 2021 年 S1、S2、S3、S4 处理有显著性差异，各处理较其分别增加了 52. 71%、45. 99%、24. 32%、56. 04%。

表 6-8　棉花株高、叶面积指数差异性分析（2021 年）

处理	株高（cm）	叶面积指数（LAI）
S1	111. 32±3. 20ab	4. 35±0. 12ab
S2	106. 16±1. 91b	4. 21±0. 12b
S3	90. 58±2. 59c	3. 59±0. 1c
S4	116. 21±3. 24a	4. 63±0. 09a
CK	75. 73±1. 25d	3. 71±0. 14c
2017	77. 85±1. 90d	3. 77±0. 11c

6.5.2　协同改良对棉花干物质量的影响

2020—2021 年两年内棉花全生育期内的干物质量在不同处理下随时间的变化如图 6-35 和图 6-36 所示。可以看到，棉花全生育期干物质量的生长趋势在花铃期呈现显著增长。整体来看，协同排水改良模式对棉花干物质的生长有较大的影响，在 2021 年协同排水改良下各处理棉花干物质量较 2020 年分别提高了 70. 85%、68. 73%、31. 84%、83. 15%，较同年 CK 处理棉花干物质量最大提高了 1. 28 倍。2020 年不同处理下棉花各生育阶段的干物质累积量差异明显，各处理下棉花干物质量在全生育期内均表现为：S4>S1>S2>CK>S3。在棉花幼苗期，植株的干物质量主要是由根、茎、叶 3 部分组成，S1、S2、S4 处理棉花干物质量相对 CK 处理分别提升了 5.03%、3.48%、10.44%，S3 处理下棉花干物质量相对 CK 处理则下降了 33.46%；在棉花结蕾期，植株的干物质量主要是由根、茎、叶、蕾 4 部分组成，各处理相对 CK 处理分别提升了 103.00%、88.65%、33.56%、107.38%，其中棉花蕾重达到总干物质量的 14.51%~17.96%，均比 CK 处理棉花蕾重占比高；在棉花花铃期，植株的干物质量主要是由根、茎、叶、花铃 4 部分组成，各处理相对于 CK 分别提升了 94.79%、72.16%、46.39%、92.38%，其中棉花铃重达到总干物质量的 30.42%~33.19%，各处理占比低于 CK 处理，降幅达到 1.55%~4.32%；在棉花吐絮期，植株的干物质量主要是由根、茎、叶、果 4 部分组成，各处理相对于 CK 处理分别提升了 85.31%、67.97%、44.06%、84.01%，其中棉花絮重占总干物质量的 35.18% ~ 38.87%，各处理占比低于 CK，降幅达到 0.84%~4.52%。

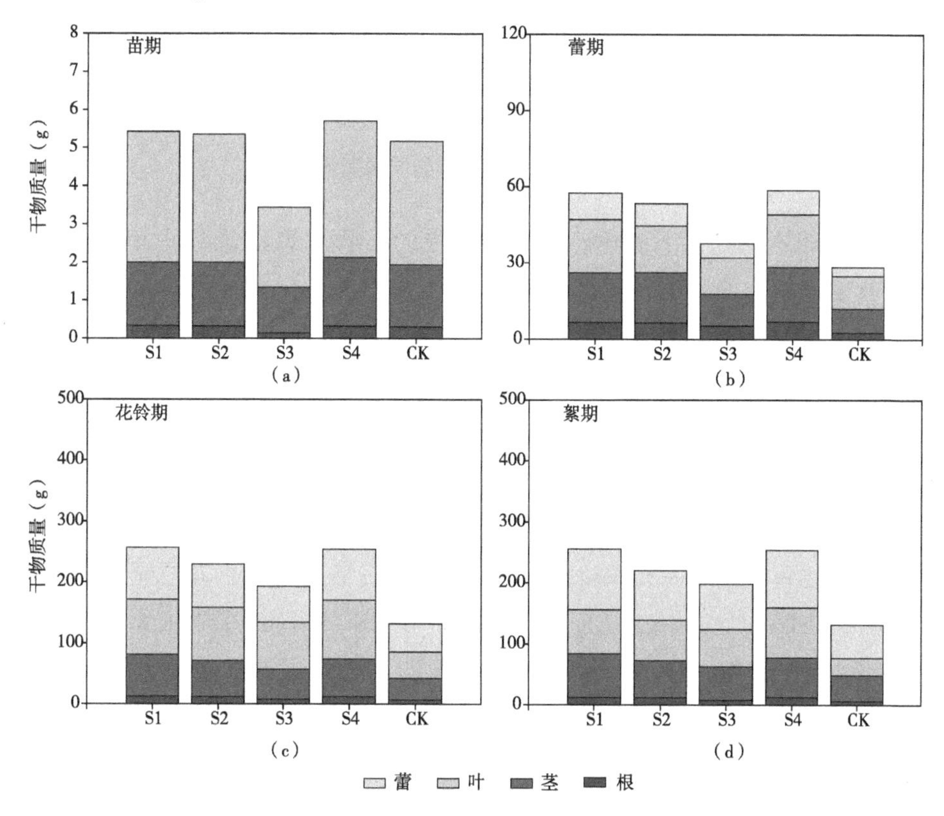

图 6-35　2020 年棉花干物质量变化趋势

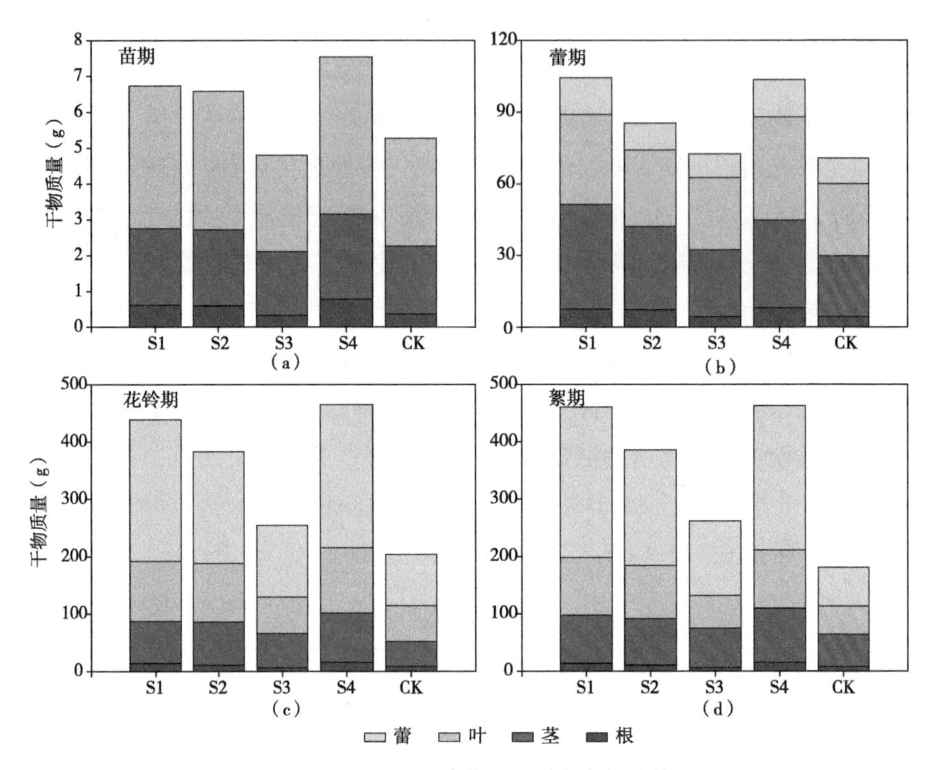

图 6-36　2021 年棉花干物质量变化趋势

2021 年不同处理下棉花各生育期阶段的干物质累积量差异显著。在棉花幼苗期，各处理的棉花总干物质量生长趋势为 S4>S1>S2>CK>S3，S1、S2、S4 处理棉花干物质量相对 CK 处理分别提升了 27.70%、24.86%、42.88%，S3 处理下棉花干物质量相对 CK 处理则下降了 8.92%，同比减少 24.54%；在棉花结蕾期，各处理的棉花总干物质量生长趋势为 S1>S4>S2>S3>CK，相对 CK 处理分别提升了 47.60%、20.71%、2.56%、7.07%、46.48%，其中棉花蕾重达到总干物质量的 13.12%~15.11%，均低于 CK 处理，降幅达到 0.04%~2.02%；在棉花花铃期，各处理的棉花总干物质量生长趋势为 S4>S1>S2>S3>CK，各处理相对 CK 处理分别提升了 56.21%、50.91%、49.05%、53.63%；在棉花吐絮期，各处理的棉花总干物质量生长趋势为 S4>S1>S2>S3>CK，各处理相对 CK 处理分别提升了 56.96%、52.17%、49.51%、54.32%。

综上所述，暗管与竖井排水协同改良对于棉花干物质量的影响各有不同，除 S3 处理在苗期的干物质量低于 CK 处理外，S1 和 S4 处理下棉花干物质量均要高于其余处理，且 S4 处理对于棉花干物质量的提升效果在整体上来看要优于 S1 处理，S2 处理和 S3 处理下的棉花干物质量相对 CK 处理有增有减，整体上来看，淋洗后第一年（2020 年）各处理对有棉花干物质量提升效果不显著，甚至有下降的趋势，在 2021 年各处理下棉花干物质量有显著的提升。

6.5.3　协同改良对棉花产量指标的影响

经过两年的滴灌淋洗配合暗管与竖井排水协同改良，棉花作物生长也在一定程度上受到影响，本节讨论暗管与竖井排水下棉花产量与单一暗管排水下棉花产量的差异性。在棉田生育期结束后对棉田进行产量统计，对比发现，暗管与竖井联合排水的棉花株高、叶面积指数和干物质量均高于单一暗管排水，差异性达到显著水平（$P<0.05$），并且 2021 年较 2017 年单铃重提高 18%，籽棉产量提高 8%，皮棉产量提高 12%；从表 6-9 中可以看出，随着膜下滴灌配合暗管与竖井联合排水的年限增加，棉花的产量指标均在逐渐增加。因此，从联合排水模式所达到的脱盐效果以及棉花产量来看，膜下滴灌配合暗管与竖井排水协同改良模式下的排水效果以及土壤改良效果更优。

表 6-9　两种改良下的棉花产量对比

年份（年）	单铃重（g）	单株结铃数（个）	籽棉产量（kg/hm^2）	皮棉产量（kg/hm^2）
2017	7. 04a	5. 34b	5 099. 10c	2 513. 60b
2020	6. 98a	5. 79ab	5 513. 94b	2 762. 33b
2021	8. 35a	6. 23a	6 629. 40a	3 331. 10a

6.5.4　土壤因子与作物指标相关性分析

由表 6-10 可知，试验区内的棉花干物质量（DW）与株高（PH）、叶面积指数（LAI）之间互相呈极显著正相关（$P<0.01$）且与土壤 EC 呈显著负相关（$P<0.05$），此外 DW、PH、LAI 均与土壤 TN、土壤 Ca^{2+} 含量呈正相关，与土壤 Cl^- 含量呈负相关（$P>0.05$）。棉花 DW 与 Na^+、K^+ 含量呈负相关，但 pH、LAI 均与 Na^+、K^+ 含量呈正相关。由此可以看出土壤 Cl^- 含量降低会增加棉花干物质量、株高和叶面积指数，同时 Na^{+}、K^{+}、Ca^{2+} 含量增加会在一定程度上促进作物生长。

由表 6-10 可知，试验区内棉花 DW、PH、LAI 均与土壤 CAT、NLP 活性及 Chloroflexi 相对丰度呈正相关，且与土壤 urease、sucrase、S-NPT 活性及 Proteobacteria、Firmicutes 相对丰度呈负相关，但没有达到显著水平，其中棉花 PH 与 urease 活性呈显著负相关（$P<0.05$）。此外土壤 Actinobacteria、Bacteroidetes 相对丰度均与棉花 DW、PH 呈正相关，与棉花 LAI 呈负相关，Gemmatimonadetes 与棉花 DW、PH 的相关性不大。

表 6-10　作物指标与土壤因子相关性

指标	DW	PH	LAI	TN	EC	Cl^{-}	Na^{+}	K^{+}	Ca^{2+}
DW	1								
pH	0.936**	1							
LAI	0.741**	0.888**	1						
TN	0.336	0.538	0.520	1					
EC	-0.589*	-0.672*	-0.693*	-0.401	1				
Cl^{-}	-0.089	-0.232	-0.527	-0.089	-0.081	1			
Na^{+}	-0.209	0.055	0.375	0.075	0.057	-0.796**	1		
K^{+}	-0.068	0.170	0.428	0.064	0.019	-0.751**	0.922**	1	
Ca^{2+}	0.271	0.333	0.555	-0.200	-0.111	-0.783**	0.630*	0.746**	1

注：* 表示显著差异（$P<0.05$）；** 表示极显著差异（$P<0.01$）。

综上所述，土壤全氮含量、Ca^{2+} 含量、土壤 CAT、NLP 活性增加，而 Cl^{-} 含量、土壤 urease 活性及 Firmicutes 相对丰度降低，会促进棉花干物质量、株高、叶面积指数增长。此外土壤 CAT、urease、sucrase 活性及 Proteobacteria、Actinobacteria、Chloroflexi 相对分度与棉花生长指标的相关性均表现为棉花株高>干物质量>叶面积指数；土壤 NLP、S-NPT 活性及 Firmicutes、Bacteroidetes、Gemmatimonadetes 相对丰度与棉花生长指标的相关性表现为棉花叶面积指数>株高>干物质量。

由此可以得出，棉田土壤盐分的降低，导致土壤中 Cl^{-} 含量降低，同时降低了土壤中 urease 的活性及 Firmicutes 相对丰度，增加了 CAT、NLP 活性及 Actinobacteria、Chloroflexi 相对丰度，在保证提供了耐盐作物-棉花适宜的盐分环境下，促进了棉花干物质量、株高和叶面积指数增长。

6.6　单地块水利改良措施 5 年投入与产出分析

采用暗管和竖井配合地面淋洗改良盐碱地在 5 年内投入 151 529 元（图 6-3）。从 2016—2020 年试验地支出比例分别为 29.4%、11.0%、10.3%、13.2%和 36.1%。暗管和竖井施工（PC）、农业生产资料（APC）的耗费的资金占总投入的 80%。农场管理（AMC）费用自 2018 年起由每年 3 811 元增长至 2020 年的每年 5 996 元。农业收入主要来源是棉花，2016 年种植油葵，并作为绿肥育土，从 2017 年起种植棉花，棉花产量由 2017 年 3.8 t/hm² 增长至 2020 年的 7.0 t/hm²。

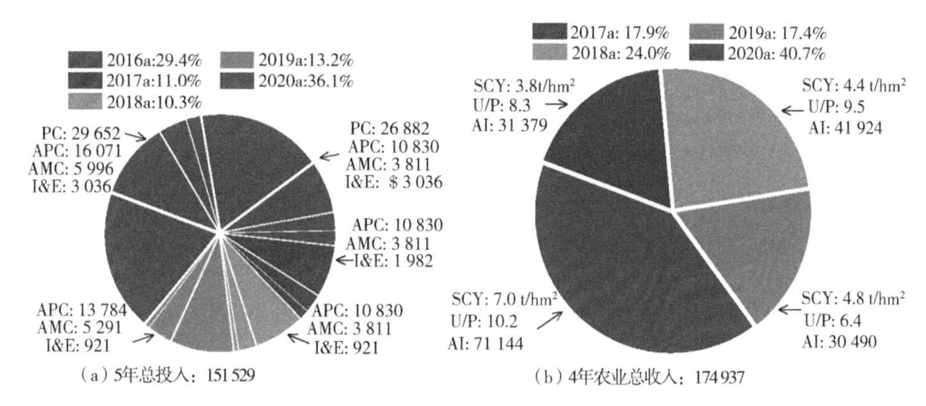

图 6-37　盐碱地改良的成本投入与产出，SCY：籽棉产量；U/P：单价

农业收入（AI）分别为31 379元、41 924元、71 144元和 30 490 元，并且 4 年的农业总收入为 174 937 元。因此，试验地经过 5 年改良已经扭亏为盈，并且成为棉花高产田，达到盐碱地改良的阶段性目标。

6.7　讨论

6.7.1　盐渍土水利改良下排水量、排盐量、地下水位和土壤脱盐率之间的关系探讨

竖井与暗管排水工程在盐渍土改良中最直接的作用是能够排水、排盐、降

低地下水位，但是在不同的地区它们之间具有不同的关系，例如，在一些河流密集的气候湿润地区，暗管是常年持续排水的，此时地下水位和土壤含盐量不随着暗管排水量和排盐量的增长而降低。本研究处于干旱地区，竖井与暗管仅在地面淋洗发生后开始排水，并且随着排水量和排盐量的增加，地下水位和土壤含盐量逐渐降低。2016—2017 年前 3 次淋洗单独采用暗管排水，排水量和排盐量分别为 198 m^3和 33 t、300 m^3和 42 t、220 m^3和 27 t。0~200 cm 深度土壤平均脱盐率分别为 20.1%、23.8%、24.8%，浅层地下水降幅分别为 0.8 m、1.3 m、1.9 m。很显然，排水量和排盐量与地下水位降幅和土壤脱盐率呈正相关关系。我们假设将暗管的排盐量看作自变量，那么暗管每排出 100 t 盐，排水量为 718 m^3。此外，地下水位从 1.5 m 降低至 4.5 m，0~200 cm 深度土壤平均脱盐率达到 60%以上。

2020 年 2 次淋洗采用竖井与暗管联合排水，同样将竖井与暗管排盐量看做自变量，则竖井与暗管每排出 100 t 盐，排水量为 1 570 m^3，地下水位从 5.5 m 降低至 8.0 m，0~200 cm 深度土壤平均脱盐率达到 80%以上。研究发现采用竖井与暗管联合排水相比单独采用暗管排水，排水量增加了 118%，土壤平均脱盐率增加了 20%，此外，4~7 m 深度土壤脱盐率亦能达到 32%以上。综上所述，排水量和脱盐率的提高归因于增加使用了竖井排水，进一步减少了盐分的深层渗漏。

6.7.2 土壤盐分对微生物多样性的影响

土壤盐分与微生物群落之间相互作用影响土壤生态系统的结构、功能及过程。Sardinha 等（2003）研究结果表明受到盐分影响时土壤中表征真菌数量的麦角固醇的含量下降。Jannike 等（2006）研究却发现随着盐分提高，麦角固醇所占真菌数量呈微弱增加的趋势，这也许是由于微生物有向适应高盐度环境群落发展的趋势。Rajaniemi 和 Allison（2009）认为土壤微生物群落多样性受土壤盐分、离海距离和植被改良措施等影响，并且土壤盐分相比土壤碳氮对微生物多样性影响更加显著。Chowdhury 等（2011）通过土壤水势对非盐化土壤微生物活性和结构组成影响研究表明，土壤盐分是通过渗透势影响土壤微生物群落组成的。在本研究中，当土壤平均含盐量从 16.75 g/kg 降低至 9.69 g/kg 时（L4-P_a-S_a），微生物群落的测序深度会降低13 500，微生物群落丰富度（OTUS）会降低1 400，同时 Actinobacteria 的相对丰度会下降，而 Firmicutes

的菌群相对丰度会随着水平与暗管的距离增加而上升。当土壤平均含盐量从 9. 69 g/kg 降低至 5. 60 g/kg 时（L5-P_a-S_a），土壤微生物群落多样性变化不显著，但微生物群落的测序深度呈现缓慢增长的趋势。其中 Proteobacteria 的物种相对丰度随土壤盐分的降低而增加，Zixibacteria 的菌群相对丰度随着土壤含盐量的降低而出现。

6.7.3　土壤盐分对土壤酶活性的影响

土壤酶主要来源于植物根系微生物群落的分泌、动植物残体的分解，土壤酶活性对土壤盐分的变化反应非常敏感。土壤盐分主要通过以下两个方面对土壤酶活性产生影响：一方面，在盐分胁迫条件下，土壤中的微生物群落丰富度（OTUs）会减少，这势必会减少微生物向土壤中分泌土壤酶的种类及活性；另一方面，土壤脱盐过程改变了微生物群落环境，盐分产生的渗透胁迫及离子毒害均会抑制土壤酶的活性。我们的研究采用了竖井与暗管排水工程改良盐碱土，因此在整个试验过程中土壤含盐量始终处于降低的趋势。当土壤平均含盐量从 16. 75 g/kg 降低至 9. 69 g/kg 时（L4-P_a-S_a），碱性蛋白酶、碱性磷酸酶、酸性磷酸酶、中性蛋白酶和中性磷酸酶的活性变化不大（-6~3 IU/L）。过氧化氢酶和酸性蛋白酶活性均显著增加（11~171 IU/L）。而尿素酶和蔗糖酶活性显著降低（-85~-28 IU/L）。当土壤平均含盐量从 9. 69 g/kg 降低至 5. 60 g/kg 时（L5-P_a-S_a），碱性蛋白酶、碱性磷酸酶、酸性磷酸酶、中性蛋白酶、酸性蛋白酶和中性磷酸酶活性依然变化不大（-6~6 IU/L），但是过氧化氢酶活性呈较快趋势增加（10~13 IU/L），蔗糖酶活性由降低转变为增加趋势（0~10 IU/L），只有脲酶活性依然呈现降低趋势（0~65 IU/L）。

6.7.4　土壤盐分对棉花生长的影响

干旱区土壤含盐量是阻碍棉花生长的根本因素，Liu 等（2016）证实当土壤含盐量大于 15. 62 g/kg 会抑制棉花的产量和品质，Wang 等（2007）认为影响棉花种子发芽的土壤含盐量临界值为 17. 89 g/kg，并且最直接影响到棉花的幼苗高度。本研究中 2015 年土壤初始含盐量介于 34. 97~36. 34 g/kg，棉花不能正常发芽。2016 年首次淋洗后播种更为耐盐的油葵品种，此时土壤含盐量为 22. 45 g/kg，油葵出苗率维持在 40%~50%，已无经济价值。而在此期间当地皮棉平均产量分别为 5 900 kg/hm^2（Yang，2020）。这表明随着滴灌运用年限的增加，棉花产量逐渐升高，但仅为无盐渍化农田的 76.5%，仍不是高产的耕地，土壤含盐量需要通过盐分淋洗与暗管排水进一步降低。

6.7.5 竖井与暗管排水的协同作用探讨

在干旱区，维持植物根区水盐平衡主要包括两个过程，一是降雨或灌溉引起的盐分向深层渗漏，二是蒸发蒸腾引起的土壤毛细管水携带盐分通量向上层运移。不合理的灌溉频繁导致地下水位抬高，此时如果农田缺少排水工程，便会引发土壤盐碱化危害。暗管的排水方向是水平的，它的它排水深度只能达到埋管位置（i. e，0~1 m），因此，我们在前 3 次淋洗事件中，1 m 以下盐渍水并未排出土体，而是继续向深层渗漏。当我们在 2020 年增加竖井时，它的排水方向是垂直的，并且排水深度达到了 26 m，极大地提高了排水效率。本研究通过 5 年试验证实了这几点，虽然竖井不是必不可少的，但是在干旱区农田排水环境下暗管需要配合竖井排水，才能有效提高最大排水深度和土壤脱盐效率。

虽然我们没有单独进行竖井排水试验，但是我们认为单独应用竖井排水也是不可行的。Xu 等（2004）指出，竖井排水可以在水文地质条件良好的地区推广，但对一些土壤土质较差，地质结构复杂、地下水位较深的垦区来说，竖井排水不适用。Yang 等（2008）指出，竖井灌排短期内能起到控制地下水位与降低土壤盐分的作用，但由于缺少水平排水，垂直方向上土壤盐分在包气带中下层滞留，一旦灌区“四水”（大气水、地表水、土壤水、地下水）发生变化，农田将存在土壤次生盐渍化与地下水质恶化双重风险；在一些没有河流、水库的纯井灌区，一旦农作物在生育期内发生汛情，仅依赖竖井排水短期内起不到缓解作用。例如，棉花苗期遭遇强降雨天气，发生涝渍灾害，农田生产者被迫临时开挖排水沟用来降低浅层地下水位。此外，灌区不同区域过度开采致使地下水持续下降的同时，灌水垂直补给会导致深层盐分增加，侧向补给也会引起劣质水入侵，污染地下水资源，造成生态植被逆向演替。因此，在干旱区应用竖井必须在暗管排水的基础上进行。

6.7.6 土壤水分的浅层地下水补给与深层渗漏对土壤盐平衡的影响

干旱区土壤盐分整体的输入和输出难以全面观测。灌溉（G_{ir}），淋洗（G_{lh}）与降雨（G_{rn}）所携带的盐分输入，暗管（D_{dw}），深层渗漏（D_{dp}）的盐分输出，均可通过定点监测获得。而浅层地下水蒸发所携带的盐分（D_{dp}）输入，则需要利用数据结果进行合理的假设。在非淋洗期间，浅层地下水蒸发所携带的占总输入量的 63.5%，而降雨与灌溉仅占 8.2%。因此，非淋洗期间浅层地下水的补给对土壤盐平衡其决定作用。此外，Yang 等（2019）认为 0~150 cm 土壤盐分将在 10 年内达到稳态平衡。本研究区在无淋洗的情况下，0~200 cm 土壤含盐量将在 8 年内达到临界值。

深层渗漏对土壤盐平衡的影响主要表现在盐分淋溶期间，占盐分总输出量的 52.2%。非淋溶期间地表水补给（G_{ir}，G_{lh}和 G_{rn}）仅能湿润根区土壤，在此期间暗管排水不工作，也无深层渗漏水产生。这区别于半湿润的沿海、河流、盆地和沼泽等地区（Turfgrass et al.，1995），随着盐分积累不断加剧，需要通过定期的盐分淋溶与工程排水输出盐分。

6.8　本章小结

（1）应用暗管和竖井排水期间地下水整体降幅为 2.5 m，平均每次淋洗地下水降幅为 1.25 m。显然，采用暗管与竖井联合排水相比单独应用暗管排水，更能有效降低和控制地下水位。

（2）田间尺度盐渍化改良试验的 0~80 cm 深度土壤含盐量的 5 年总体降幅达到 29.2 g/kg；水平距离竖井越远（60 m），土壤含盐量降幅最大，在水平距离竖井 0.5 m 位置土壤含盐量降幅最小；水平距离暗管 7.5 m 位置的 0~3 m 深度土壤脱盐效果最好，土壤脱盐率均在 32%以上。水利改良模式下未受扰动的土壤（5 m 和 7.5 m）相比暗管回填处的土壤更有利于棉花生长。

（3）2020 年棉花出苗率、株高分别达到 62%、115.6 cm 以上，仍然低于根际尺度试验中的弱盐渍化（P1）与轻度盐渍化（P2）处理，但籽棉产量略高于根际尺度试验棉花的最高籽棉产量。这表明大田尺度棉花机械化管理相比测坑人工管理棉花增产更具优势。

（4）在滴灌淋洗与暗管排水结束后，土壤盐分输入与输出预计在 2027 年 5 月达到平衡（$\Delta SS=0$），土壤含盐量年平均输入总量为 26.88 t。此后若不进行淋洗，土壤盐平衡将持续表现为积盐（$\Delta SS<0$）。

第7章

玛纳斯河流域盐渍化土壤改良与灌溉制度优化

本章基于流域尺度、根际尺度与田间尺度下土壤水盐与养分的现状调查、土壤盐胁迫下棉花氮素吸收与水肥协同机制、水利改良模式下的土壤盐平衡机理，通过分析不同盐渍化土壤条件下提高棉花生产力的对策、单地块膜下滴灌棉田水盐与养分调控对策。探讨根际尺度与流域尺度盐胁迫下的棉花水肥协同机制，以期通过水利改良措施提出农田生态系统土壤盐渍化调控对策与灌溉制度优化方案。

7.1 单地块膜下滴灌棉田水肥调控对策

已有的研究结果表明，灌水量与施氮量对棉花出苗、干物质量、叶面积、产量有较大影响，棉花在合理的灌水施氮条件下可获得理想的根系分布、冠层结构特征，并保持高产。在本研究根际尺度盐胁迫试验中，轻度盐渍化小区0~60 cm深度土壤含盐量与总氮含量之间存在极其显著的交互效应，二参数之间的互作呈现三次函数模型，这表明土壤含盐量随着施氮量的不断增加过程中存在2个峰值，当土壤总氮含量从0.5 g/kg增加至1.3 g/kg时，土壤含盐量将会从6.5 g/kg降低至5.2 g/kg，而当施氮量继续增加时，土壤含盐量将快速增加。这表明棉花在施氮过程中应考虑土壤中总氮含量的累积，并且当根际土壤总氮含量超过1.3 g/kg时，棉花应当停止继续施氮。

以往对于棉花生长期的描述为“四月苗、五月蕾、六月花铃、七月桃、八月吐絮”，近年来受气候变化的影响，玛纳斯河流域每年3月至4月中旬持续出现“倒春寒”气候现象，受其影响棉花各生育期均往后推迟了1个月，棉花播种时间普遍集中在4月20日至5月1日，至5月末、6月初棉花才能现蕾。以往棉花生育期内仅灌水6~8次，单次灌水量高达600~750 m^3/hm^2，高定额的水量容易造成土地的板结和杂草的生长。因此，棉花要“适时灌水”

“少浇勤浇”，即在原有灌水定额的基础上将 6~8 次的灌水次数提高至 10~11 次，以实现棉花早现蕾、早开花，从而延长棉花结铃坐桃的时间。只有从时间、空间以及棉花生理 3 个角度出发，才能把握棉花在最合适的生育期利用新疆充足的光热资源，这也是高产的前提与基础。此外，玛纳斯河流域棉花应在蕾期 7 月 5 日前完成摘除顶芽的工作，并且及时在下一次灌溉中适当提高水肥用量，以免造成棉花的贪青晚熟，影响产量与品质。

棉花在灌溉首次出苗水时，灌水量需要根据覆膜播种后土地的墒情以及浅层地下水位而定，要确保灌后一周的土壤墒情能满足种子的正常发芽，不会由于墒情过低而导致棉花开始发芽后的回芽萎蔫、土壤水分过多而造成棉芽的低温霉烂。实际中棉花出苗水若低于 250 m^3/hm^2 或高于 400 m^3/hm^2 均会出现上述现象。此后棉花苗期第二水开始至蕾期前最合理的灌水周期为 11~12 d。滴灌用水泵应根据棉田面积合理地制定轮灌方案，根据滴灌水泵的实际水压控制打开球阀的数量，让主干管中有足够的压力输送至田间支管（或水袋）、棉田最远端滴灌带中。

棉花的施肥应遵守“前期低、中期高、后期低”的规律，即棉花苗期少施肥，最好施适量农家肥，以促进出苗；棉花蕾期做蕾以及花铃期前期棉桃膨大均需要适当加大施肥量与灌水量；棉花自花铃期后期至吐絮期需要减少施肥量，以免造成棉花早衰，影响产量。

7.2 单地块膜下滴灌棉田土壤盐渍化调控对策

合理的灌溉排水是实现田间水盐平衡的关键环节，同理，土壤盐渍化治理也要站在区域性水盐平衡的角度去处理，统一规划水土资源的综合利用。玛纳斯河流域具有鲜明的“山地-绿洲-荒漠”系统特征，盐渍化土地各条河流冲积洪积扇的扇缘、潜水溢出带、冲积平原、湖滨平原等浅层地下水位较高的地区，在地貌因素及人为因素叠加影响下，极易产生土壤盐渍化危害，形成次生盐渍化弃耕地。合理的应对策略包含以下 3 个方面。

首先，玛纳斯河流域在灌溉水资源利用效率不断提高的前提下，要考虑排水、排盐标准的同步增加，加强水盐动态监测工作，掌握区域性盐分运移规律，维持灌区和流域的水盐平衡。

其次，现如今干旱地区农业生产力及机械化水平正在不断提高，应利用这些优势，解决好骨干排水工程，配套田间各级排水系统，以及各种排水工程交叉建筑物，在此基础上做好竖井与暗管的维护清淤工作，形成改良盐碱地的实体框架。

最后，合理分配10%的灌溉水用于淋洗和排水，并根据地下水动态以及农业水资源变化量制定淋洗时间。进一步评估竖井与暗管排水工程的可持续性，并为干旱盐渍化灌区农田排水工程提供合理的管理手段与改良标准。对长期累积在土体内的盐分实现先滴灌压盐，后竖井与暗管排出的创新排盐模式，结合现行灌溉制度，逐步实现土壤脱盐，农业增收的目的。

7.3 根际尺度不同盐渍化土壤场景下种植棉花的生产力提升分析

本研究对4种典型盐渍化土壤进行根际尺度的原位监测试验，描述了棉花生育期内生物量，氮素吸收和盐分迁移趋势。通过结果我们发现了一系列新的问题及现象。并在此部分作出解释，讨论其有效的改善方案。

关于棉花生育期天数，4种盐碱土壤下棉花生育期天数的差异显著（图5-12），较短的生育期将会限制棉花生物量的累积与吐絮。然而，弱盐碱土壤C1处理棉花生育期天数小于轻度盐碱土壤C2处理，棉花生育期天数的差异主要出现在花铃期末（F^f）和整个吐絮期。我们推测C1处理对农药的响应相比C2处理更为敏感，这是由于在进入花铃期后为了满足棉花果实的形成，会在喷洒农药过程中增加植物生长调节剂的施用量（如氯吡脲），这在一定程度上会抑制棉花生长。因此当土壤盐分小于8.8 g/kg时，农药相比土壤含盐量对棉花生育期天数的影响更为显著。

关于土壤含盐量累积的趋势，C2、C3和C4处理总体上呈现脱盐趋势，而C1处理是缓慢积盐的。一方面是由于盐分不仅会通过地下水补给，同时盐分也会向更深土层迁移，因此，C2、C3和C4处理0~60 cm深度土壤盐分整体减小。以往的研究已经证明了这一点（Forkutsa et al.，2009；Fan et al.，2011；Abliz et al.，2016），另一方面，弱盐渍化农田呈现积盐趋势，是由于灌溉和降雨过程中盐分的持续输入，同时农田缺少排盐出路，因此在0~20 cm、40~60 cm深度土壤盐分会呈现缓慢增加的趋势，这些结果与干旱区棉田早期的观察结果相吻合（Heng et al.，2018；Wang，2020）。

针对上述问题及棉花低产量的中度盐渍化（C3）和重度盐渍化土壤（C4）处理，需要制定地力提升的可行性方案。我们认为需要综合以下3个方面。首先，需要控制地下水位于5 m深度范围以下，防止土壤次生盐渍化的发生，最主要的手段是通过农田排水，比如竖井和暗管排水；其次，定期开展机械整地措施，例如机械深耕和平整土地，目前深耕机械的工作深度可达80～100 cm，这些措施对盐碱地改良的效果是显著的；最后，定期进行培肥土壤，增施有机肥料，合理施用液态氮肥。有机肥分解后转化为腐殖质，对土壤中酸碱及有害离子具有缓解能力。液态生物肥是公认的利用率高，易吸收的肥料，两者合理施用能有效提高棉花的氮素利用效率。

7.4　考虑退地减水的玛纳斯河流域棉花灌溉制度优化

7.4.1　玛纳斯河流域“退地减水”的实施背景与进展

玛纳斯河流域作为新疆天山北坡经济带的重要组成部分，是绿洲灌区农业持续发展的基础。流域2021—2030年的年均地表水总径流量约为$3.005\times10^9/m^3$（薛连清 等，2021），每年7月初至9月中旬为流域洪水期；地下水资源总量约$1.197\times10^9\ m^3$，其中已开采量约$4.22\times10^8\ m^3$，并且地下水资源总量正以1.5% a的速率下降。

目前流域水资源的“农业、农村、生活、生态用水”总开发利用率已经达到70%，尤其是地表水资源的农业开发用水量超过90%。联合国亚太经济与社会委员会曾指出，当流域水资源总开发利用率大于20%时，社会经济发展与生态环境稳定将朝着负面发展，因此，流域内土壤次生盐渍化与化肥污染现象严峻。

玛纳斯河流域自2000—2018年人工绿洲面积增幅为$7.91\times10^7\ m^2$/年，未利用的天然绿洲与土地逐年减少，地表与地下水资源紧缺的严峻程度正在日益加剧。新增土地的农业灌溉用水半数以上是依靠掠夺性开采地下水资源支撑的，地表水资源量的持续消耗亦是不可持续的做法。长此以往将破坏流域尺度下的水盐平衡、水生态环境，地下水资源超采区含水层的持续疏干将不可逆地造成绿洲与荒漠过渡带盐渍化、沙漠化、下游湖泊萎缩等一系列环境问题，进而侵占并严重危害人民自身的切身利益，影响子孙后代的生存发展环境。

2011 年国家出台水资源“用水总量控制”“用水效率控制”和“水功能区限制纳污”管理制度后，新疆各地相应的划定了“用水量”“用水效率”“水功能区限制纳污”的三条红线。例如 2011 年新疆维吾尔自治区党委、人民政府下发了《关于加快水利改革发展的意见》（新党发〔2011〕21 号），2013 年新疆维吾尔自治区人民政府下发了《关于实行最严格水资源管理制度、落实“三条红线”控制指标的通知》(新政函〔2013〕111 号)、《新疆水资源平衡论证报告》《新疆用水总量控制方案》，2018 年新疆生产建设兵团办公厅《关于制定并实施退地减水计划的通知》(兵办发电〔2018〕24 号)。

据兵团日报 2019 年 9 月的报道，新疆生产建设兵团第八师已完成当年“三条红线”指标的各县市、团场落实任务。在退地减水政策的基础上，石河子玛纳斯河流域管理处在棉花生育期灌水结束之际，向流域下游古河道输水近 1 亿 m^3，输水距离超过 400 km，最终汇入玛纳斯湖，这一措施有效改善了下游绿洲与荒漠交错地带的生态环境。

退地减水的主要目的是要把现有耕地的一部分土地区分出来，退出当年的耕种计划，以减少农业灌溉用量，目前主要针对的土地无合法开发手续、无地表水资源灌溉条件与井灌区的土地。此外，在棉田灌溉“减水”方面，身份地渠灌与井灌棉田灌水定额 4 500 m^3/hm^2，经营地渠灌棉田灌水定额 4 200 m^3/hm^2，农户灌溉用水实行超定额累加制度，超额在 0~20%、20%~50%、50%以上时，超出部分的水费将分别按 2 倍、3 倍、5 倍收取。由此可见，退地减水政策势必会影响棉花的灌溉制度。

7.4.2 玛纳斯河流域棉花灌溉制度优化

本研究棉花灌溉制度的优化总体上以退地减水为目标，基于根际尺度下棉花生长的田间实测资料，采用 RZQWM2 模型分析不同水肥协同下的灌溉制度。用棉花根际尺度下土壤轻度盐渍化处理 C2-1 的试验数据对模型进行率定，然后用处理 C2-3 的试验数据进行模型验证。所需最少试验数据集主要包括日气象数据、土壤物理性质、化学性质、水力性质、土壤残留物含量、农药管理、作物管理以及土壤体积含水率等输入参数。

RZQWM2 模型在输入处理 C2-1 运行所需要的气象数据、基础数据、模拟初始值、残茬参数、管理参数后，对土壤水力参数和作物生长参数进行率定。其中土壤水力参数的调整采用试错法（表 7-1），即包括土壤饱和导水率、田间持水量和田间萎蔫点，依据 RZQWM2 提供的水力学参数最小输入选项，逐渐调整至与实测数据较为接近的数值，然后运行模型后输出土壤体积含水率、作物产量等结果。

表 7-1　处理 C2-1 土壤水力参数模拟精度调整

土壤深度	饱和导水率（cm/d）		田间持水量（cm^3/cm^3）		田间萎蔫点（cm^3/cm^3）	
	观测值	调整值	观测值	调整值	观测值	调整值
0~20 cm 土层	39.16	37.44	0.332	0.328	0.10	0.09
20~40 cm 土层	63.09	60.00	0.360	0.355	0.13	0.12
40~60 cm 土层	36.88	33.60	0.315	0.311	0.10	0.08

2019 年处理 C2-1 在 0~60 cm 深度土壤储水量与土壤体积含水率模拟情况见图 7-1。土壤体积含水率实测值为 TRIME-PICO-IPH50 极深土壤水盐测量系统（IMKO，德国）收集的逐日数据，因此 RZQWM2 模型依据 0~60 cm 深度土壤体积含水率实测逐日数据，输出土壤储水量实测值与模拟值的逐日变化情况。自棉花播种（2019 年 4 月 20 日）至第 2 次灌水（2019 年 5 月 20 日）期间，土壤储水量模拟值小于实测值，绝对误差介于 0~3 mm；在棉花灌水结束（2019 年 8 月 28 日）至生育期结束（2019 年 10 月 1 日）期间，土壤储水量模拟值大于实测值，误差介于 1~2 mm，其余时间段内土壤储水量的模拟值与实测值较为吻，并且实测值的离散程度大于模拟值。

0~20 cm、20~40 cm 土层土壤体积含水率模拟值总体上能够反映实测值的变化趋势，但 20~40 cm 土层在棉花灌水结束后土壤含水率实测值显著大于模拟值，这主要归因于 RZQWM2 模型模拟时对于气象数据响应的敏感性和局限性造成的，模型输入的气象参数仅包括温度、风速、短波辐射、蒸发、空气相对湿度、光和有效辐射（PAR）、降雨等，而与实际土体边界密切相关的气象因子数量远大于模型现有的参数，此外，降雨与蒸发仅考虑 0~8 h、8~24 h 的平均值，因此还需进一步改进。

基于率定和验证过程中模拟值与实测值的均方根误差（RMSE）、平均相对误差（MRE）结果（表 7-2），土壤体积含水率的 RMSE 值介于 0.016~0.047 cm^3/cm^3，MRE 值介于 8.51%~16.96%。其中 0~40 cm 深度土壤体积含水率模拟值与实测值额度吻合度较好，40~60 cm 土层土壤体积含水率的误差

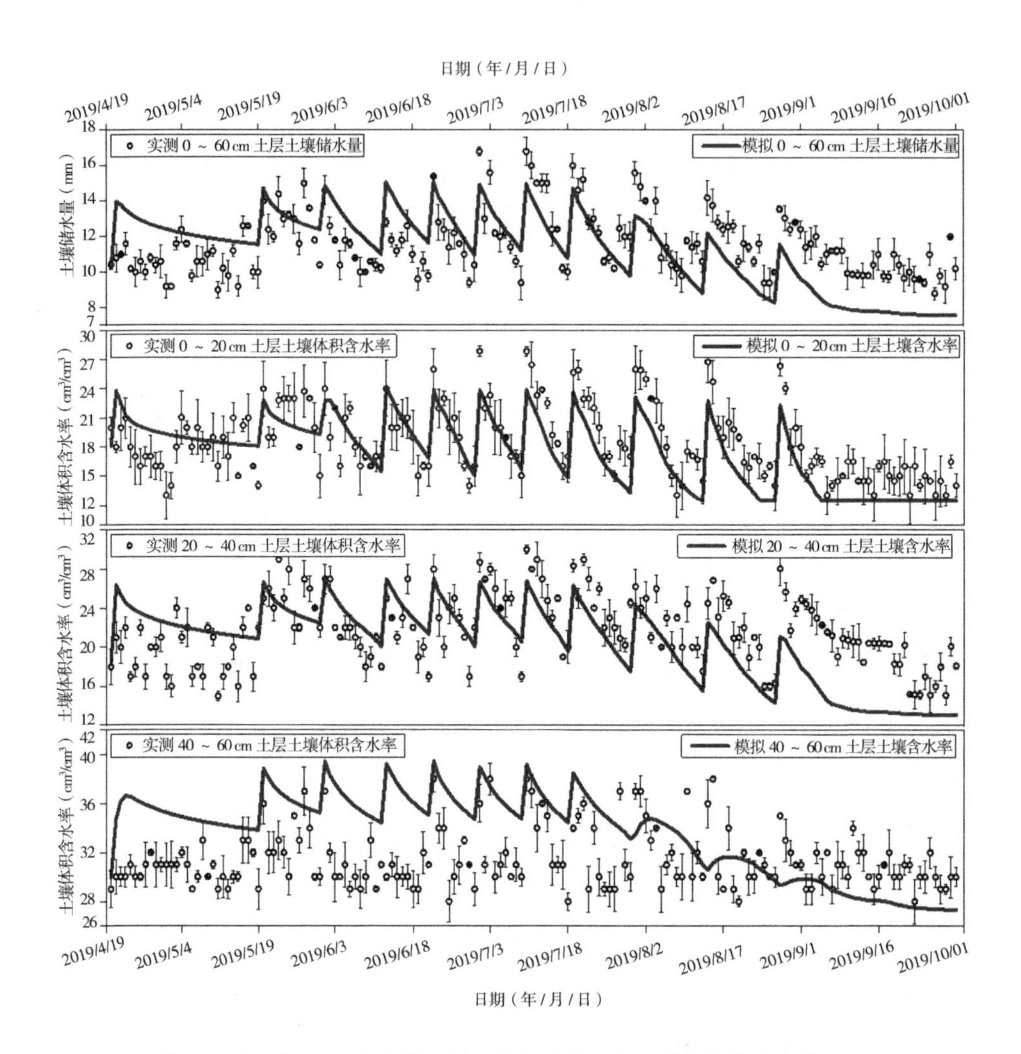

图 7-1 处理 C2-1 土壤储水量、体积含水率实测值与模拟值比较情况

小于 0.05 cm^3/cm^3，MRE 值低于 17%。这表明棉花中上层根区土壤（0～40 cm）的模拟效果显著于下层土壤（40～60 cm）；土壤储水量的 RMSE 值为 2.197～3.586 mm，MRE 值为 17.64%～20.34%；籽棉产量的 RMSE 值为 208.1～310.6 kg/hm^2，平均相对误差小于 17%，因此，RZQWM2 模型可以较好地在轻度盐渍化土壤（C2 处理）棉花生长条件下进行模拟。

表 7-2　土壤储水量、体积含水率、籽棉产量的率定与验证

模型校准	土壤体积含水率（cm^3/cm^3）			土壤储水量（mm）	籽棉产量（kg/hm^2）	土壤体积含水率（cm^3/cm^3）			土壤储水量（mm）	籽棉产量（kg/hm^2）
	0~20 cm	20~40 cm	40~60 cm			0~20 cm	20~40 cm	40~60 cm		
MRE（%）	8.65	9.42	16.39	17.64	14.54	8.51	10.35	16.96	20.34	16.31
RMSE	0.016	0.029	0.045	3.586	310.6	0.020	0.033	0.047	2.197	208.1

注：MRE，平均相对误差；RMSE，均方误差；率定处理，根际尺度小区试验 C2-1；验证处理，根际尺度小区试验 C2-3。

通过率定与验证后的 RZQWM2 模型（C2-3，W100N100）在棉花生育期内的总灌水量与施氮量分别为4 500 m^3/hm^2、525 kg/hm^2；设计灌水量梯度为 W100N100 情景下的 100%（4 500 m^3/hm^2）、90%（4 050 m^3/hm^2）、80%（3 600 m^3/hm^2）、70%（3 150 m^3/hm^2）和 60 %（2 700 m^3/hm^2）；设计施肥量梯度为 W100N100 情景下的 100%（525 kg/hm^2）、90%（473 kg/hm^2）、80%（420 kg/hm^2）、70%（368 kg/hm^2）和 60%（315 kg/hm^2），参照 W100N100 分别对上述 24 种情景进行模拟。

在未减少棉花灌水量的情况下，籽棉产量处于 5 746~6 265 kg/hm^2（图 7-2），施氮量每降低 10%，籽棉产量平均减少 130 kg/hm^2，其中 W100N100

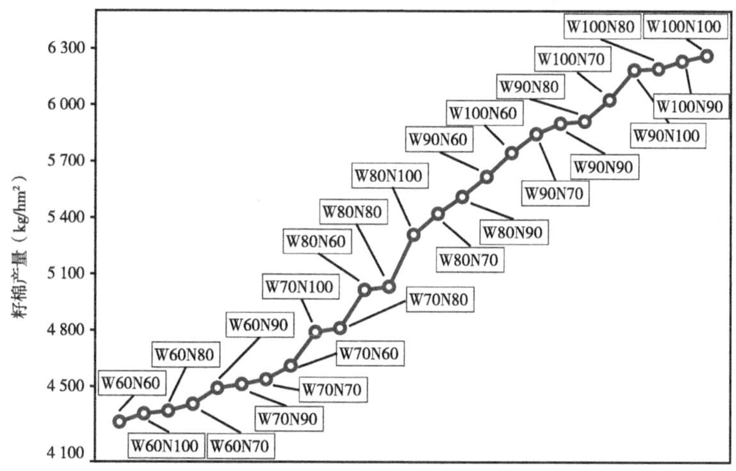

图 7-2　不同灌溉情景下籽棉产量模拟结果

注：W，灌水量；W100，100%灌水量；W90，90%灌水量；W80，80%灌水量；W70，70%灌水量；W60，60%灌水量；N，施氮量；N100，100%施氮量；N90，90%施氮量；N80，80%施氮量；N70，70%施氮量；N60，60%施氮量。

情景下籽棉产量最高，为6 265 kg/hm^2。但是在棉花灌水量降幅在10%~40%的情况下，籽棉产量并未随着施氮量的降低而减少，例如，当棉花灌水量降幅10%时，施氮量降幅20%情景下（W90N80）的籽棉产量略微大于降幅10%的情景（W90N90）；棉花灌水量降幅20%时，施氮量降幅10%和30%情景下（W80N90、W80N70）的籽棉产量显著大于施氮量未减少的情景（W80N100）。

总体上棉花灌水量的降低对籽棉产量的影响显著大于施氮量的减少，即棉花灌水量降幅由10%上升至40%时，籽棉产量的减少趋势不受施氮量的波动而产生影响。

棉花不同灌水量与施氮量降幅下的水分生产效率模拟结果与籽棉产量存在较大差异（图7-3），当棉花灌水量与施氮量降幅同时在10%~20%范围内时，水分生产效率最高，其中W90N100情景下水分生产效率显著大于其余24种情景，为1.03。结合籽棉产量的模拟结果，W90N100情景下籽棉产量达到6 188 kg/hm^2，仅比W90N100情景下的籽棉产量低77 kg/hm^2。因此，通过节省450 m^3/hm^{2}的棉花灌水量以增加水分生产效率是可行的，在最优灌水量为

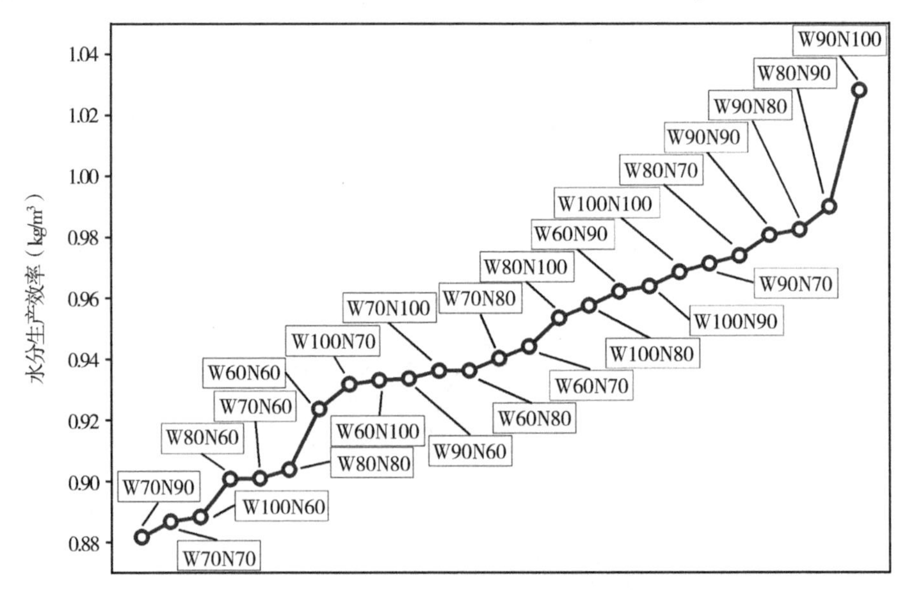

图7-3 基于籽棉产量与土壤储水量模拟结果的水分生产效率变化趋势

注：W，灌水量；W100，100%灌水量；W90，90%灌水量；W80，80%灌水量；W70，70%灌水量；W60，60%灌水量。N，施氮量；N100，100%施氮量；N90，90%施氮量；N80，80%施氮量；N70，70%施氮量；N60，60%施氮量。

4 050 m^3/hm^2、施氮量为 525 kg/hm^2 情景下，既能保证作物正常需水要求，节约用水，又能保证退地减水形式下的发展需求。此外，合理分配剩余 10%的棉花灌水量，每隔 1~2 年用于作物休耕期的土壤盐分冲洗与排水措施，亦能控制土壤盐渍化危害。

7.5　本章小结

（1）每隔 1~2 年合理分配 10%的灌溉水用于淋洗和排水，并根据地下水动态以及农业水资源变化量制定淋洗时间，可有效控制土壤盐渍化危害。

（2）RZQWM2 模型可以较好地在轻度盐渍化土壤与棉花生长条件下进行模拟，棉花灌水量的降低对籽棉产量的影响显著大于施氮量的减少，即籽棉产量的减少趋势不受施氮量的波动而产生影响。

（3）在退地减水实施背景下，玛纳斯河流域棉花的灌溉制度是不会受到影响。在最优灌水量4 050 m^3/hm^2、施氮量 525 kg/hm^2 情况下，配合定期进行培肥土壤，增施有机肥料，合理施用液态氮肥，既能保证作物正常需水要求，节约用水，又能保证退地减水形式下的发展需求。

第8章

结论与展望

本研究结合国家自然科学基金项目“干旱区膜下滴灌农田生态系统水盐与养分运移及环境效应”与“滴灌淋洗配合暗管与竖井排水协同改良新疆盐碱土机理研究”，针对新疆玛纳斯河流域土壤盐渍化与化肥残留的现状问题，于2019—2020年开展了流域尺度土壤水盐及养分调研、棉花根际尺度盐胁迫对照试验以及田间尺度暗管与竖井协同的盐渍土改良试验。从宏观角度上提出了玛纳斯河流域土壤水盐与养分空间变异特征与时空累积格局，从微观角度上分析了棉花根际土壤盐胁迫下的水肥交互效应、协同机制、棉花的氮素分配利用机理以及灌溉制度优化方案，从实际措施中总结了5年盐渍土水利改良过程中的盐平衡问题。

8.1 主要结论

（1）玛纳斯流域土壤含水率的空间变异会引起土壤含盐量、总氮含量空间变异性发生改变，而土壤含盐量的空间变异不会引起土壤总氮含量空间变异性的变化；土壤含盐量呈现强烈的空间变异性，其次是土壤总氮含量，土壤含水率的空间变异性最弱，但二者仍属于中等强度的空间变异性。

（2）玛纳斯流域土壤含水率由南至北呈现逐渐减小的空间分布趋势，这与土壤总氮含量一致、与土壤含盐量相反；全流域土壤含盐量最大值出现在80~100 cm的北部荒漠地区（玛纳斯湖），为32.92 g/kg；土壤总氮含量最大值出现在80~100 cm的南部天山地区，最小值出现在古尔班通古特沙漠；玛纳斯河流域轻度、中度、重度、盐土4个等级的盐渍化土壤最大面积及比例均分布在古尔班通古特沙漠，而弱盐渍化等级的土壤最大面积及比例分布在山前冲积扇；玛纳斯河流域一级（极高）、二级（高）、三级（中上）3个肥力等级的土壤最大面积及比例均分布在山前冲积扇，土壤肥力等级极低（六级）的最大面积及比例分布在古尔班通古特沙漠的 80~100 cm 土层中。

（3）根际尺度下土壤总氮含量累积的最大值集中在棉花花铃期，而在棉花苗期总氮含量最低；在轻度盐渍化（4.2~8.8 g/kg）与重度盐渍化（15.5~20.0 g/kg）土壤条件下，土壤养分与盐分之间存在极其显著的交互效应（$P<0.01$），二者之间的交互效应受外界环境的干扰较小，具有显著的耦合作用；当土壤从弱盐渍化（0~4.2 g/kg）增加至轻度盐渍化程度（4.2~8.8 g/kg），棉花茎与果对氮素的吸收征调能力将增强，而叶片的氮素吸收能力将略微减弱。

（4）当土壤含盐量在轻度盐渍化以内（<8.8 g/kg）时棉花直接从肥料中吸收的氮素主要分配的去向为果，比例在 16%~27%；当土壤含盐量超过轻度盐渍化（>8.8 g/kg）时，棉花直接从肥料中吸收的氮素主要分配的去向为茎，通过棉花茎进一步向叶和果转运的氮素含量受到来自土壤盐胁迫的限制，肥料在土壤中的总累积比例均超过 40%；在土壤轻度盐渍化（4.2~8.8 g/kg）条件下，0~20 cm、20~40 cm、40~60 cm 土层中肥料氮向棉花果实分配的比例分别为 10.92%、10.31%、6.14%，棉花果的氮素利用效率略高于弱盐渍化土壤。

（5）田间尺度盐渍化土壤改良条件下 0~80 cm 深度土壤含盐量的 5 年总降幅达到 29.2 g/kg；应用暗管和竖井排水期间地下水整体降幅为 2.5 m，相比单独应用暗管排水更能有效降低和控制地下水位。在滴灌淋洗与暗管排水结束后，土壤盐分的年均输入总量为 26.88 t，并且预计在 2027 年 5 月达到平衡（$\Delta SS=0$）。

（6）棉花生育期内土壤含盐量受水肥协同影响而产生波动最大的时期是 6—7 月，在此期间各土层土壤含盐量变化表现为非一致性，并且主要发生在施肥量减少之后的 1~2 次灌水后；在现有灌水定额的基础上，棉花苗期中后阶段适当增加灌水量约 125 m^3/hm^2，蕾期中后段适当减少灌水量 200 m^3/hm^2、施氮量（尿素）约 15 kg/hm^2，将有助于增加棉花水肥协同出现的概率，即控制土壤含盐量的增加；通过率定与验证后的 RZQWM2 模型可以以较好的模拟在轻度盐渍化土壤与棉花生长，模拟棉花灌水量降低对籽棉产量的影响显著大于来自施氮量的影响，即在灌水量 4 050 m^3/hm^2、施氮量 525 kg/hm^2 情况下，合理分配剩余 10%的棉花灌水量，每隔 1~2 年用于作物休耕期的土壤淋洗与排水措施，可有效控制土壤盐渍化危害。

8.2 研究创新点

（1）采用^{15}N同位素示踪技术量化膜下滴灌棉花各器官来自于根际各层土壤的氮素吸收、分配与化肥残留比例。

（2）采用竖井与暗管排水协同滴灌淋洗工程改良盐渍化棉田，量化田间尺度水利措施改良下的土壤盐分平衡规律。

8.3 研究展望

（1）本研究流域尺度土壤水盐与养分参数的空间变异特征与累积现状分析仅包含 2019—2020 年共 2 年的数据，需要持续多年开展采样调研以量化流域尺度土壤水盐与养分的时空突变特征。

（2）本研究棉花根际尺度盐胁迫试验开展时间仅为 1 年，并且仅考虑土壤盐渍化对照处理。未来应进一步涉及棉花灌水量、施肥量和计划湿润层深度等因素，以期全面优化盐胁迫棉花的灌溉制度。

（3）本研究田间尺度盐渍土改良试验中通过竖井与暗管排出土体的高盐分浓度盐渍水均汇集在修缮后的排水沟中，若未经及时处理，这部分盐渍水向地下水层的渗漏会对农业水资源环境产生负面影响。未来需要进一步开展污水电化学处理、可再生水资源循环利用等交叉学科的研究。

参考文献

阿尔娜古丽·艾买提，刘洪光，何新林，等，2018. 膜下滴灌盐碱地排水工程控盐效果试验研究［J］. 排灌机械工程学报，36（4）：347-353.

艾合买提·吐地，2019. 探析新疆棉花膜下滴灌技术与发展［J］. 江西农业，21（10）：138-139.

本刊综合，2021. 耕地保护与粮食安全——中央一号文件中的关键词和硬举措［J］. 中国农业综合开发，21（3）：12-16.

陈闯，吴景贵，杨子仪，2014. 不同有机肥及其混施对黑土酶活性动态变化的影响［J］. 水土保持学报，28（6）：245-250.

陈建生，凡哲超，汪集旸，等，2004. 巴丹吉林沙漠湖泊及其下游地下水同位素分析［J］. 地球学报，24（6）：497-504.

陈建生，汪集旸，赵霞，等，2004. 用同位素方法研究额济纳盆地承压含水层地下水的补给［J］. 地质论评，50（6）：649-658.

陈瑾，2021. 沿海垦区满足不同土壤脱盐目标及作物机收条件的暗管排水布局研究［D］. 扬州：扬州大学.

陈霖明，李艳红，李发东，等，2015. 玛纳斯河流域棉田膜下滴灌前后土壤水分-盐分-养分运移分析［J/OL］. 中国土壤与肥料：1-18［2022-06-05］. http：//kns. cnki. net/kcms/detail/11. 5498. S. 20211115. 006. html.

陈素英，张喜英，裴冬，等，2004. 秸秆覆盖对夏玉米田棵间蒸发和土壤温度的影响［J］. 灌溉排水学报，23（4）：32-36.

陈鑫，2016. 明沟与暗管排盐改良盐碱地技术模式比较分析［J］. 中国农业信息，21（13）：36-39.

陈宗宇，张光辉，徐家明，1998. 华北地下水古环境意义及古气候变化对地下水形成的影响［J］. 地球学报（4）：3-10.

邓宝山，瓦哈甫·哈力克，党建华，等，2015. 克里雅绿洲地下水埋深与土壤电导率时空分异及耦合分析［J］. 干旱区地理，38（3）：599-607.
迪力努尔·阿布拉，黄建，祁通，等，2020. 粉垄深松破障对新疆盐碱地土壤洗盐脱盐效果［J］. 新疆农业科学，57（9）：1754-1761.
董合干，王栋，王迎涛，等，2013. 新疆石河子地区棉田地膜残留的时空分布特征［J］. 干旱区资源与环境（9）：182-186.
董欢，2017. 膜下滴灌技术在新疆阜康高效节水工程中的应用［J］. 水资源开发与管理（8）：58-61.
董莉丽，2020. 植被恢复对土壤水溶性阴离子浓度的影响［J］. 河南科学，38（5）：721-727.
董昕，张恒嘉，芦倩，等，2021. 膜下滴灌对农田土壤环境的影响研究进展［J］. 中国水运：下半月，21（7）：103-104.
高晶，郝爱兵，魏亚杰，等，2009. 河套平原中东部地下水的环境同位素特征分析［J］. 水文地质工程地质（3）：55-58.
高祥照，杜森，钟永红，等，2015. 水肥一体化发展现状与展望［J］. 中国农业信息（4）：14-19.
耿其明，闫慧慧，杨金泽，等，2019. 明沟与暗管排水工程对盐碱地开发的土壤改良效果评价［J］. 土壤通报，50（3）：617-624.
顾慰祖，陆家驹，谢民，等，2002. 乌兰布和沙漠北部地下水资源的环境同位素探讨［J］. 水科学进展（3）：326-332.
郭赋涵，2020. 化肥配施土壤改良剂对盐碱地改良及水稻产量的影响［D］. 沈阳：沈阳农业大学.
何进宇，田军仓，2015. 膜下滴灌旱作水稻水肥耦合模型及组合方案优化［J］. 农业工程学报，31（13）：77-82.
何子建，史文娟，杨军强，2017. 膜下滴灌间作盐生植物棉田水盐运移特征及脱盐效果［J］. 农业工程学报，33（23）：129-138.
衡通，王振华，张金珠，等，2019. 新疆农田排水技术治理盐碱地的发展概况［J］. 中国农业科技导报，21（3）：161-169.
侯光才，2007. 鄂尔多斯白垩系地下水盆地天然水体环境同位素组成及其水循环意义［J］. 吉林大学学报（地球科学版）（2）：255-260.
侯振安，龚江，2013. 干旱区滴灌棉花土壤水、盐、养分运移与调控［M］. 杨凌：西北农林科技大学出版社.

胡国臣，张清敏，1999. 地下水硝酸盐氮污染防治研究［J］. 农业环境保护，18（5）：228-230.

胡宏昌，田富强，张治，等，2015. 干旱区膜下滴灌农田土壤盐分非生育期淋洗和多年动态［J］. 水利学报，46（9）：1037-1046.

胡钜鑫，虎胆·吐马尔白，李卓然，等，2019. 基于 HYDRUS-2D 模型膜下滴灌棉田不同上口宽排盐浅沟下土壤水盐运移模拟［J］. 水利科学与寒区工程，2（5）：1-9.

黄炳林，王孟雪，金喜军，等，2019. 不同耕作处理对土壤微生物、酶活性及养分的影响［J］. 作物杂志，21（6）：104-113.

黄秀路，武宵旭，葛鹏飞，等，2016. 中国农业生产中的节水灌溉：区域差异与方式选择［J］. 中国科技论坛（8）：143-148.

吉磊，刘兵，何新林，等，2015. 新疆典型垦区水资源合理开发模式评价研究［J］. 节水灌溉（9）：61-65.

纪敬辉，2017. 银北灌区暗管排水排盐碱效果试验监测研究与工程设计方案优化［D］. 银川：宁夏大学.

贾小妨，李玉中，徐春英，等，2009. 氮、氧同位素与地下水中硝酸盐溯源研究进展［J］. 中国农学通报，25（14）：233-239.

康绍忠，霍再林，李万红，2016. 旱区农业高效用水及生态环境效应研究现状与展望［J］. 中国科学基金，30（3）：5.

李保国，2022. 新时代下盐碱地改良与利用的科学之路［J］. 中国农业综合开发，21（1）：8-9.

李兵强，2014. 新疆棉花膜下滴灌技术的发展与完善［J］. 农业与技术，34（4）：42.

李国英，2021. 推动新阶段水利高质量发展为全面建设社会主义现代化国家提供水安全保障［J］. 中国水利，21（16）：5.

李会贞，李法虎，周新国，等，2018. 农田暗管-明沟组合排水系统布设参数计算与设计软件编程［J］. 灌溉排水学报，37（6）：101-108.

李开明，2020. 灌水量和暗管埋深对排水排盐规律的影响与数值模拟［D］. 石河子：石河子大学.

李开明，刘洪光，石培君，等，2018. 明沟排水条件下的土壤水盐运移模拟［J］. 干旱区研究，35（6）：1299-1307.

李力，任斐鹏，王志刚，等，2014. 利用氮稳定同位素识别农业面源污染源的研究进展［J］. 长江科学院院报，31（7）：21-28.

李玲，刘洪光，阿尔娜古丽·艾买提，等，2021. 竖井对新疆盐碱地新开垦枣田土壤盐分的影响［J］. 石河子大学学报（自然科学版），39（5）：571-578.

李文娆，张岁岐，丁圣彦，等，2010. 干旱胁迫下紫花苜蓿根系形态变化及与水分利用的关系［J］. 生态学报（19）：5140-5150.

李显溦，2017. 新疆盐碱棉田暗管排盐方案研究［D］. 北京：中国农业大学.

李英能，1998. 我国节水农业发展模式研究［J］. 节水灌溉（2）：7-12.

李云玲，2007. 水资源需求与调控研究［D］. 北京：中国水利水电科学研究院.

李志宏，王兴仁，曹一平，1995. 冬小麦-夏玉米轮作条件下氮肥后效的定量研究［J］. 中国农业大学学报（S2）：29-32.

李志军，王媛媛，2020. 新疆库山河流域灌区水资源与灌溉用水效率分析评价［J］. 西北水电（6）：4.

李卓然，虎胆·吐马尔白，由国栋，2018. 基于 HYDRUS-2D 滴灌棉田不同深度排盐沟土壤水盐运移的试验及模拟［J］. 石河子大学学报（自然科学版），36（3）：376-384.

连彩云，马忠明，2021. 滴水量和滴水频率对膜下滴灌制种玉米产量及种子活力的影响［J］. 甘肃农业科技，52（11）：28-34.

梁伊，崔航宇，雅里坤江·雅克夫，2021. 新疆地区高效节水灌溉面临的问题及应对措施［J］. 农业与技术，41（9）：3.

刘洪亮，褚贵新，赵风梅，等，2010. 北疆棉区长期膜下滴灌棉田土壤盐分时空变化与次生盐渍化趋势分析［J］. 中国土壤与肥料，2010（4）：12-17.

刘建国，吕新，王登伟，等，2005. 膜下滴灌对棉田生态环境及作物生长的影响［J］. 中国农学通报，21（3）：333.

刘庆贺，2020. 干旱区微咸水膜下滴灌棉花的淋洗研究［D］. 成都：成都理工大学.

刘珊廷，2020. 木薯连作与轮作对土壤理化性状及微生物群落和产量的影响［D］. 南宁：广西大学.

刘文国，尚晓峰，赵强，2019. 膜下滴灌施肥技术存在的问题及对策［J］. 现代农业科技，21（18）：134-135，137.

刘玉国，杨海昌，王开勇，等，2014. 新疆浅层暗管排水降低土壤盐分提高棉花产量［J］. 农业工程学报，30（16）：84-90.

鲁凯珩，金杰人，肖明，2019. 微生物肥料在盐碱土壤中的应用展望［J］. 微生物学通报，46（7）：1695-1705.

吕殿青，王全九，王文焰，2001. 滴灌条件下土壤水盐运移特性的研究现状［J］. 水科学进展，12（1）：107-112.

吕殿青，王全九，王文焰，等，2002. 膜下滴灌水盐运移影响因素研究［J］. 土壤学报，39（6）：794-801.

马东豪，王全九，来剑斌，2005. 膜下滴灌条件下灌水水质和流量对土壤盐分分布影响的田间试验研究［J］. 农业工程学报，21（3）：5.

孟超然，颜林，张书捷，等，2017. 干旱区长期膜下滴灌农田耕层土壤盐分变化［J］. 土壤学报，54（6）：1386-1394.

孟凤轩，迪力夏提，罗新湖，等，2011. 新垦盐渍化农田暗管排水技术研究［J］. 灌溉排水学报，30（1）：106-109.

宁夏农业综合开发项目组，2004. 中荷排水技术在河套灌区的开发与应用［M］. 银川：宁夏人民出版社.

潘云龙，许伟健，高琛，2021. 基于 HYDRUS-2D 模拟暗管排水条件下淋洗制度对土壤水盐运移的影响［J］. 水资源开发与管理，21（9）：12-18.

齐学斌，庞鸿宾，2000. 节水灌溉的环境效应研究现状及研究重点［J］. 农业工程学报，16（4）：37-40.

乔文军，程伦国，刘德福，等，2004. 农田排水技术的发展趋势［J］. 湖北农学院学报，21（2）：138-141.

秦文豹，2017. 滴灌农田暗管排水效果及关键参数研究［D］. 石河子：石河子大学.

石佳，田军仓，朱磊，2017. 暗管排水对油葵地土壤脱盐及水分生产效率的影响［J］. 灌溉排水学报，21（11）：46-50.

石培君，刘洪光，何新林，等，2020. 膜下滴灌暗管排水规律及土壤脱盐效果试验研究［J］. 排灌机械工程学报，38（7）：726-730.
苏小四，林学钰，2003. 包头平原地下水水循环模式及其可更新能力的同位素研究［J］. 吉林大学学报（地球科学版）（4）：503-508，529.
隋鹏祥，张心昱，温学发，等，2016. 耕作方式和秸秆还田对棕壤土壤养分和酶活性的影响［J］. 生态学杂志，35（8）：2038-2045.
孙东宝，2017. 北方旱作区作物产量和水肥利用特征与提升途径［D］. 北京：中国农业大学.
孙贯芳，屈忠义，杜斌，等，2017. 不同灌溉制度下河套灌区玉米膜下滴灌水热盐运移规律［J］. 农业工程学报，33（12）：144-152.
孙亚宁，刘继伟，张振华，2008. 滴灌效应及其灌溉指标研究进展［J］. 安徽农学通报，14（18）：151-153.
陶丽佳，王凤新，顾小小，2012. 膜下滴灌对土壤 CO_2 与 CH_4 浓度的影响［J］. 中国生态农业学报，20（3）：330-336.
田富强，温洁，胡宏昌，等，2018. 滴灌条件下干旱区农田水盐运移及调控研究进展与展望［J］. 水利学报，49（1）：126-135.
汪昌树，杨鹏年，姬亚琴，2016. 不同灌水下限对膜下滴灌棉花土壤水盐运移和产量的影响［J］. 干旱地区农业研究，34（2）：232-238.
汪昌树，杨鹏年，于宴民，等，2016. 膜下滴灌布置方式对土壤水盐运移和产量的影响［J］. 干旱地区农业研究，34（4）：38-45.
汪顺义，冯浩杰，王克英，等，2019. 盐碱地土壤微生物生态特性研究进展［J］. 土壤通报，50（1）：233-239.
王春霞，王全九，庄亮，等，2011. 干旱区膜下滴灌条件下膜孔蒸发特征研究［J］. 干旱地区农业研究，29（1）：8.
王东旺，王振华，陈林，等，2021. 应用膜下灌排联动技术对提高土壤淋洗效果的影响［J］. 干旱区研究，38（4）：1010-1019.
王海江，崔静，王开勇，等，2010. 绿洲滴灌棉田土壤水盐动态变化研究［J］. 灌溉排水学报，29（1）：136-138.
王佳，2014. 污水资源化及产业用水结构调整对西北地区水资源承载力的影响研究［D］. 西安：西安建筑科技大学.
王亮，2016. 地膜残留量对新疆棉田蒸散及棵间蒸发的影响［J］. 农业工程学报，32（14）：9.

王明亮，马旭，徐猛，等，2015. 膜下滴灌盐碱土改良剂在棉花上的应用研究［J］. 新疆农垦科技，38（10）：57-60.

王琼，尹飞虎，高志建，等，2019. 原生盐碱土区暗管埋深和间距对土壤电导率的影响［J］. 新疆农垦科技，42（8）：29-31.

王全九，王文焰，吕殿青，等，2000. 膜下滴灌盐碱地水盐运移特征研究［J］. 农业工程学报，16（4）：54-57.

王少丽，王修贵，丁昆仑，等，2008. 中国的农田排水技术进展与研究展望［J］. 灌溉排水学报，21（1）：108-111.

王淑虹，2009. 浅谈新疆沙湾县盐碱地现状与改良措施［J］. 水资源与水工程学报，20（3）：135-139，142.

王水献，董新光，吴彬，等，2012. 干旱盐渍土区土壤水盐运动数值模拟及调控模式［J］. 农业工程学报，28（13）：142-148.

王涛，2009. 干旱区绿洲化、荒漠化研究的进展与趋势［J］. 中国沙漠，29（1）：1-9.

王兴鹏，段爱旺，李双，2016. 农田利用排水灌溉对土壤入渗特性及棉花生长的影响［J］. 农业机械学报，47（6）：100-106.

王秀康，张富仓，2016. 膜下滴灌施肥番茄水肥供应量的优化研究［J］. 农业机械学报，47（1）：10.

王轶虹，史学正，王美艳，等，2017. 2001—2010 年中国农田生态系统 NPP 的时空演变特征［J］. 土壤学报，54（2）：319-330.

王在敏，何雨江，靳孟贵，等，2012. 运用土壤水盐运移模型优化棉花微咸水膜下滴灌制度［J］. 农业工程学报，28（17）：8.

王振华，杨培岭，郑旭荣，等，2014. 膜下滴灌系统不同应用年限棉田根区盐分变化及适耕性［J］. 农业工程学报，30（4）：90-99.

王智琦，马忠明，张立勤，2011. 水肥耦合对作物生长的影响研究综述［J］. 甘肃农业科技（5）：44-48.

魏云杰，许模，2005. 新疆土壤盐渍化成因及其防治对策研究［J］. 地球与环境，21（S1）：593-597.

温季，王少丽，王修贵，2000. 农业涝渍灾害防御技术［M］. 北京：中国农业科技出版社.

温越，王振华，陈林，等，2021. 暗管埋深对滴灌油葵农田水盐运移及产量的影响［J］. 石河子大学学报（自然科学版），39（2）：183-189.
吴景社，1994. 国外节水农业技术现状与发展趋势［J］. 世界农业（1）：36-38.
吴景社，康绍忠，王景雷，等，2003. 节水灌溉综合效应评价研究进展［J］. 灌溉排水学报，22（5）：42-46.
吴立峰，2015. 新疆棉花滴灌施肥水肥耦合效应与生长模拟研究［D］. 杨凌：西北农林科技大学.
晓婷，2021. 国家统计局：2020年全国棉花产量持平略增［J］. 中国纤检（1）：1.
谢志良，田长彦，2011. 膜下滴灌水氮耦合对棉花干物质积累和氮素吸收及水氮利用效率的影响［J］. 植物营养与肥料学报，17（1）：160-165.
李万茂，于绪宏，2020. 新疆生产建设兵团统计年鉴（2020）［M］. 北京：中国统计出版社.
邢英英，张富仓，张燕，等，2015. 滴灌施肥水肥耦合对温室番茄产量，品质和水氮利用的影响［J］. 中国农业科学，48（4）：713-726.
徐华平，2016. 浅沟排水对膜下滴灌条件下“土壤-作物”系统的影响［J］. 节水灌溉，21（3）：27-30.
徐力刚，杨劲松，徐南军，黄铮，2004. 农田土壤中水盐运移理论与模型的研究进展［J］. 干旱区研究，21（3）：254-258.
徐榕阳，马琼，2016. 新疆兵团棉花种植的适度规模及其调控对策——基于第一师的实证分析［J］. 中国棉花，43（10）：7-10，16.
薛道信，张恒嘉，巴玉春，等，2017. 绿洲膜下滴灌调亏对马铃薯土壤环境及产量的影响［J］. 华北农学报，32（3）：229-238.
闫少锋，吴玉柏，俞双恩，等，2014. 江苏沿海地区竖井排盐试验研究［J］. 水环境与水资源（8）：42-44.
严思成，1991. 农田地下排水技术与施工机具［M］. 北京：机械工业出版社.
杨策，陈环宇，李劲松，等，2019. 盐地碱蓬生长对滨海重盐碱地的改土效应［J］. 中国生态农业学报，27（10）：1578-1586.
杨浩，2014. 浅淡阜新地区灌溉排水技术的发展［J］. 农业与技术，34（3）：42-43.

杨梦娇，吕新，侯振安，等，2013. 滴灌施肥条件下不同土层硝态氮的分布规律［J］. 新疆农业科学，50（5）：875-881.

杨鹏年，董新光，2008. 干旱区竖井灌排下盐分运移对地下水质的影响——以新疆哈密盆地为例［J］. 水土保持通报，28（5）：118-121.

杨鹏年，董新光，刘磊，等，2011. 干旱区大田膜下滴灌土壤盐分运移与调控［J］. 农业工程学报，27（12）：90-95.

杨学良，1997. 尕海灌区竖井排水技术［J］. 水利水电技术，21（4）：30-33.

杨玉辉，2021. 膜下滴灌盐渍化棉田暗管排水技术参数研究［D］. 北京：中国农业科学院.

杨玉辉，周新国，李东伟，2020. 暗管排水对南疆高水位膜下滴灌棉田盐分管控及淋洗效果分析［J］. 干旱区研究，37（5）：1194-1204.

叶浩，朱建强，程伦国，等，2015. 不同排水模式下棉田排水效果和生产效果［J］. 灌溉排水学报，34（7）：93-96.

袁利娟，庞忠和，2010. 地下水硝酸盐污染的同位素研究进展［J］. 水文地质工程地质，37（2）：108-113.

张朝勇，蔡焕杰，2005. 膜下滴灌棉花土壤温度的动态变化规律［J］. 干旱地区农业研究，23（2）：5.

张翠云，张胜，李政红，等，2004. 利用氮同位素技术识别石家庄市地下水硝酸盐污染源［J］. 地球科学进展，19（2）：183-191.

张芳，马瑛，2016. 新疆农业面源污染影响因素分析［J］. 中国农学通报，32（26）：92-96.

张光辉，2004. 黑河流域地下水循环演化规律研究［J］. 中国地质（3）：289-293.

张杰，刘洪光，何新林，等，2016. 滴灌对矮化密植大枣田间相对湿度，土壤温度和产量的影响［J］. 灌溉排水学报，35（7）：78-84.

张洁，常婷婷，邵孝侯，2012. 暗管排水对大棚土壤次生盐渍化改良及番茄产量的影响［J］. 农业工程学报（3）：81-86.

张明，2010. 新疆膜下滴灌技术发展现状及趋势分析［J］. 农业技术装备，21（200）：15-16.

张琼，李光永，柴付军，2004. 棉花膜下滴灌条件下灌水频率对土壤水盐分布和棉花生长的影响［J］. 水利学报，21（9）：123-126.
张水龙，庄季屏，1998. 农业非点源污染研究现状与发展趋势［J］. 生态学杂志，17（6）：52-56.
张维理，田哲旭，张宁，等，1995. 我国北方农用氮肥造成地下水硝酸盐污染的调查［J］. 植物营养与肥料学报，1（2）：80-87.
张伟，吕新，李鲁华，等，2008. 新疆棉田膜下滴灌盐分运移规律［J］. 农业工程学报，21（8）：15-19.
张弦，杨易，朱玉华，等，2019. 基于全球化肥供需匹配的中国化肥产业“走出去”战略分析［J］. 世界农业（5）：7.
张志云，刘锦涛，耿正峥，等，2016. 农田控制排水的研究现状与展望［J］. 灌溉排水学报，35（S1）：90-93.
张治，2014. 绿洲膜下滴灌农田水盐运移及动态关系研究［D］. 北京：清华大学.
赵秉强，张福锁，廖宗文，等，2004. 我国新型肥料发展战略研究［J］. 植物营养与肥料学报，10（5）：536-545.
赵聚宝，钟兆站，薛军红，等，1996. 旱地春玉米田微集水保墒技术研究［J］. 农业工程学报，12（2）：28-33.
赵亚丽，郭海斌，薛志伟，等，2015. 耕作方式与秸秆还田对土壤微生物数量、酶活性及作物产量的影响［J］. 应用生态学报，26（6）：1785-1792.
赵英，王丽，赵惠丽，等，2022. 滨海盐碱地改良研究现状及展望［J］. 中国农学通报，38（3）：67-74.
郑飞敏，贾志峰，梁飞，等，2020. 新疆兵团盐渍化农田现状与防治对策［J］. 农学学报，10（5）：36-41.
“中国农业发展战略研究 2050”项目综合组，2020. 面向 2050 年我国农业发展战略研究［J］. 中国工程科学，24（1）：1-10.
周宁一，2012. 盐碱地微生物类群的多样性［J］. 微生物学通报，39（7）：1030-1041.
朱海，杨劲松，姚荣江，等，2019. 有机无机肥配施对滨海盐渍农田土壤盐分及作物氮素利用的影响［J］. 中国生态农业学报，27（3）：441-450.

祝榛，王海江，苏挺，等，2018. 盐渍化农田不同埋深暗管排盐效果研究［J］. 新疆农业科学，55（8）：1523-1533.

庄旭东，冯绍元，于昊，等，2020. SWAP 模型模拟暗管排水条件下土壤水盐运移［J］. 灌溉排水学报，39（8）：93-101.

ABALOS D，SANCHEZ - MARTIN L，GARCIA - TORRES L，et al.，2014. Management of irrigation frequency and nitrogen fertilization to mitigate GHG and NO emissions from drip-fertigated crops［J］. Science of the Total Environment，490：880-888.

ADEYEMI O，GROVE I，PEETS S，et al.，2017. Advanced monitoring and management systems for improving sustainability in precision irrigation［J］. Sustainability，9（3）：353.

AKHTAR J，SAQIB Z A，SARFRAZ M，et al.，2010. Evaluating salt tolerant cotton genotypes at different levels of NaCl stress in solution and soil culture［J］. Pak. J. Bot，42（4）：2857-2866.

ALE S，BOWLING L C，OWENS P R，et al.，2012. Development and application of a distributed modeling approach to assess the watershed - scale impact of drainage water management［J］. Agricultural Water Management，21（107）：23-33.

ALI Y，ASLAM Z，HUSSAIN F，2005. Genotype and environment interaction effect on yield of cotton under naturally salt stress condition［J］. International Journal of Environmental Science & Technology，2（2）：169-173.

ALLEN SC，JOSE S，NAIR PK，et al.，2004. Competition for 15N-labeled fertilizer in a pecan（Carya illinoensis K. Koch）cotton（Gossypium hirsutum L.）alley cropping system in the southern United States［J］. Plant Soil，263：151-164.

AUJLA M S，THIND H S，BUTTAR G S，2005. Cotton yield and water productivity at various levels of water and N through drip irrigation under two methods of planting［J］. Agricultural Water Management，71（2）：167-179.

AYARS J E，HUTMACHER R B，SCHONEMAN R A，et al.，1999. Realizing the Potential of Integrated Irrigation and Drainage Water Management for Meeting Crop Water Requirements in Semi－Arid and Arid Areas [J]. Irrigation & Drainage Systems, 13 (4): 321-347.

BAHCECI I, NACAR A S, 2009. Subsurface drainage and salt leaching in irrigated land in south - east Turkey [J]. Irrigation and Drainage: The journal of the International Commission on Irrigation and Drainage, 58 (3): 346-356.

BARBIERI M, BOSCHETTI T, PETITTA M, et al., 2005. Stable isotope (2H, 18O and 87Sr/86Sr) and hydrochemistry monitoring for groundwater hydrodynamics analysis in a karst aquifer (Gran Sasso, Central Italy) [J]. Applied Geochemistry, 20 (11): 2063-2081.

BERKANT R K, 2009. Effects of irrigation water quality on evapotranspiration, yield and biomass of cotton [J]. Journal of Plant & Environmental Sciences, 28 (5): 16-20.

BING L, ZHAO W, CHANG X, et al., 2010. Water requirements and stability of oasis ecosystem in arid region, China [J]. Environmental Earth Sciences, 59 (6): 1235.

BU L, LIU J, ZHU L, et al., 2013. The effects of mulching on maize growth, yield and water use in a semi-arid region [J]. Agricultural Water Management, 123: 71-78.

BURT C, ISBELL B, 2005. Leaching of Accumulated Soil Salinity Under Drip Irrigation [J]. Transactions of the Asae, 48 (6): 2115-2121.

CAI X, ROSEGRANT M W, 2004. Irrigation technology choices under hydrologic uncertainty: A case study from Maipo River Basin, Chile [J]. Water Resources Research, 40 (4): 59-66.

CAMBARDELLA C A, MOORMAN T B, JAYNES D B, et al., 1999. Water quality in Walnut Creek watershed: Nitrate - nitrogen in soils, subsurface drainage water, and shallow groundwater [J]. Journal of Environmental Quality, 28 (1): 25-34.

CAREY J M, ZILBERMAN D, 2002. A model of investment under uncertainty: modern irrigation technology and emerging markets in water [J]. American Journal of Agricultural Economics, 84 (1):

171-183.

CASSMAN K G, PINGALI P L, 1995. Intensification of irrigated rice systems: learning from the past to meet future challenges [J]. GeoJournal, 35 (3): 299-305.

CASWELL M, ZILBERMAN D, 1985. The choices of irrigation technologies in California [J]. American Journal of Agricultural Economics, 67 (2): 224-234.

CHAPUIS - LARDY L, WRAGE N, METAY A, et al., 2007. Soils, a sink for N2O? A review [J]. Global Change Biology, 13 (1): 1-17.

CHAZDON R L, 2008. Beyond deforestation: restoring forests and ecosystem services on degraded lands [J]. Science, 320 (5882): 1458-1460.

CHEN MZ, GAO ZY, WANG YH, 2020. Overall introduction to irrigation and drainage development and modernization in China [J]. Irrigation and Drainage, 69 (S2): 1-11.

CHEN WP, HOU ZN, WU LS, et al., 2010. Evaluating salinity distribution in soil irrigated with saline water in arid regions of northwest China [J]. Agricultural Water Management, 97 (12): 2001-2008.

CHOWDHURY N, MARSCHNER P, BURNS R G, 2011. Soil microbial activity and community composition: impact of changes in matric and osmotic potential [J]. Soil Biology and Biochemistry, 43 (6): 1229-1236.

CHUA TT, BRONSON KF, BOOKER JD, et al., 2003. In - season nitrogen status sensing in irrigated cotton. I. Yields and nitrogen - 15 recovery [J]. Soil Sci. Soc. Am. J, 67: 1428-1438.

COOK H F, VALDES G S B, LEE H C, 2006. Mulch effects on rainfall interception, soil physical characteristics and temperature under Zea mays L [J]. Soil and Tillage Research, 91 (1-2): 227-235.

DENG X P, SHAN L, ZHANG H, et al., 2006. Improving agricultural water use efficiency in arid and semiarid areas of China [J]. Agricultural Water Management, 80 (1-3): 23-40.

DESINGH R, KANAGARAJ G, 2007. Influence of salinity stress on photosynthesis and antioxidative systems in two cotton varieties. Gen. Appl [J]. Plant

Physiol, 33 (34): 221-234.

DONG, HE Z, 2012. Technology and field management for controlling soil salinity effects on cotton [J]. Australian Journal of Crop Science, 6 (2): 333-341.

FAN X, PEDROLI B, LIU G, et al., 2011. Potential plant species distribution in the Yellow River Delta under the influence of groundwater level and soil salinity [J]. Ecohydrology, 4 (6): 744-756.

FENG D, KANG Y, WAN S, et al., 2017. Lateral flushing regime for managing emitter clogging under drip irrigation with saline groundwater [J]. Irrigation Science, 35 (3): 217-225.

FORKUTSA IR, LAMERS JP, KIENZLER K, et al., 2009. Modeling irrigated cotton with shallow groundwater in the Aral Sea Basin of Uzbekistan: II. Soil salinity dynamics [J]. Irrigation Sci, 27 (4): 319-330.

FRENEY JR, SIMPSON JR, DENMEAD OT, et al., 1985. Transformations and transfers of nitrogen after irrigating a cracking clay soil with a urea solution [J]. Aust. J. Agric. Res, 36: 685 - 694.

FRITSCHI F B, ROBERTS B A, RAINS DW, et al., 2004. Fate of nitrogen - 15 applied to irrigated Acala and Pima cotton [J]. Agron. J, 96: 646-655.

GARDENAS A I, HOPMANS J W, HANSON B R, 2005. Two-dimensional modeling of nitrate leaching for various fertigation scenarios under micro-irrigation [J]. Agricultural Water Management, 74: 219-242.

GHOLAMHOSEINI M, AGHAALIKHANI M, SANAVY S A M M, et al., 2013. Interactions of irrigation, weed and nitrogen on corn yield, nitrogen use efficiency and nitrate leaching [J]. Agricultural Water Management, 126: 9-18.

GORAI M, HACHEF A, NEFFATI M, 2010. Differential responses in growth and water relationship of *Medicago sativa* (L.) cv. Gabès and Astragalus gombiformis (Pom.) under water - limited conditions [J]. Emirates Journal of Food and Agriculture, 13 (7): 1-12.

GUAN Z, JIA Z, ZHAO Z, et al., 2019. Dynamics and Distribution of Soil Salinity under Long-Term Mulched Drip Irrigation in an Arid Area of Northwestern China [J]. Water, 11 (6): 1225-1239.

GUO S, JIANG R, QU HC, MISSELBROOK T, et al., 2019. Fate and transport of urea - N in a rain - fed ridge - furrow crop system with plastic mulch [J]. Soil Tillage Res, 186: 214-223.

GÄRDENÄS A I, HOPMANS J W, HANSON B R, et al., 2005. Two-dimensional modeling of nitrate leaching for various fertigation scenarios under micro - irrigation [J]. Agricultural Water Management, 74 (3): 219-242.

HANSON B, HOPMANS J, IMNEK J, 2008. Leaching with Subsurface Drip Irrigation under Saline, Shallow Groundwater Conditions [J]. Vadose Zone Journal, 7 (2): 786-799.

HANSON BR, SIMUNEK J, HOPMANS J W, 2006. Evaluation of urea-ammonium - nitrate fertigation with drip irrigation using numerical modeling [J]. Agricultural Water Management, 86: 102-113.

HAQUE S A, 2006. Salinity problems and crop production in coastal regions of Bangladesh [J]. Pakistan Journal of Botany, 38 (5): 1359-1365.

HE XL, LIU HG, YE JW, et al., 2017. Comparative investigation on soil salinity leaching under subsurface drainage and ditch drainage in Xinjiang arid region [J]. International Journal of Agricultural and Biological Engineering, 6 (9): 109-118.

HENG T, LIAO R, WANG Z, et al., 2018. Effects of combined drip irrigation and sub-surface pipe drainage on water and salt transport of saline-alkali soil in Xinjiang, China [J]. Journal of Arid Land, 10 (6): 932-945.

HONGGUANG L, XINLIN H, JING L, et al., 2017. Effects of water-fertilizer coupling on root distribution and yield of Chinese Jujube trees in Xinjiang [J]. International Journal of Agricultural and Biological Engineering, 10 (6): 103-114.

HOSSAIN S, 2019. Present Scenario of Global Salt Affected Soils, its Management and Importance of Salinity Research [J]. International Research Journal of Biological Sciences, 1 (1): 1-3.

HOU Z, CHEN W, LI X, et al., 2009. Effects of salinity and fertigation practice on cotton yield and ^{15}N recovery [J]. Agricultural Water Management, 96 (10): 1483–1489.

HOU Z, LI P, LI B, et al., 2007. Effects of fertigation scheme on N uptake and N use efficiency in cotton [J]. Plant Soil, 290: 115–126.

HU Q, YANG Y, HAN S, et al., 2017. Identifying changes in irrigation return flow with gradually intensified water–saving technology using HYDRUS for regional water resources management [J]. Agricultural Water Management, 194: 33–47.

JAMPEETONG A, BRIX H, 2009. Oxygen stress in Salvinia natans: Interactive effects of oxygen availability and nitrogen source [J]. Environmental and Experimental Botany, 66 (2): 153–159.

JOLLY I D, MCEWAN K L, HOLLAND K L, 2010. A review of groundwater–surface water interactions in arid/semi–arid wetlands and the consequences of salinity for wetland ecology [J]. Ecohydrology, 1 (1): 43–58.

JU X T, XING G X, CHEN X P, et al., 2009. Reducing environmental risk by improving N management in intensive Chinese agricultural systems [J]. Proceedings of the National Academy of Sciences, 106 (9): 3041–3046.

KARLBERG L, DE VRIES F W T P, 2004. Exploring potentials and constraints of low–cost drip irrigation with saline water in sub–Saharan Africa [J]. Physics and Chemistry of the Earth, Parts A/B/C, 29 (15–18): 1035–1042.

KARLEN D L, HUNT P G, MATHENY T A, 1996. Fertilizer 15nitrogen recovery by corn, wheat, and cotton grown with and without pre – plant tillage on Norfolk loamy sand [J]. Crop Sci, 36 (2): 975 – 981.

KIDIA K G, ZEHETNE F, WILLIBALD L, et al., 2019. Effects of soil texture and groundwater level on leaching of salt from saline fields in Kesem irrigation scheme, Ethiopia [J]. Soil and Water Research, 14 (4): 221–228.

KOCYIGIT R, GENC M, 2017. Impact of Drip and Furrow Irrigations on Some Soil Enzyme Activities During Tomato Growing Season in a Semiarid Ecosystem [J]. Fresenius Environmental Bulletin, 26: 1047-1051.

KONUKCU F, GOWING J W, ROSE D A, 2006. Dry drainage: A sustainable solution to waterlogging and salinity problems in irrigation areas? [J]. Agricultural Water Management, 83 (1-2): 1-12.

KOOL D M, DOLFING J, WRAGE N, et al., 2011. Nitrifier denitrification as a distinct and significant source of nitrous oxide from soil [J]. Soil Biology and Biochemistry, 43 (1): 174-178.

KUSCU H, TURHAN A, OZMEN N, et al., 2014. Optimizing levels of water and nitrogen applied through drip irrigation for yield, quality, and water productivity of processing tomato (Lycopersicon esculentum Mill.) [J]. Horticulture, Environment and Biotechnology, 55 (2): 103-114.

LI C, JIA Z H, YUAN Y D, et al., 2020. Effects of mineral-solubilizing microbial strains on the mechanical responses of roots and root-reinforced soil in external - soil spray seeding substrate [J]. Science of The Total Environment, 723 (1): 138079-138099.

LI F, PAN G, TANG C, et al., 2008. Recharge source and hydrogeochemical evolution of shallow groundwater in a complex alluvial fan system, southwest of North China Plain [J]. Environmental Geology, 55 (5): 1109-1122.

LI J S, FEI L J, LI S, et al., 2020. The influence of optimized allocation of agricultural water and soil resources on irrigation and drainage in the Jingdian Irrigation District, China [J]. Irrigation Science, 38 (6): 211-221.

LI K M, LIU H G, HE X L, 2019. Simulation of Water and Salt Transport in Soil under Pipe Drainage and Drip Irrigation Conditions in Xinjiang [J]. Water, 11 (12): 2456-2468.

LI X W, ZUO Q, SHI J C, et al., 2016. Evaluation of salt discharge by subsurface pipes in the cotton field with film mulched drip irrigation in Xinjiang, China I. Calibration to models and parameters [J]. Journal of Hydraulic, 47 (4): 537-544.

LIU L L, WANG B S, 2021. Protection of Halophytes and Their Uses for Cultivation of Saline-Alkali Soil in China [J]. Biology, 10 (5): 353-353.

LIU Q, MOU X, CUI B, et al., 2017. Regulation of drainage canals on the groundwater level in a typical coastal wetlands [EB/OL]. Journal of Hydrology, 555 (1): S0022169417307102.

LIU S H, KANG Y H, WAN S Q, et al., 2011. Water and salt regulation and its effects on Leymus chinensis growth under drip irrigation in saline-sodic soils of the Songnen Plain [J]. Agricultural Water Management, 98 (9): 1469-1476.

LIU W, ZHANG W, LIU G, et al., 2016. Microbial diversity in the saline-alkali soil of a coastal Tamarix chinensis woodland at Bohai Bay, China [J]. Journal of Arid Land, 8 (2): 284-292.

LV S, YANG A, ZHANG K, et al., 2007. Increase of glycinebetaine synthesis improves drought tolerance in cotton [J]. Molecular Breeding, 20 (3): 233-248.

MAAS E V, HOFFMAN G J, 1977. Crop salt tolerance—current assessment [J]. Journal of the irrigation and drainage division, 103 (2): 115-134.

MAVI M S, MARSCHNER P, 2013. Salinity affects the response of soil microbial activity and biomass to addition of carbon and nitrogen [J]. Soil Research, 51 (1): 68-75.

MCCARTHY A C, HANCOCK N H, RAINE S R, 2013. Advanced process control of irrigation: the current state and an analysis to aid future development [J]. Irrigation Science, 31 (3): 183-192.

MIN W, GUO H, ZHOU G, et al., 2016. Soil salinity, leaching, and cotton growth as affected by saline water drip irrigation and N fertigation [J]. Acta Agriculturae Scandinavica, Section B—Soil & Plant Science, 66 (6): 489-501.

MOLLERUP M, ABRAHAMSEN P, PETERSEN CT, et al., 2014. Comparison of simulated water, nitrate, and bromide transport using a Hooghoudt-based and a dynamic drainage model [J]. water resources research, 50 (2): 1080-1094.

MOORMAN T B, JAYNES D B, CAMBARDELLA C A, et al., 1999. Water quality in walnut creek watershed: herbicides in soils, subsurface drainage, and groundwater [J]. Journal of Environmental Quality, 28 (1): 35-45.

NAWAZ K, HUSSAIN K, MAJEED A, et al., 2010. Fatality of salt stress to plants: Morphological, physiological and biochemical aspects [J]. African Journal of Biotechnology, 9 (34): 5475-5480.

PAN F, LI H, LI P, et al., 2014. Effects of supplemental irrigation based on testing soil moisture and nitrogen fertilization amount on the yield and nitrogen uptake of winter wheat [J]. Agricultural Science & Technology, 15 (5): 817.

PEREIRA L S, OWEIS T, ZAIRI A, 2002. Irrigation management under water scarcity [J]. Agricultural Water Management, 57 (3): 175-206.

PESSARAKLI M, TUCKER T C, 1985. Uptake of Nitrogen-15 by Cotton under Salt Stress [J]. Soil Sci Soc Am J, 49 (1): 149-152.

PILLA G, SACCHI E, ZUPPI G, et al., 2006. Hydrochemistry and isotope geochemistry as tools for groundwater hydrodynamic investigation in multilayer aquifers: a case study from Lomellina, Po plain, South-Western Lombardy, Italy [J]. Hydrogeol J, 14 (5): 795-808.

QAYYUM M A, MALIK M D, 1988. Farm production losses in salt affected soils [J]. First National Congress on Soil Science, 12 (5), 6-8.

RACINDRAN K, VENKATESAN K, BALAKRISHNAN V, et al., 2007. Restoration of saline land by halophytes for Indian soils [J]. Soil Biology and Biochemistry, 39 (10): 2661-2664.

RAJANIEMI T K, ALLISON V J, 2009. Abiotic conditions and plant cover differentially affect microbial biomass and community composition on dune gradients [J]. Soil Biology and Biochemistry, 41 (1): 102-109.

REDDY A R, REDDY K R, PADJUNG R, et al., 1996. Nitrogen nutrition and photosynthesis in leaves of Pima cotton [J]. Journal of Plant Nutrition, 19 (5): 755-770.

REYNOLDS M P, PIERRE C S, SAAD A S, et al., 2007. Evaluating PotentialGenetic Gains in Wheat Associated with Stress-Adaptive Trait Expression in Elite GeneticResources under Drought and Heat Stress [J]. Crop Science, 47: S-172-S-189.

RIETZ D N, HAYNES R J, 2003. Effects of irrigation - induced salinity and sodicity on soil microbial activity [J]. Soil Biology & Biochemistry, 35 (6): 845-854.

RITZEMA, HP, 2016. Drain for Gain: Managing salinity in irrigated lands—A review [J]. Agricultural Water Management, 176 (1): 18-28.

ROCHESTER I J, GAYNOR H, CONSTABLE G A, et al., 1994. Etridiazole may conserve applied nitrogen and increase yield of irrigated cotton [J]. Soil Research, 32 (6): 1287-1300.

ROMERO R, MURIEL J L, GARCÍa I, et al., 2012. Research on automatic irrigation control: State of the art and recent results [J]. Agricultural Water Management, 114: 59-66.

ROSENSTOCK T S, LIPTZIN D, DZURELLA K, et al., 2014. Agriculture's contribution to nitrate contamination of Californian groundwater (1945 - 2005) [J]. Journal of Environmental Quality, 43 (3): 895-907.

ROSS S M, IZAURRALDE R C, JANZEN H H, et al., 2008. The nitrogen balance of three long - term agroecosystems on a boreal soil in western Canada [J]. Agriculture, Ecosystems & Environment, 127 (3 - 4): 241-250.

RUMPEL J, KANISZEWSKI S, DYKO J, 2004. Effect of drip irrigation and fertilization timing and rate on yield of onion [J]. Journal of Vegetable Crop Production, 9 (2): 65-73.

SARDINHA M, T MÜLLER, SCHMEISKY H, et al., 2003. Microbial performance in soils along a salinity gradient under acidic conditions [J]. Applied Soil Ecology, 23 (3), 237-244.

SHARMA D P, GUPTA S K, 2006. Subsurface drainage for reversing degradation of waterlogged saline lands [J]. Land Degradation & Development, 17 (6): 605-614.

SRDI S, KOLEŠKA I, MIHAJLOVI D, et al., 2015. Irrigation and Fertilization Control Trial Using Two Different Drip Irrigation Systems (AutoAgronom and Conventional Drip) in Greenhouse Cucumber Production in Israel [J]. АГРОЗНАЊЕ, 16 (3): 311-323.

SUN M, HUO Z, ZHENG Y, et al., 2018. Quantifying long-term responses of crop yield and nitrate leaching in an intensive farmland using agro-eco-environmental model [J]. Science of the Total Environment, 613: 1003-1012.

TARJUELO J M, RODRIGUEZ - DIAZ J A, ABADÍA R, et al., 2015. Efficient water and energy use in irrigation modernization: Lessons from Spanish case studies [J]. Agricultural Water Management, 162: 67-77.

TILMAN D, FARGLORK J, WOLFF B, et al., 2001. Forecasting agriculturally driven global environmental change [J]. Science, 292 (5515): 281-284.

TONG H, XINLIN H, LILI Y, et al., 2022. Mechanism of Saline - Alkali land improvement using subsurface pipe and vertical well drainage measures and its response to agricultural soil ecosystem [J]. Environmental Pollution, 293: 118583.

TORBERT H A, REEVES D W, 1994. Fertilizer nitrogen requirements for cotton production as affected by tillage and traffic [J]. Soil Sci. Soc. Am. J, 58: 1416-1423.

TURFGRASS F, BOWMAN D C, DR. DALE, et al., 1995. The Effect of Salinity on Nitrate Leaching from Turfgrass [J]. Acs Symposium, 743: 164-178.

VALLEJO A, MEIJIDE A, BOECKX P, et al., 2014. Nitrous oxide and methane emissions from a surface drip - irrigated system combined with fertilizer management [J]. European Journal of Soil Science, 65 (3): 386-395.

VERWEY P, VERMEULEN, et al., 2011. Influence of irrigation on the level, salinity and flow of groundwater at Vaalharts Irrigation Scheme [J]. Water SA, 37 (2): 155-164.

VILLALOBOS F J, FERERES E, 2016. Principles of agronomy for sustainable agriculture [M]. New York: Springer.

VOYEVODINA, LIDIYA ANATOLYEVNA, 2012. Developmental trends and prospects for drip irrigation use [J]. Scientific Journal of Russian Scientific Research Institute of Land Improvement Problems, 3 (7): 90-102.

WANG D, YATES S R, 1999. Spatial and temporal distributions of 1, 3 - dichloropropene in soil under drip and shank application and implications for pest control efficacy using concentration - time index [J]. Pesticide Science, 55 (2): 154-160.

WANG J J, YE W W, ZHOU D Y, et al., 2007. Studies on Germination Characteristics of Different Salinity - resistant cotton under Salt Stress [J]. Cotton Science, 19 (1): 315-317.

WANG R, KANG Y, WAN S, et al., 2012. Influence of different amounts of irrigation water on salt leaching and cotton growth under drip irrigation in an arid and saline area [J]. Agricultural Water Management, 110 (1): 109-117.

WANG S L, WANG X G, LARRY C, et al., 2007. Current status and prospects of agricultural drainage in China [J]. Irrigation and Drainage, 21 (56): 47-58.

WANG X, XUE Z, LU X, et al., 2019. Salt leaching of heavy coastal saline silty soil by controlling the soil matric potential [J]. Soil and Water Research, 14 (3): 132-137.

WANG Z, HENG T, LI W, et al., 2020. Effects of subsurface pipe drainage on soil salinity in saline sodic soil under mulched drip irrigation [J]. Irrigation and Drainage, 69 (1): 95-106.

WANG DW, WANG ZH, ZHANG JZ, et al., 2021. Effects of Soil Texture on Soil Leaching and Cotton Growth under Combined Irrigation and Drainage [J]. Water, 13 (24): 3614-3622.

WICHERN J, WICHERN F, JOERGENSEN R G, 2006. Impact of salinity on soil microbial communities and the decomposition of maize in acidic soils [J]. Geoderma, 137 (1-2): 100-108.

XIAO L, MENG FD, 2020. Evaluating the effect of biochar on salt leaching and nutrient retention of Yellow River Delta soil [J]. Soil Use and Management, 36 (4): 151-162.

XU C, SUN Z, MENG J, 2015. Influence of underground water level regulation on nitrogen and phosphorus concentration of drainage in winter wheat fields [J]. Journal of Drainage and Irrigation Machinery Engineering, 33 (10): 887-895.

XU J C, LI X B, 2019. Reclamation of Coastal Saline Wasteland Using Drip Irrigation and Embedded Subsurface Pipes [J]. Agronomy Journal, 111 (6): 2881-2887.

XU M, ZHANG Q, SUN J Y, 2004. Preparation of groundwater resources in shaft drainage and irrigation and drainage project in Xinya farm, Shaya County, Xinjiang [J]. Adv. Earth Sci., 19 (s1): 193-196.

YANG G, TIAN L, LI X, et al., 2020. Numerical assessment of the effect of water-saving irrigation on the water cycle at the Manas River Basin oasis, China [J]. Science of The Total Environment (707): 135587.

YANG P N, ZHOU J L, CUI X Y, 2008. Changes of soil salinity under shaft-hole irrigation and drainage in inland arid regions Taking Hami basin as an example [J]. Soil Water Conserv. Res., 15 (2): 148-150.

YANG T, ŠIMNEK J, MO M, et al., 2019. Assessing salinity leaching efficiency in three soils by the HYDRUS-1D and-2D simulations [J]. Soil and Tillage Research, 194: 104342.

YAO D, ZHANG X, ZHAO X, et al., 2011. Transcriptome analysis reveals salt-stress-regulated biological processes and key pathways in roots of cotton (Gossypium hirsutum L.) [J]. Genomics, 98 (1): 47-55.

ZHANG H, DONG H, LI W, et al., 2009. Increased glycine betaine synthesis and salinity tolerance in AhCMO transgenic cotton lines [J]. Molecular Breeding, 23 (2): 289-298.

ZHANG H, XIONG Y, HUANG G, et al., 2017. Effects of water stress on processing tomatoes yield, quality and water use efficiency with plastic mulched drip irrigation in sandy soil of the Hetao Irrigation District [J]. Agricultural Water Management, 179: 205-214.

ZHANG K, GUO N, LIAN L, 2011. Improved salt tolerance and seed cotton yield in cotton (Gossypium hirsutum L.) by transformation with bet A gene for glycine betaine synthesis [J]. Euphytica, 181 (1): 1-16.

ZHANG S P, SHAO M A, 2017. Temporal stability of soil moisture in an oasis of northwestern China [J]. Hydrol Process, 31 (15): 2725-2736.

ZHANG T, WANG T, LIU K S, et al., 2015. Effects of different amendments for the reclamation of coastal saline soil on soil nutrient dynamics and electrical conductivity responses [J]. Agricultural Water Management, 159 (1): 115-122.

ZHANG Y, XIAO Q, HUANG M, 2016. Temporal stability analysis identifies soil water relations under different land use types in an oasis agroforestry ecosystem [J]. Geoderma, 271: 150-160.

ZHANG Y J, LIN F, WANG X F, et al., 2016. Annual accounting of net greenhouse gas balance response to biochar addition in a coastal saline bioenergy cropping system in China [J]. Soil & Tillage Research, 158 (1): 39-48.

ZHANG Z, HU H C, TIAN F Q, et al., 2014. Soil salt distribution under mulched drip irrigation in an arid area of northwestern China [J]. Journal of Arid Environments, 21 (104): 23-33.

ZHAO L, HENG T, YANG L L, et al., 2021. Study on the Farmland Improvement Effect of Drainage Measures under Film Mulch with Drip Irrigation in Saline - Alkali Land in Arid Areas [J]. Sustainability, 13 (8): 4159-4169.

ZHENG H, WANG X, CHEN L, et al., 2018. Enhanced growth of halophyte plants in biochar-amended coastal soil: roles of nutrient availability and rhizosphere microbial modulation [J]. Plant Cell and Environment, 41 (3): 517-532.

ZHOU L L, MENG Y L, WANG Y H, et al., 2010. Effects of salinity stress on cotton field soil microbe quantity and soil enzyme activity [J]. Journal of Soil and Water Conservation, 24 (2): 241-246.

ZONG R, WANG Z H, WU Q, et al., 2020. Characteristics of carbon emissions in cotton fields under mulched drip irrigation [J]. Agricultural Water Management（231）：105992.

ZUBER A，MICHALCZYK Z，MALOSZEWSKI P，2001. Great tritium ages explain the occurrence of good-quality groundwater in a phreatic aquifer of an urban area，Lublin，Poland [J]. Hydrogeology Journal，9（5）：451-460.